中国区域

U0507488

"十二五"国家重点图书

我国陆海统筹发展研究

曹忠祥　高国力　等著

经济科学出版社

图书在版编目（CIP）数据

我国陆海统筹发展研究/曹忠祥等著. —北京：

经济科学出版社，2015.8

（中国区域与城市发展丛书）

ISBN 978 - 7 - 5141 - 5955 - 4

Ⅰ.①我… Ⅱ.①曹… Ⅲ.①海洋经济 - 经济

发展战略 - 研究 - 中国 Ⅳ.①P74

中国版本图书馆 CIP 数据核字（2015）第 177572 号

责任编辑：柳　敏　李一心
责任校对：徐领弟
版式设计：齐　杰
责任印制：李　鹏

我国陆海统筹发展研究

曹忠祥　高国力　等著

经济科学出版社出版、发行　新华书店经销

社址：北京市海淀区阜成路甲 28 号　邮编：100142

总编部电话：010 - 88191217　发行部电话：010 - 88191522

网址：www. esp. com. cn

电子邮件：esp@ esp. com. cn

天猫网店：经济科学出版社旗舰店

网址：http://jjkxcbs. tmall. com

北京盛源印刷有限公司印装

710 × 1000　16 开　19.75 印张　300000 字

2015 年 9 月第 1 版　2015 年 9 月第 1 次印刷

ISBN 978 - 7 - 5141 - 5955 - 4　定价：46.00 元

（图书出现印装问题，本社负责调换。电话：010 - 88191502）

（版权所有　侵权必究　举报电话：010 - 88191586

电子邮箱：dbts@ esp. com. cn）

中国区域与城市发展
丛书编辑委员会

顾　问

成思危　　袁宝华　　陈宗兴　　周道炯　　陈栋生
胡兆量　　陆大道　　胡序威　　邬翊光　　曹玉书
刘世锦　　刘福垣　　范恒山　　程必定

主　编

肖金成

编　委（按姓氏笔画为序）

王青云　　叶裕民　　孙久文　　史育龙　　申　兵
陈秀山　　陈　耀　　刘　勇　　李国平　　李　青
李　忠　　李　娟　　李军培　　张军扩　　曹广忠
张可云　　高国力　　汪阳红　　袁　朱　　刘　通
欧阳慧　　邱爱军　　杨朝光　　杨开忠　　柳忠勤
候景新　　董锁成　　周海春　　魏后凯　　樊　杰

课题组成员

课题负责人

曹忠祥　国家发改委　国土开发与地区经济研究所
　　　　副研究员
　　　　资源经济研究室副主任

高国力　国家发改委　国土开发与地区经济研究所
　　　　研究员
　　　　副所长

课题组成员

宋建军　国家发改委　国土开发与地区经济研究所
　　　　研究员

申　兵　国家发改委　国土开发与地区经济研究所
　　　　研究员
　　　　城镇发展研究室主任

刘保奎　国家发改委　国土开发与地区经济研究所
　　　　助理研究员

王　丽　国家发改委　国土开发与地区经济研究所
　　　　助理研究员

田　明　北京师范大学　社会发展与公共政策学院
　　　　副教授
　　　　院长助理

李　军　国家海洋局　海洋发展战略研究所　副研
　　　　究员

总序一：

促进区域协调发展
加快城镇化进程

陈宗兴

    区域和城市发展问题关系到我国经济社会发展的大局。作为一个地域辽阔、人口众多的发展中大国，由于区位、资源禀赋、人类开发活动的差异，我国各区域之间、城乡之间经济社会发展水平存在较大差距，近年来还有不断扩大的趋势。从东部、中部、西部及东北四大区域 GDP 占全国比重看，2001 年为 53∶20∶17∶10，而 2005 年为 55∶19∶17∶9，东部地区的比重进一步升高。城乡居民收入差距也在不断扩大。1985 年城镇居民人均可支配收入是农民纯收入的 1.86 倍，1990 年为 2.2 倍，1995 年上升到 2.71 倍，到 2007 年高达 3.33 倍。统筹区域和城乡发展是缩小区域、城乡发展差距的重要方式，是全面建设小康社会的必由之路。胡锦涛总书记在中共"十七大"报告中提出了推动区域协调发展，优化国土开发格局，走中国特色城镇化道路的战略方针，为推动我国区域和城市发展指明了方向。

    继续实施区域发展总体战略是统筹区域发展的重大战略举措。今后，将继续发挥各地区比较优势，深入推进西部大开发，全面振兴东北地区等老工业基地，大力促进中部地区崛起，积极支持东部地区率先发展，使区域发展差距扩大的趋势得到进一步缓解。还应当在国土生态功能类型区的自然地理基础上，按照形成主体功能区的要求，调整经济布局与结构，明确开发类型与强度，完善投资、产业、土地和人口等政策，改善生态环境质量，提高可持续发展能力。20 世纪末，国家开始实施西部大开发战略，加大了对基础设施、生态保护建设、特色经济和科技教育等方面的支持力度，西部经济发展速度明显加快。按照公共服务均等化原则，在资金、政策和产业发展等方面，继续加大对西部等欠发达地区的支持，尽快使欠发达地区公共服务落后的状况得以改变，逐步形成东中西良性互动、公共服务水平和人民生活水平差距趋向缩小的区域协调发展格局。

城市或城镇具有区域性和综合性特点，是所在区域的政治、经济、文化中心，对区域具有辐射和带动功能。规模经济、聚集经济和城市化经济是区域社会经济发展的重要动力源，城镇化是区域城乡统筹发展的重要途径。我国尚处于工业化的中期阶段，进一步实现工业化和现代化仍是我们不懈追求的目标，而城镇化对于工业化和现代化来说具有决定性意义。分散的乡村人口、农村劳动力和非农经济活动不断进行空间聚集而逐渐转化为城镇的经济要素，城镇化也相应成为经济发展的重要动力。城镇化进程不只是城镇人口比例的提高，它还是社会资源空间配置优化的过程，它将带来城镇体系的发展和城镇分布格局的转变，按照统筹城乡、布局合理、节约土地、功能完善、以大带小的原则，促进大中小城市和小城镇协调发展。推进城镇化进程，意味着将有更多的中小城市和建制镇发展起来，构成一个结构更为合理的城镇体系，有利于产业布局合理化和产业结构高度化。因此，城镇化是21世纪中国经济社会发展的大战略，也是伴随工业化和现代化的社会经济发展的必然趋势。

应当合理发挥大中城市在城镇化过程中的龙头带动作用。国内外经验表明，在一定时期内城市经济效益随城市规模扩大而上升。因此，应以增强综合承载能力为重点，以特大城市为依托，形成辐射作用大的城市群，培育新的经济增长极。特别是西部地区受自然环境的限制，城镇空间分布的非均衡性非常明显。西部地区的城镇化发展必须认真考虑自然条件的差异及环境条件的制约，通过对城市主导产业培育，提高现有大中城市的总体发展水平，并促使条件好且具有发展潜力的中等城市和小城市尽快发展成为大城市和中等城市，形成区域性中心城市，从而成为带动区域发展的新的经济增长极。

这里，必须强调，发展小城镇也是推进城镇化进程的重要力量。我国小城镇的数量大、分布广、"门槛"低，有利于就近吸纳农村富余劳动力，减轻城镇化进程中数量庞大的富余劳动力对大中城市社会经济的剧烈冲击。因此，小城镇的健康发展也是不容忽视的大问题。应结合社会主义新农村建设，在不断加强乡村建设的基础上，大力推进小城镇建设步伐。在重视基础设施建设的同时，还应不断健全和改善农村市场和农业服务体系，建立和完善失业、养老、医疗、住房等方面社会保障制度，加快建立以工促农、以城带乡的长效机制，努力形成城乡社会发展一体化新格局。

还必须指出，当前在我国（以及其他国家，特别是亚洲的不少发展中国家）的各类开发区建设已经成为一些区域和城乡发展的重要带动力量。在开发园区里的若干高新技术企业集群组成的产业园区，进行研究开发（R&D）支撑这些企业集群的科技园区，以及服务于这两类园区的居住园区，在空间上配置于一体共同推动区域社会经济快速发展，其增长极效应十分明显。这种现象也越来越多地引起包括区域经济学家在内的各方面专家、学者、官员等的关注与重视。

区域经济学是从空间地域组织角度，研究区域经济系统，揭示区域经济运动规律，探索区域经济发展途径的学科。肖金成同志主编的《中国区域和城市发展丛书》，汇集了近年来在国内有一定影响的区域经济学者对区域和城市发展等重大问题进行深入研究的一批成果，内容涵盖区域发展、城市发展、空间结构调整、城市体系建设、城市群和小城镇发展等内容。其中，有的是为中国"十一五"规划进行前期研究的课题报告，有的是作者们多年探索的理论成果，也有的是课题组接受地方政府委托完成的实践成果。这些著作既贴近现实，又具有一定的理论深度。丛书的出版，不仅可以丰富区域与城市发展的理论，而且对促进区域科学发展、协调发展以及制定区域发展规划和发展政策具有重要的参考价值。

2008 年 3 月 15 日于北京

（陈宗兴：十一届全国政协副主席　农工党中央常务副主席
陕西省原副省长　西北大学原校长　西北农林科技大学原校长）

总序二：

区域经济和城市发展的新探索

陈栋生

　　国民经济由区域经济有机耦合而成。区域协调发展是国民经济平稳、健康、高效运行的前提。作为自然条件复杂的多民族大国，区域协调发展不仅是重大的经济问题，也是重大的政治问题和社会问题。故此，促进区域协调发展，成为"五个统筹"的重要内容，是落实科学发展观，构建社会主义和谐社会的必然要求。

　　从空间角度研究人类经济活动的规律，或者说，用经济学的理论方法探寻人类经济活动的空间规律，既是科学发展不可缺少的重要领域，也是各级政府非常关心的实践课题。正因为如此，区域经济学不仅是一门不可或缺的学问，亦是目前国内发展最快的学科之一。区域经济学的兴起和发展，既促进了我国经济学和社会科学的繁荣，也为地区发展做出了重要贡献。

　　区域经济运动错综复杂，区域经济学必须紧紧围绕区域发展和可持续发展的客观规律，着重探讨区域发展过程中的时间过程、动力机制、结构演变、空间布局特点，剖析人口、资源、环境与经济之间的既相互制约又相互促进的复杂关系，抓住区域与城市、区域分工与合作等重大问题，揭示区域发展与可持续发展的内在规律。

　　国内外经验表明，一个地区经济的发展，说到底是靠内生自增长能力，但也不排斥政策扶持的作用，特别是初期启动和对某些障碍与困难的克服。西部地区和东北三省近几年的初步转变，充分证明了有针对性的政策扶持的重要作用。

中国经济布局与区域经济的大格局，20 年前我概括为两个梯度差，即大范围的东、中、西部地带性的三级梯度差和区域范围内的点、面梯度差。近 20 多年来的快速发展，除东部沿海的部分地区（如珠江三角洲、长江三角洲、京津冀、山东半岛）工业化的高速发展，点、面梯次差距大幅度收敛以外。总的来讲，两个梯度差都呈扩大之势。除去主客观条件的差异，地区倾斜政策是重要原因。从某种意义上说，这是大国经济起飞不得不支付的成本。西部大开发的决策和实施，标志着中国经济布局指向和区域经济政策的重大调整，将地区协调发展、逐步缩小地区发展差距，作为经济发展的重要指导方针，把地区结构调整纳入经济结构战略性调整之中，使支持东部地区率先发展和加快中西部地区经济的振兴更好地结合起来。

今后东部地区要继续发挥引领国家经济发展的引擎作用，优先发展高技术产业、出口导向产业和现代服务业，发挥参与国际竞争与合作主力军的作用。东部地区要继续发挥有利区位和改革开放先行优势，加快产业结构优化升级的步伐，大力发展电子信息、生物制药、新材料、海洋工程、环保工程和先进装备等高新技术产业，形成以高新技术产业和现代服务业为主导的地区产业结构。在现有基础上，加快长江三角洲、珠江三角洲、京津冀、闽东南、山东半岛等地区城市群的形成与发展；推进粤港澳区域经济的整合。国内外大型企业集团、跨国公司的总部、地区总部、研发中心与营销中心将不断向中心聚集，加快沿海城市国际化的步伐，成为各种资源、要素在国内外两个市场对接交融的枢纽。在各大城市群内，将涌现一批新的中、小城市，它们有的是产业特色鲜明的制造业中心，有的是某类高新技术产业园区，有的是物流中心，环境优美的则可能成为休憩游乐中心等等。这些中小城市的崛起，既可支持特大城市中心城区的结构调整与布局优化，又可成为吸纳农村劳动力转移的载体。总之，东部地区今后将以率先提高自主创新能力、率先实现结构优化升级和发展方式转变，率先完善社会主义市场经济体制为前提与动力，率先基本实现现代化。

东北是 20 世纪五六十年代我国工业建设的重点，是新中国工业的摇篮，为国家的发展与安全作出过历史性重大贡献；同时亦是计划经济历史积淀最深的地区。路径依赖的消极影响，体制和结构双重老化导致的国有经济比重偏高，经济市场化程度低、企业设备、技术老化，企业办社会等历史包袱沉重、矿竭城衰问题突出、下岗职工多、就业和社会保障压力大等问题，使东北地区经济在市场经济蓬勃发展的大势中一度相形见绌。2003 年 10 月以来，贯彻中共中央、国务院振兴老工业基地的战略决策，在国家有针对性的政策扶持下，东北振兴迈出了扎实的步伐；今后辽、吉、黑三省和内蒙古东部三市两盟（呼伦贝尔市、通辽市、赤峰市、兴安盟、锡林郭勒盟）作为一个统一的大经济区，将沿着如下路径，实现全面振兴的宏伟目标，使东北和蒙东成为我国重要经济增长区域，成为具有国际竞争力的装备制造业基地、新型原材料基地和能源基地、重要的技术研发与创新基地、重要商品粮和农牧业生产基地和国家生态安全的可靠屏障。

1. 将工业结构优化升级和国有企业改革改组改造相结合；改善国企股本结构，实现投资主体和产权多元化，构建有效的公司法人治理结构；营造非公有制经济发展的良好环境，鼓励外资和民营资本以并购、参股等形式参与国企改制和不良资产处置，大力发展混合所有制经济；围绕重型机械、冶金、发电、石化、煤化工大型成套设备和输变电、船舶、轨道交通等建设先进制造业基地，加快高技术产业的发展，优化发展能源工业，提升基础原材料行业。

2. 合理配置水、土资源，保护、利用好珍贵的黑土地资源，推进农业规模化、标准化、机械化和产业化经营，提升东北粮食综合生产能力和国家商品粮基地的地位；发展精品畜牧业、养殖业和农畜禽副产品的深加工，延长产业链，提高附加值。

3. 积极发展现代物流、金融服务、信息服务和商务服务等生产性服务业，规范提升传统服务业，充分利用冰雪、森林、草原等自然景观，开发特色旅游产品，壮大旅游业。

4. 从优化东北、蒙东区域开发总格局出发，东部、西部和西北部长白山与大、小兴安岭地区，宜坚持生态优先，在维护生态环境的前提下科学开发；优化开发和重点开发的地区摆在松辽平原、松嫩平原和辽宁沿海地区，具体地说，以哈（尔滨）大（连）经济带和东起丹东大东港、西迄锦州湾的沿海经济带为一级轴线，同时培养若干二级轴线，形成"三纵五横"①，以线串点、以点带面，统筹区域城乡协调发展；积极扶植资源枯竭城市培育接续替代产业，实现可持续发展。

中部六省在区位、资源、产业和人才方面均具相当优势。晋豫皖三省是国家的煤炭基地，特别是山西省煤炭产量与调出量居各省之冠，其余5省都属农业大省，粮食占全国总产量近30%，油料、棉花产量占全国近40%，是重要的粮棉油基地；矿产资源丰富，是国家原材料、水、能源的重要生产与输出基地；地处全国水陆运输网的中枢，具有承东启西、连南接北、吸引四面、辐射八方的区域优势；人口多、人口密度高、经济总量达到相当规模，但人均水平低，6省城镇居民和农民的人均收入都低于全国平均值。中部6省地处腹心地带，国脉汇集的战略地位，大力促进中部地区崛起，努力把中部地区建设成为全国重要的粮食生产基地、能源原材料基地、现代装备制造及高新技术产业基地和连接东西、纵贯南北的综合交通运输枢纽，有利于提高国家粮食和能源的保障能力，缓解资源约束；有利于扩大内需，保持经济持续增长，事关国家发展的全局和全面建设小康社会的大局。

作为工业有相当基础、结构调整任务繁重的农业大省、资源大省、人口大省，要发展为农业强省、工业强省、经济强省，实现科学发展、和谐发展，需做到下述一系列"两个兼顾"：①坚持立足现有基础，注重增量和提升存量相结合，特别要重视依靠科技与体制、机制创新激活存量资产；用好国家给予中部地区26个地级以上城市比照执行东北老工业基地的政策，抓紧企业的技术改造与升级。②加快产业结构调整。既坚持产业升级、提高增长质量，又充分考虑新增就业岗位，推动高技术、重化工、装备制造业、农产品加工和其他劳动密集型产业、各类服务业和文化创意产业的"广谱式"发展；作为农业大省，要特别重视以食品工业为核心的农产品加工业，充分发挥龙头企业引领农业走向市场化、现代化的功效，使工业化、城镇化、农业现代化和社会主义新农村建设有机结合。③在空间布局上，将发展省会都市圈培育增长高地、重点突破和普遍提升县域经济相结合，用好243个县（市、区）比照执行西部大开发相关政策，扶植贫困县经济社会发展。④在企业结构上，既重视培育大型企业集

---

① "三纵"指哈大经济带、东部通道沿线和齐齐哈尔至赤峰沿线，"五横"指沿海经济带、绥芬河到满洲里沿线、珲春到阿尔山沿线、丹东到霍林河沿线和锦州到锡林浩特沿线。

团，包括跨省（区）、跨国（境）经营的大企业集团，更要支持中、小企业广泛发展，形成群众性的良好创业氛围。⑤在资金筹措上，既充分利用本地社会资本，又重视从省（市）外、境外、国外引资；充分发挥地缘优势，承接珠三角、长三角加工贸易的转移，发展相关配套产业。

"十五"期间，实施西部大开发战略，西部地区生产总值平均增长10.6%，"十一五"开局之年，增长13.1%，2006年西部地区生产总值达到3.88万亿元。在新的起点上，今后将继续加强基础设施建设，完善综合交通运输网络，加强重点水利设施和农村中小型水利设施建设，推进信息基础设施建设，抓好生态建设和环境保护，着力于资源优势向产业优势、经济优势的转化，培育包括煤炭、电力、石油和天然气开采与加工、煤化工、可再生能源（风能、太阳能、生物质能等）、有色金属、稀土与钢铁的开采和加工，钾、磷开采和钾肥、磷肥和磷化工，以及一系列特色农、畜、果产品加工的特色优势产业；进一步振兴和提升西部大中城市的装备制造业（如成渝、德阳、西安的电力装备，柳州、天水、宝鸡、包头的重型工程机械装备等）和高技术产业。充分利用西部的自然景观、多彩的民族风情、深厚的文化积淀，大力发展旅游业，培育旅游品牌。在开发的空间布局上，重点转化成渝经济区、关中天水经济区、环北部湾经济区和各省会（自治区首府）城市、地区中小城市及其周边、重要资源富集区与大型水能开发区、重点口岸城镇；及时推广重庆成都综合配套改革试验区统筹城乡发展的经验，普遍提升县域经济和少数民族地区经济，为社会主义新农村建设，提供就近的支撑；推进基本口粮田建设和商品粮基地建设，提高粮食综合生产能力，利用西部特有的自然条件，在棉花、糖料、茶叶、烟草、花卉、果蔬、天然橡胶、林纸和各种畜禽领域，壮大重点区域，培育特色品牌，延伸产业链，提高附加值，通过市场化、产业化、规模化、集约化推进西部传统农业向现代农业的转化。东西联动、产业转移是推进西部大开发的战略性途径；据不完全统计，2001年以来东部到西部地区投资经营的企业达20万家，投资总额达15000亿元。西南、西北还将分别利用中国—东盟自由贸易区建设，和上海合作组织的架构，进一步扩大对外开放，吸引东中部的优强企业，共同建设边境口岸城镇，推进西部传统农业向现代农业的转化。东西联动、产业转移是推进西部大开发的战略性途径；据不完全统计，2001年以来东部到西部地区投资经营的企业达 20 万家，投资总额达 15000 亿元。西南、西北还将分别利用中国——东盟自由贸易区建设和上海合作组织的架构，进一步扩大对外开放，吸引东中部的优强企业，共同建设边境口岸城镇，推进与毗邻国家的商贸往来和经济技术合作。

上述是我——一个从事区域研究工作 50 多年的学者对区域经济和中国空间布局的点滴思考，借中国区域和城市发展丛书出版之际再做一次阐述，希望和区域经济理论界的同仁、区域经济学专业的同学们共同讨论。

丛书中《中国空间结构调整新思路》、《区域经济不平衡发展论》、《京津冀区域合作论》、《中国十大城市群》、《中国城市化与城市发展》等，是肖金成等中青年区域经济学者近几年的研究成果。其鲜明的特点是聚焦中国区域发展的现实，揭示、剖析现实存在的突出问题，进而提出促进区域协调发展的政策建议。如《中国空间结构调整新思路》一书，是2003 年度国家发展和改革委员会委托的"十一五"规划前期研究课题的成果。研究成果以新的科学发展观为基本指导思想，分析了我国经济空间结构存在的三大特征、五大问题，阐述了协调空间开发秩序的六大原则、八个对策和"十一五"期间调整空间结构的八大任务。提出了建立"开字型"空间布局框架、确定"7＋1"经济区、中国重要发展潜力地区和问题地区等设想。并根据"人口分布和 GDP 分布应基本一致"的原则，提出了引导西部欠发达地区的人口向东中部发达地区和城市流动的观点。成果中的一些建议得到了区域理论界的广泛认同，有的已为"十一五"规划所吸纳。

丛书的作者刘福垣、程必定、董锁成、高国力、李娟等都是区域经济学界很有造诣、在国内很有影响的专家学者。他们的加盟使丛书的内容更加丰富和厚重。

本丛书主编肖金成是我指导的博士研究生，他大学毕业后先后在财政部、中国人民建设银行和国家原材料投资公司工作。为了研究学问，探索中国经济社会发展的诸多问题，他于 1994 年放弃了炙手可热的工作岗位，潜心研究区域经济，尤其是对西部大开发倾注了大量心血与汗水，提出了许多思路和政策建议，合作出版了《西部开发论》、《中外西部开发史鉴》等书籍。后来又主持了若干个重大研究课题，如《协调我国空间开发秩序与调整空间结构研究》、《北京市产业布局研究》、《天津市滨海新区发展战略研究》、《京津冀产业联系与经济合作研究》、《工业化城市化过程中土地管理制度研究》等。特别是天津滨海新区发展战略研究课题为其纳入国家战略从理论上作出了充分铺垫，我参加了该课题的评审，课题成果获得了专家委员会的高度评价，课题报告出版后在社会上形成广泛影响。故此，我愿意将这套丛书郑重地推荐给各地方政府的领导、大专院校的师生及从事区域经济理论研究的学者们，与大家共享。

2008 年 1 月 30 日

（陈栋生：中国社会科学院荣誉学部委员，
中国区域经济学会常务副会长）

前　言

我国是一个海陆兼备的国家，在接近陆地国土面积 1/3 的主张管辖海域内有着广泛的利益。20 世纪 90 年代以来，海洋资源开发和海洋经济发展在接续和补充陆地资源、缓解陆地资源和环境压力、支撑和引领经济增长以及促进经济社会可持续发展等方面已经发挥了重要的作用，未来仍有着巨大的潜力。在当前世界经济加速转型和我国加快推进科学发展、实施经济发展方式转变的特殊历史时期，我国面临保持经济平稳较快增长、提高经济增长效率和实现可持续发展的多重压力。如何突破经济发展的诸多"瓶颈"制约，挖掘新的经济增长动力，协调经济增长和环境保护的关系，是当前和今后一段时间内我国经济发展的重大战略命题，而海洋开发在其中居于举足轻重的地位。党的十七届五中全会与国民社会和经济发展"十二五"规划纲要都做出了"坚持陆海统筹，制定和实施海洋发展战略，提高海洋开发、控制、综合管理能力，推进海洋经济发展"的战略部署，党的十八大也将"提高海洋资源开发能力，发展海洋经济，保护海洋生态环境，坚决维护国家海洋权益，建设海洋强国"作为优化国土开发空间格局、推进生态文明建设的重要举措，并提到了新的高度。为此，深入贯彻落实党中央、国务院的有关指示精神，立足国家发展的战略全局，针对目前海洋开发能力不足、海洋开发进程滞后、海陆经济发展矛盾突出等问题，积极开展陆海统筹发展问题研究，具有很强的紧迫性和重要的理论及现实意义。

陆海统筹是一个相对较新又比较大的命题，尽管国内海洋经济、区域经济、经济地理、生态环境等领域的一些学者过去在海陆经济互动和一体化发展、海陆生态环境的统筹治理以及沿海地区的陆海统筹发展等方面有过一些积极探索，但是比较系统深入的研究成果还不多见，特别是国家战略层面的研究还更多局限在地缘安全和国家主权权益维护方面，这在一定程度上增加了本课题研究的难度。一方面，陆海统筹发展的理论支撑比较薄弱。目前，对于陆海统筹的战略内涵界定还不是很清楚，更多学者是将其定位于地区发展层次，基于沿海或海岸带的陆海关系协调提出了各自的认识，对陆海统筹的适用理论也缺乏系统的研究。另一方面，直接针对陆海统筹发展的研究成果非常少。个别研究成果从比较宏观的角度对陆海统筹的内涵、发展思路、目标和对策等进行了探讨，而更多的成果其实是在陆海统筹名义下对海洋发展问题所进行的研究，除生态环境领域外，资源开发、产业发展、空间布局等方面真正具有借鉴意义的成果并不多。

本书是国家发展和改革委员会宏观经济研究院 2013 年度重点课题——"我国陆海统筹发展研究"的成果。按照宏观层面上战略引导性和地区中观、微观层面上发展指导性相结合的研究思路，本课题研究以发展为主题，结合国家和沿海地区发展的需要，突出目前陆海统筹发展中亟须解决的资源、产业、基础设施、生态环境和空间布局等方面的关键问题，进行了比较深入的研究，而对主权、安全和权益维护等内容在一些领域有所涉及，但没有作为本研究重点。概括起来，本书主要内容包括：第一，基于陆海统筹战略提出背景的分析，界定了陆海统筹发展的战略内涵；第二，对陆海统筹发展的基础进行了全面分析评价，提出了目前陆海统筹发展存在的主要问题；第三，对国际主要海洋国家处理陆海发展关系、建设海洋强国的做法和经验进行了总结，并作为我国统筹陆海发展、建设海洋强国的重要借鉴；第四，提出了我国陆海统筹发展的战略思路，并围绕国土空间布局、资源开发、产业发展、交通通道建设、生态环境保护等方面，提出了陆海统筹发展的重点任务和具体设想；第五，为我国未来促进陆海统筹发展提出了一些具体的对策建设。

本书的主要创新之处在于：第一，从普遍性和与我国发展安全具体实际相结合的视角，从战略层面提出了陆海统筹的具体内涵；第二，系统梳理和揭示了目前我国陆海统筹发展存在的主要矛盾与问题，提出了我国陆海统筹发展的战略思路；第三，从优化国土开发格局角度，提出了强化海洋国土主体地位，建设南海海上开放开发经济区的战略设想；第四，从提升可持续发展支撑保障能力、推进生态文明建设的要求出发，提出了建立从山顶到海洋的"陆海一盘棋"生态环境保护思路和重点任务；第五，谋划提出了推进陆海统筹发展的若干战略引导工程。

　　本书是集体智慧的结晶。曹忠祥、高国力负责总体框架设计和研究成果修改定稿。各部分具体执笔人为：第一章，曹忠祥；第二章，申兵；第三章，王丽；第四章，刘保奎；第五章，宋建军；第六章，曹忠祥；第七章，田明；第八章，李军；第九章，曹忠祥、王丽；附录，曹忠祥、刘保奎、王丽。

　　在课题研究过程中，院学术委员会的各位专家、领导提出了很多宝贵的意见和建议，对课题开宗明义、找准问题、抓住重点、开阔思路获益匪浅；委地区司领导在专家咨询、课题调研过程中给予了大量的帮助，并提供了一些有价值的参考资料；国地所领导身体力行，为课题的研究贡献了智慧，在课题组织协调、人员配备、成果修改完善等方面给予了足够的支持；课题组各位成员为课题研究倾注了大量心血、付出了艰辛的劳动，国家海洋局、北京师范大学相关专家的热情加盟对课题研究发挥了重要作用。在此，一并表示衷心的感谢！

　　作为一项开拓性、探索性的研究工作，本课题的研究经历了一个艰难曲折的过程。从选题、立项、论证时起，在课题研究的必要性、研究范围、方向与重点等方面就存在激烈的争议，课题研究的思路框架和研究重点也曾一度是困扰课题组的难题。在巨大的压力下，课题组多次进行了专家咨询和内部讨论，随着认识上的不断加深和对主要问题研究的逐步深入，对研究空间尺度、研究方向和重点等进行了不断的调整，力求使本项研究能够有所突破和创新。但是，由于能力水平和时间有限，课题的研究还有很多不够深入的地方，一些认识和观点可能还不够成熟，纰漏和错误也在所难免，希望各位读者不吝赐教，批评指正！

"我国陆海统筹发展研究" 课题组

2015 年 5 月 5 日

目　　录

第一章　我国陆海统筹发展总体战略

在当前世界经济加速转型和我国加快推进科学发展、实施经济发展方式转变的特殊历史时期，国家提出了陆海统筹、建设海洋强国的战略部署。深入贯彻落实党中央、国务院的有关指示精神，本书以发展为主题，结合国家和沿海地区发展的需要，突出目前陆海统筹发展中亟须解决的国土空间布局、资源开发、产业发展、基础设施建设和生态环境保护等方面的关键问题，进行深入研究，提出我国陆海统筹发展的总体战略构想，力求研究结论为国家和地区经济社会发展决策提供咨询。

第一节　陆海统筹的战略内涵

作为一种重要的发展理念，陆海统筹是我国在发展思路上做出的历史性转折，它的提出是国际海洋开发趋势和我国陆海发展的具体实际综合影响下的产物。从比较宽泛的意义上来理解，陆海统筹发展是涵盖陆地和海洋两大地理板块、关系国家发展和安全全局的战略性命题，涉及资源、经济、社会、生态和主权权益维护等方方面面的内容，具有十分丰富的战略内涵。

陆海统筹中的"陆"即陆地，是指我国主权范围内的陆域国土；"海"的主体包括我国具有完全主权的"蓝色国土"——内海和领海，我国拥有主权的岛礁、拥有主权权利和专属管辖权、具有"准国土"性质的专属经济区和大陆架，并拓展至作为国际"公土"但我国具有战略利益的公海、国际海底和南北极区域。简单来说，陆海统筹就是从全国一盘棋的角度对陆地和海洋国土的统一筹划，是科学发展观在优化包括蓝色国土在内的国土开发格局中的具体落实。具体而言，陆海统筹是指从陆海兼备的国情出发，在进一步优化提升陆域国土开发的基础上，以提升海洋在国家发展全局中的战略地位为前提，以充分发挥海洋在资源环境保障、经济发展和国家安全维护中的作用为着力点，通过海陆资源开发、产业布局、交通通道建设、生态环境保护等领域的统筹协调，促进海陆两大系统的优势互补、良性互动和协调发展，增强国家对海洋的管控与利用能力，建设海洋强国，构建大陆文明与海洋文明相容并济的可持续发展格局。陆海统筹的战略内涵主要包括以下几个基本点：

一、以陆海国土战略地位的平等为前提

海洋和陆地一样，作为人类生存发展的重要物质来源和空间载体，是国家国土资源的重要组成部分，理应在国家发展中具有同等重要的地位。然而在我国过去的发展中，由于对海洋的地位与作用以及海陆关系认识的不到位，加之受管理能力不足和经济发展方式粗放等多种因素的影响，导致海陆经济发展的水平和能力存在着较大差距。鉴于此，陆海统筹发展战略的实施，必须以增强海洋国土观为前提，破除"海陆两分"、"重陆轻海"的思想观念，提升海洋（内海、领海、海上岛礁、专属经济区和大陆架）作为国家国土组成部分的主体地位，赋予其在国家发展安全中与陆地同等的战略地位，凸显海洋对国家富强和民族振兴的战略支撑作用与价值。

二、以倚陆向海、加快海洋开发进程为导向

陆地与海洋对我国经济社会发展和安全而言同等重要，并不存在绝对意义上的孰轻孰重问题，但在国家发展的不同历史时期和阶段，因所面临的经济和地缘政治形势不同，对陆海的重视程度也会有所差异。在现阶段，我国周边的地缘政治形势和冷战时期相比有了很大变化，与北部俄罗斯和中亚国家间的关系总体向好，与南亚诸国的关系总体保持稳定，来自海洋方向的日、菲、越等国的挑战和美国的介入成为最大的威胁；国家对外开放和参与全球经济竞争能力的提升，以及经济安全保障、区域协调发

展、资源环境问题的解决，都在客观上要求加快海洋开发的进程；我国已成为仅次于美国的全球第二大经济体，综合国力有了很大的提升，初步具备了实施大规模海洋开发的条件和基础能力。因此，陆海统筹应该体现陆域经济的支撑作用和海洋经济的引领作用相结合，突出海洋国土开发的优先地位，加快发展海洋经济，切实提高我国经略海洋的能力，维护海上主权、权益和安全，更加充分地发挥海洋在国家发展和安全中的作用。

三、以协调陆海关系、促进陆海一体化发展为路径

从长远发展看，陆海统筹是陆海两种生态经济系统相互作用下的必然趋势，这是海陆两大系统在资源、环境和社会经济发展等方面客观上存在的必然联系所决定的。正确处理海洋国土开发和陆地国土开发、海洋经济发展和陆域经济发展的关系，不仅是海洋经济发展的需要，而且是国家和地区经济健康发展的必然要求。因此，陆海发展关系的协调是陆海统筹战略实施的重要方面。从现阶段解决陆海发展中存在的资源开发脱节、产业发展错位、空间利用冲突、资源和生态环境退化等问题的角度出发，资源开发、产业发展、基础设施建设、生态环境保护领域的统筹应该是陆海关系协调的重点任务。实施陆海统筹，就是要按照科学发展和发展方式转变的要求，从全国和区域发展的全局出发，将陆地国土和海洋国土作为整体来考虑，实施统一的国土开发规划，统一安排海陆资源的配置与调度，理顺陆海资源利用和产业发展关系，缓解陆海产业矛盾，强化陆海交通基础设施的互联互通，实施陆海生态环境的统一治理，促进陆海一体化协调可持续发展。

四、以推进海洋强国建设、实现海洋文明为目标

当今中国，国家核心利益关切由陆向海转移，国家战略利益遍布全球。建设海洋强国已经成为中国特色社会主义事业的重要组成部分，实施这一重大部署，对推动经济持续健康发展，对维护国家主权、安全、发展利益，对实现全面建成小康社会目标，进而实现中华民族伟大复兴都具有

重大而深远的意义①。海洋强国的建设不是单向的，而是海洋"硬实力"和"软实力"的相互匹配和统一②。实施陆海统筹发展，就是要在强化海洋经济、科技、管理、军事等"硬实力"发展，提高对海洋控制利用能力和水平的同时，注重思想意识、发展理念、意志、模式、目标、路径选择等"软实力"的打造，特别要强调海洋文化的发展，塑造和提升全民族海洋精神，实现海洋文明，从而为人类社会的文明和发展做出贡献。

第二节　陆海统筹发展的基础

改革开放以来，随着我国沿海重点发展、率先发展的区域发展战略的实施，东部沿海地区临海的地理位置和海洋资源丰富的优势得到充分发挥，奠定了其在我国区域发展中的核心引领地位，也助推了海洋开发进程的加快和海洋经济的发展。进入 21 世纪，在国际范围内海洋"国土化"趋势不断增强、海洋科技的迅猛发展、以海洋资源争夺为核心的海洋领域竞争日趋激烈的背景下，我国对海洋的重视程度空前提高，发展战略和规划引领手段加强，海洋开发的能力和水平进一步提高，为未来实施全方位陆海统筹发展奠定了良好基础。

一、国家战略和规划的引领作用显现

进入 21 世纪以来，国家对海洋的重视程度提高，海洋开发开始逐步进入国家宏观战略决策的视野。从党的"十六大"提出"实施海洋开发"、到"十七大"提出"发展海洋产业"、再到"十八大"提出"提高海洋资源开发能力，发展海洋经济，保护海洋生态环境，坚决维护国家海洋权益，建设海洋强国"的战略部署，"十五"以来的三个"五年规划纲要"中涉海内容分量不断加重，强调重点也从海洋资源开发与保护逐步转向海洋经济发展、海洋综合管理、海洋权益维护和海洋强国目标的实

---

① 习近平：进一步经略海洋，推动海洋强国建设——在中共中央政治局第八次集体学习时的讲话。中新网，2013 年 7 月 31 日。
② 曲金良：《海洋文明强国：理念、内涵与路径》，载于《中国社会科学报》2013 年第494 期。

现，显示出国家海洋意识的觉醒和海洋在国家发展中地位的不断提高。同时，规划引领手段不断完善和强化。围绕加快海洋事业健康发展需要，海洋功能区划、海洋经济发展、海域使用、海洋事业发展、海洋环境保护、涉海产业、海洋科技等领域的规划密集出台。国家出台了多个沿海地方发展规划，初步形成了以环渤海、长三角和珠三角三大经济区域为支撑，辽宁沿海经济带、河北沿海经济带、山东黄河三角洲生态经济区、江苏沿海经济带、海峡西岸经济区和广西北海经济区为辅助的"三大"、"六小"沿海经济区域规划格局，为统筹海陆经济发展和布局提供了依据。此外，山东、浙江、福建、广东海洋经济示范省的设立和相关专项规划出台，推动了沿海地方陆海统筹实践积极推进，为陆海统筹积累了经验。

二、海洋经济加快发展和海陆经济一体化趋势加强

海洋经济在国民经济发展中的地位显著提高。2001～2010年，我国海洋生产总值以年均13.4%的速度快速增长，快于同期国内生产总值10.7%的增长步伐；海洋经济总量迅速扩大，生产总值由2001年的9518.4亿元增加到2010年的38439亿元，增长了4倍多，占国内生产总值的比重由2001年的8.7%提高到了2010年的9.7%（图1-1）。海洋经济发展大大缓解了陆地能源和水资源压力。近20年石油产量增长的一半以上来自海洋，海水淡化成为沿海城市淡水供应的重要来源和海岛淡水供应的第一水源。海洋经济的发展创造了大量的就业机会，2010年全国涉海就业总人口共计3350万人，当年新增的涉海就业人员80万，为全国的新增就业人口的6.85%，与上年新增就业人口的52万人相比增长了1.5倍。

海陆一体化呈现加快发展势头，陆海经济发展空间格局呈现以沿海三大区域为核心的基本态势。首先，海陆经济发展互为依托、互相促进的宏观发展格局初步形成。根据2001～2012年数据分析显示，11个沿海省（市、自治区）海洋产业增加值与沿海市县生产总值的相关性为0.81；各省市海洋经济与国民经济发展水平的位次大体一致，人均GDP较高的上海、天津，其海洋生产总值也较高，而人均GDP较低的广西、海南、河北，海洋生产总值相对较低（图1-2）。2012年，沿海三大区域合计海

洋生产总值 43546 亿元，占全国海洋生产总值的比重高达 86.9%，其中环渤海地区占 36.1%、长江三角洲地区占 30.8%、珠江三角洲地区占 20.0%。其次，以石化、钢铁为主的重化工业的向海转移，推动了沿海地区各种类型的临港/临海产业区、保税港区、保税物流园区大量出现，一些与海洋直接相关的海水淡化、海洋制药、海洋新能源开发等战略性新兴产业也加快发展，形成了多个具有产业优势的集聚区（表 1 – 1）。再次，沿海新城新区建设加快，趋海发展特征更加显著。目前 53 个沿海地级以上城市中，有 47 个设立了更为靠海的新区，其中上升为国家、省战略的占 50% 以上（表 1 – 2）。

图 1 – 1 我国海洋经济产值及其占 GDP 比重变化情况

资料来源：相关年份的《中国海洋统计年鉴》。

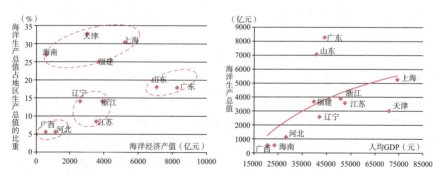

图 1 – 2 各省（市、自治区）海洋生产总值与经济发展水平对比

表 1-1　　　　　中国海洋高技术产业发展的区域集聚情况

产业类型	主要产业内容与分布	产业集聚地区
海洋生物育种与健康养殖业	海洋生物育种、海水健康养殖和生态养殖	烟台、东营
海洋药物和生物制品业	海洋药物、生物制品	北京、上海、青岛、深圳、厦门等
海水利用业	①海水淡化：天津、山东、杭州 ②海水冷却：沿海大中城市火电厂和化工厂 ③海水化工：天津、河北、山东	天津、大连、青岛、杭州
海洋可再生能源业	①潮汐电站：浙江江厦、海山潮汐电站；山东乳山白沙口潮汐电站等 ②海上风电：上海东海大桥，江苏、浙江、山东沿海	天津、山东、江苏、浙江、广东
海洋工程装备制造业		上海、青岛
海洋现代服务业		大连、宁波、天津、上海、广州、舟山
深海资源开发业		上海、青岛、无锡

资料来源：《中国海洋发展报告》（2013）。

表 1-2　　　　　我国沿海城市的滨海新区建设情况

省份	新区名称
辽宁	大连金普新区**、丹东国门湾新区、锦州滨海新区*、营口北海新区*、盘锦辽东湾新区*、葫芦岛龙湾新区
天津	天津滨海新区**
河北	秦皇岛北戴河新区**、唐山曹妃甸新区**、沧州渤海新区**
山东	东营滨海新区、滨州北海新区、潍坊滨海新区**、烟台东部新区、威海南海新区**、青岛西海岸经济新区**、日照国际海洋城**
江苏	连云港徐圩新区**、盐城新城新区**、南通滨海新区
上海	上海浦东新区
浙江	舟山群岛新区**、宁波杭州湾新区**、温州瓯江口新区**、嘉兴滨海新区、绍兴滨海新城、台州东部新区
福建	莆田湄洲湾新区、泉州泉州湾新区、漳州南太武滨海新区*、宁德滨海新区*

省份	新区名称
广东	广州南沙新区**、深圳前海地区**、珠海横琴新区**、汕头海湾新区、江门滨江新区、湛江海东新区*、茂名滨海新区*、惠州环大亚湾新区*、阳江城南新区、东莞长安新区*、中山翠亨新区**、潮州滨海新区
广西	北海铁山新区、防城港城南新区、钦州滨海新区
海南	海口西海岸新区

资料来源：根据国家相关规划、各省相关规划文件、各市政府工作报告整理。

注：**为国家级规划或文件中述及，*为省级规划或文件中述及。

三、陆海交通基础设施建设取得突破性进展

海陆交通基础设施建设进程加快，促进了生产要素流动与陆海经济融合，对陆海统筹发展起到了有力的支撑作用。在陆上运输方面，以"三横五纵"铁路干线为骨架，以支线铁路、高速公路、国道、内河航道为辅助的通陆达海的陆域交通运输网络体系已经成型，交通运输发展的地域不平衡状况已经逐步得到改善。在海洋运输方面，港口和跨海基础设施建设突飞猛进，海上运输能力得到了显著提升。2010年，沿海港口千吨级以上泊位通过能力超过55亿吨，深水泊位1774个，比2005年分别新增30亿吨和661个，港口设施大型化、规模化、专业化和航道深水化水平大幅提升。青岛海湾大桥、杭州湾跨海大桥、舟山跨海大桥、平潭海峡大桥、厦漳跨海大桥、南澳跨海大桥、港珠澳大桥、青岛胶州湾海底隧道、崇明长江隧道、厦门翔安海底隧道等一批跨海桥梁和海底隧道相继建成或开工建设，进一步强化了陆海之间和沿海城市之间的经济社会联系。伴随着基础设施建设和海上贸易的增长，海上航线不断拓展，对内已形成自北而南沟通沿海各个重要港口城市和大陆主要东西行运输干线联系的东部沿海重要的纵向运输线，远洋运输以上海、大连、秦皇岛、广州、湛江、天津、青岛等港口为起点，和世界各国、各地区重要港口之间开辟了东、西、南、北四组重要远洋航线，海运船队规模跃居世界第三。

专栏　我国远洋航线概况

（1）东行航线：由我国沿海各港口东行，经日本横渡太平洋可抵美国、加拿大和拉美各国。随着我国同日本、北美、拉美各国的友好活动和经济往来日趋频繁，这条航线的地位日益提高，货运量也急剧增加，成为我国对外贸易的一条重要航线。

（2）西行航线：由我国沿海各港南行，至新加坡折向西行，穿越马六甲海峡进入印度洋，出苏伊士运河，过地中海，进入大西洋；或绕南非好望角，进入大西洋。沿途可达南亚、西亚、非洲、欧洲一些国家或地区港口。这条航线是我国最繁忙的远洋航线。

（3）南行航线：由我国沿海各港南行，通往大洋洲、东南亚等地。随着我国与东南亚各国贸易的发展，这条航线的货运量不断增长。

（4）北行航线：由我国沿海各港北行，可到朝鲜和俄罗斯远东海参崴等港口。目前，这条航线除与朝鲜通航外，由于国际政治因素的影响，其发展仍受到限制。

四、陆海生态建设和环境保护取得成效

随着海陆生态环境问题的日益严峻和节能减排、转变发展方式压力的不断增大，国家和地方政府对生态环境保护重视程度有了空前的提高。陆地生态功能区生态安全屏障的加快建设，"三河三湖"、三峡库区、长江上游、黄河中上游、松花江等为重点的流域水污染治理力度的不断加大，生态补偿、排污权交易等手段的不断强化，对陆地生态环境保护产生了明显效果，在一定程度上减轻了陆源污染对海洋环境的压力。与此同时，海洋功能区划制度、海域使用管理法、海洋环境保护法等制度、法律的实施，主要河口、海湾、沿岸重要生态功能区等生态环境治理与修复工程加快推进，对规范海洋开发行为、遏制海洋生态环境恶化势头发挥了积极作

用。此外，陆海统筹、基于生态系统的管理等新的理念逐步被接受，海陆生态环境保护规划衔接日益紧密，为统筹陆海生态环境保护积累了经验。2010 年国家环保部与国家海洋局《关于建立完善海洋环境保护沟通合作工作机制的框架协议》的签署，标志着我国陆海统筹保护生态环境的体制机制初步形成。

五、涉海综合管理和科技水平明显提升

涉海综合管理体制实现大的调整，管理手段不断得到强化。2008 年，为适应海洋综合管理的需要，国务院对国家海洋局的职能进一步充实和完善，强调"加强海洋战略研究和对海洋事务的综合协调"职能，海洋经济、涉海节能减排、海岛开发保护、海水及海洋可再生能源、海洋环境安全保障、执法维权等多项管理职能进入国家海洋局的职权范围。2013 年，国务院机构改革和职能转变方案提出，设立高层次议事协调机构国家海洋委员会，负责研究制定国家海洋发展战略，统筹协调海洋重大事项。同时，国家海洋局以中国海警局名义开展海上维权执法，接受公安部业务指导，并具体负责国家海洋委员会的各项工作。海域使用、海洋生态环境保护、海洋资源开发、海上交通安全等重点领域的相关制度、法律法规、规划不断丰富和完善，使海洋管理的手段、特别是法制基础进一步强化。

科技支撑能力有了较大发展，对海洋开发起到了有效的支撑作用。目前，我国已形成了具有区域特征、包含多学科的海洋科学体系。在海洋技术方面，已经形成了海洋环境技术、资源勘探开发技术、海洋通用工程技术三大类，包括 20 多个技术领域的海洋技术体系。特别值得一提的是，近十几年来我国深海技术得到了较快发展，海洋地质调查、探测、石油勘探开发等方面的多项技术已达到国际领先水平，深海矿物勘探、开采、运载和冶炼等技术已经形成了一定的技术储备。

第三节　陆海统筹发展存在的主要问题

总体来看，我国陆海统筹发展尚处于起步阶段，海洋经济发展仍然比

较落后、与世界主要发达国家存在明显的差距，海陆经济关系不协调、海岸带和海域开发布局不合理、陆海生态环境冲突严重、规划管理和体制改革不到位等问题，长期制约着陆海统筹发展的进程。

一、海洋经济发展总体滞后

虽然近年来我国海洋经济有了较大的发展，但是海洋经济严重滞后的局面尚未得到根本性改变，海洋经济总体水平低、区域发展严重不均衡、科技支撑能力弱等，是其中存在的突出问题。

（一）海洋经济发展水平低，发展方式粗放

目前我国海洋资源综合开发利用率不到4%，不仅低于经济发达国家14%～17%的水平，也低于5%的世界平均水平，海洋经济总量在国民经济中的比重也与发达沿海国家存在着较大差距。同时，海洋产业结构不合理，资源依赖型低层次传统产业占据主导地位，海洋经济总体上仍处于以资源开发和初级产品生产为主的粗放型发展阶段。2012年，滨海旅游业、海洋交通运输业、海洋渔业三大传统产业占主要海洋产业的比重高达75%，而海洋生物医药业、海水利用业等新兴产业的总产值占主要海洋产业的比重不足1%（图1-3）。

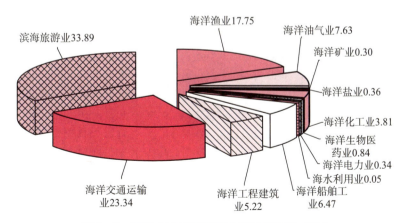

图 1-3　2012 年主要海洋产业增加值构成（%）

资料来源：《2012 中国海洋经济统计公报》。

（二）区域海洋经济发展不平衡，主导产业低层次雷同问题明显

由于区位条件、资源禀赋以及社会经济发展基础的不同，沿海地区海洋经济发展水平的差异较大。从海洋经济密度①来看，上海、天津两个直辖市高于全国平均水平，其他省份均在全国平均水平之下；最高的上海为30.32亿元/公里，是全国平均水平的15倍，是最低的海南省的86.7倍，而且差距呈进一步扩大趋势（表1-3）。全员劳动生产率也显示出相似的特点，最高的上海市为最低的海南省的5倍多，显示出沿海省份海洋经济产出效率的严重不平衡（图1-4）。

表1-3　　　　　2008～2010年中国沿海地区单位岸线海洋经济密度变化情况

地区	海岸线长度（公里）	2008年			2009年			2010年		
		海洋生产总值（亿元）	经济密度（亿元/公里）	排名	海洋生产总值（亿元）	经济密度（亿元/公里）	排名	海洋生产总值（亿元）	经济密度（亿元/公里）	排名
上海	172.31	3988.2	23.15	1	4204.5	24.40	1	5224.5	30.32	1
天津	153	1369	8.95	2	2158.1	14.11	2	3021.5	19.75	2
河北	487	1092.1	2.24	3	922.9	1.90	6	1152.9	2.37	5
江苏	953.9	1287	1.35	4	2717.4	2.85	3	3550.9	3.72	3**
山东	3024.4	3679.3	1.21	6	5820	1.92	4	7074.5	2.33	6
广东	3368.1	4113.9	1.22	5	6661	1.98	5	8253.7	2.45	4**
浙江	2200	1856.5	0.84	7	3392.6	1.54	7	3883.5	1.77	7
辽宁	2178	1478.9	0.68	8	2281.2	1.05	9	2619.6	1.20	8
福建	3051	1743.1	0.57	9	3202.9	1.05	8	3682.9	1.21	9
海南	1617.8	311.6	0.19	10	473.3	0.29	10	560	0.35	10
广西	1595	300.7	0.19	11	443.3	0.28	11	548.7	0.34	11
全国	18800.5	21220.3	1.13	—	32277.7	1.72	—	39572.7	2.10	—

资料来源：《中国海洋统计年鉴》（2009、2010、2011）。
注：** 为变化比较显著的省份。

---

① 海洋经济密度：即单位海岸线的平均海洋经济产值。

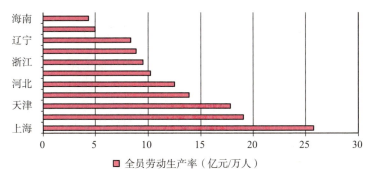

图1-4　2010年中国沿海省份海洋产业全员劳动生产率

资料来源:《中国海洋统计年鉴》(2011)。

　　从各省市海洋产业构成来看，海洋渔业、滨海旅游业及海洋交通运输业在大多数省份都占据主导地位，各地区海洋产业的同构化问题严重，地区间海洋经济分工不明显。分行业来看，海洋渔业、滨海旅游业、海洋船舶工业和海洋交通运输业分布较为均衡，在大多数省份都有发展，但海水利用业、海洋电力业、海洋油气业的均衡度较低，海水利用业主要集中在辽宁、天津等省市，海洋电力业主要集中在浙江、广东等省份，海洋油气业主要集中在河北、浙江、广东等省份（表1-4）。

表1-4　　　　　　　　　沿海地区主要海洋产业集中度[*]

地区	CR2	CR4	主要海洋产业
天津	0.536	0.874	海洋油气业、滨海旅游业、海洋交通运输业、海洋化工业
河北	0.426	0.733	滨海旅游业、海洋渔业、海洋工程建筑业、海洋交通运输业
辽宁	0.697		海洋渔业、滨海旅游业
上海	0.890		滨海旅游业、海洋交通运输业
江苏	0.518	0.793	海洋渔业、海洋船舶工业、滨海旅游业、海洋电力业
浙江	0.474	0.752	海洋渔业、滨海旅游业、海洋电力业、海洋交通运输业
福建	0.779		海洋渔业、海洋交通运输业、滨海旅游业
山东	0.691		海洋渔业、滨海旅游业、海洋交通运输业
广东	0.512	0.841	滨海旅游业、海洋渔业、海洋电力业、海洋油气业
广西	0.923		海洋渔业、滨海旅游业
海南	0.866		海洋渔业、滨海旅游业

　　[*]集中度指数计算公式为：$CR_n = \sum_{i=1}^{n} X_i \bigg/ \sum_{i=1}^{N} X_i$，其中$CR_n$为海洋产业中规模最大的前$n$个产业的集中度；$X_i$为海洋产业第$i$个产业的总产值；$N$为全部海洋产业个数。

（三）科技创新能力的不足，严重制约海洋经济发展进程

海洋经济具有对科技高度依赖的特点。我国目前的海洋科技整体水平还比较低，与世界海洋经济大国相比差距明显，远不能适应大规模海洋开发的要求，也对海上主权权益维护造成影响。主要表现在：海洋科技对经济的贡献率低，关键领域技术自给率和科技成果转化率低，部分领域的成果和专利转化率不足 20%；海洋重大领域的基础研究明显不足；海洋开发的关键核心领域技术自主研发和创新能力薄弱；重点领域的海洋调查勘探仍然不足，尤其缺少持续性的调查研究；一些新兴的高技术行业尚未形成具有较强国际竞争力的专业化制造能力；海洋高新技术产业人才短缺等。特别值得一提的是，我国深海油气资源探勘开发技术与国际先进技术还存在比较大的差距，深海矿产资源开发的技术核心、关键技术仍需引进和进口，海洋空间利用技术尚处于传统的海洋空间利用阶段，海洋波浪能、温差能、风能的利用技术与国外的差距也十分明显。

二、海陆经济发展关系不协调

（一）海陆经济联系的层次低，相互支撑不足

与海洋经济总体水平低、产业发展的低端化相一致，海洋与陆地之间的经济联系也处于较低层次。通过海陆产业的灰色关联分析可以看出，第二产业的关联度只有 0.628，第三产业关联度虽然高达 0.876，但主要集中在海洋交通运输和滨海旅游两大传统产业（表 1 - 5）。这说明海陆经济发展的衔接仍然不够紧密，陆域科技向海洋领域转化、支撑海洋开发作用尚未得到充分发挥，海洋开发对陆域经济发展的引领作用也没有体现出来，海陆经济关系总体不协调。

表 1 - 5　　　　海洋产业与陆地经济的灰色关联度分析（2012 年）

	海洋第一产业	海洋第二产业	海洋第三产业
关联系数	0.333	0.484	0.773
关联度	0.607	0.628	0.876

资料来源：《2012 年中国海洋经济统计公报》；沿海各省市 2012 年统计公报。
注：陆地数据是在沿海省市的地区生产总值中剔除海洋生产总值后的产值。

（二）部分海洋产业过度发展，结构性和区域性过剩倾向明显

在海洋经济总体滞后的形势下，在海洋经济中占据重要地位、与内陆腹地联系紧密的港口运输和船舶工业无序扩张，生产能力相对过剩，引发行业和区域性恶性竞争。从港口运输业来看，自 2003 年实施港口法、将港口管理权下放地方以来，沿海城市积极推动"以港兴市"，沿海港口得到大规模建设和快速发展，昔日的"港口瓶颈"已不复存在；但是，许多沿海城市为了加快提升吞吐能力，不顾腹地大小、水陆集疏运配套和岸线水深与岸滩稳定性等条件，争相上马建设扩张项目，港口建设超前于集疏运体系建设和物流管理能力的提升，导致腹地拓展缓慢，造成港口的同质化和能力上的冗余，集装箱、煤炭等大型专业码头利用不充分，也加剧了港口间的恶性竞争。从沿海船舶工业来看，其已成为我国具有较强国际竞争力、高度外向型支柱产业，但是受近年来受经济低迷、海运需求不振、现有运力过剩的综合影响，自主创新能力不强、增长方式粗放、低水平重复建设、产能严重过剩、船用配套设备发展滞后、海洋工程装备进展缓慢等问题日益显现，产业发展仍在低位徘徊。目前，我国的船舶产能利用率仅为 75%，明显低于国际通常水平[1]。有资料显示，我国 2012 年造船完工量、新接订单量和手持订单量三大指标均出现了 20% 以上的下跌，其中新船订单量下跌幅度高达 43.6%，显示行业形势异常严峻[2]。

（三）临港产业过快过剩发展，加剧陆海矛盾和冲突

在盲目追求 GDP 增长的发展冲动下，临港产业投资大、见效快，成为沿海城市发展的一条捷径，受到多数沿海城市的青睐。几乎所有沿海城市都以钢铁、石化、物流为主导产业，大部分沿海城市都有 1000 万吨钢铁产能和 100 万吨乙烯产能，导致部分城市产业结构非常单一。同时，由于以央企为主导的钢铁、石化、电力等临港行业具有显著的自上而下发展特征，与本地生产网络衔接不够，并引发了突出的矛盾和问题。首先，临港产业多属于占地面积大、吸纳就业少、集聚人口能力低的行业，以临港

---

[1] 《国务院关于化解产能严重过剩矛盾的指导意见》，人民网，2013 年 10 月 15 日。
[2] 我国船舶工业未来发展趋势。引自：人大经济论坛（行业分析版），http：//bbs. ping-gu. org/forum. php? mod = viewthread&tid = 2398240&page = 1。

产业为主体的城市新区人口规模尚难以达到商业、服务业布局门槛，仅靠市场力量难以形成完整便捷的生活服务体系，服务业不足也使得创造新就业岗位的能力较弱，进一步降低了人口集聚能力，导致产、城发展的相互脱节，这种现象在全国沿海地区较为普遍。其次，"嵌入式"的临港产业发展不仅对地方原有特色优势产业的带动作用有限，而且其对土地的大规模占用以及所享受的土地、财税、资金配套等政策倾斜，挤压了原有产业的发展空间，也制约了海陆产业互动发展。最后，临港产业过快、过剩发展导致了围填海无序、过度，而企业自备港口大量建设所导致的港口的"企业内部化"、生产企业和港口企业重复建港，也是港口建设过度超前和空间布局无序的重要原因。

三、海岸带开发无序和海域开发布局不合理

由于海陆功能区划错位和割裂、其他管理不到位，在经济利益的驱使下，地区之间、行业之间乱开乱占海岸和近岸海域，造成了严重的资源破坏和生态环境问题。同时，海域开发布局也不合理，近岸海域过度开发和远海深水开发利用不足并存。

（一）海岸线利用无序

海水具有流动性，同一海域海洋资源具有复合性，不同用海方式之间也具有排他性。由于沿岸陆海规划的衔接不力，加之对海洋岸线缺乏强力规划与管理，导致岸线利用无序无度，海岸人工化趋势明显。旅游、海水养殖、盐业、港口、临海工业、自然保护区等利用方式交叉重叠，各种用海类型间的矛盾和冲突明显。在一些人口、产业集中度高的发达地区，城区岸线则过度拥挤，开发强度过高。一些城市不顾城市产业发展阶段和产业结构特点，片面追求港口规模扩张，大量布局临港、临海重化工业，导致城市岸线资源紧张、原始景观破坏、生态环保压力大，部分城市已经面临岸线功能调整和改造的迫切问题。此外，由于各地海洋意识的觉醒，在一些行政单元比较密集的岸线和海域，不同行政单元之间的竞相开发、重复建设等问题也较为突出。相反，在一些后发地区，则岸线低效利用现象较为明显，许多临港产业园区动辄50平方公里，滨海土地浪费比较严重。

（二）围填海面临潜在失控危机

近十年来，我国沿海掀起了以满足城建、港口、工业建设需要的新一轮填海造地高潮，1990～2008年，我国围填海总面积从8241平方公里增至13380平方公里，平均每年新增围填海面积285平方公里。这一轮填海造地的特点是从零散围填海作业转向"集中集约用海"名义下的大规模连片填海造地，规模大、速度快，主要用于大型化工、钢铁、港口等沿海产业及城镇建设，项目审批缺乏生态环境意识。围填海使我国滨海湿地面积锐减了57%，许多湿地鸟类栖息地和觅食地消失，海洋和滨海湿地生态服务价值大幅降低。根据国合会测算，我国围填海所造成的海洋和海岸带生态服务功能损失达到每年1888亿元，约相当于目前国家海洋生产总值的6%。国家海洋局曾提出，未来我国35%的海岸线要保持自然状态。但调查显示，渤海湾地区超过70%的岸线已被围垦。而世界自然基金会（WWF）的报告指出，尽管我国海洋功能区划提出全国11%的近岸海域应建立保护区，并且要求2020年保护区总面积要达到中国领海面积的5%，但这一数字目前尚不到1%，而且大规模围填海的势头仍然在持续。

（三）海域开发利用布局不合理

近岸海洋资源开发程度较高，海洋开发活动主要集中在资源比较丰富、生产力比较高和易于开发利用的滩涂、河口、海湾区，这些区域近岸海洋资源开发强度过大，是造成资源和生态退化以及各种用海方式矛盾冲突的重要原因。相比之下，大片远海深水特别是专属经济区和大陆架的资源基本上仍处于低水平或潜在开发状态，海洋生产力空间布局严重失衡。

四、陆域生态环境恶化及其对海域的冲击加重

以陆源污染为主因的海洋生态环境仍在持续恶化，形势不容乐观。与20世纪80年代初相比，中国海洋生态与环境问题在类型、规模、结构、性质等方面都发生了深刻的变化，环境、生态、灾害和资源四大方

面的问题共存，并且这些问题相互叠加、相互影响，表现出明显的系统性、区域性、复合性。近海海洋生态安全成为海洋强国建设的一个制约性问题。

（一）近海环境污染呈交叉复合态势，危害加重，防控难度加大

陆源污染物仍是海洋污染的主要来源，对近岸海域污染的贡献占70%以上；河流流域、农业面源和大气输氮污染贡献凸显，河流入海污染物总量总体呈上升趋势；以化学需氧量评价，农业面源的贡献已超过工业源；大气沉降已成为营养物质和重金属向海洋输送的重要途径之一。渤海作为我国海域污染的"重灾区"，近年来近岸海水水质恶化仍然呈现进一步加剧的趋势。

（二）海洋生态系统功能退化，处于剧烈演变阶段

海岸带和海洋生态安全问题自21世纪初至现在愈加突出。近海生态大面积退化，典型生态系统健康受损，关键自然资本存量锐减，赤潮、绿潮等灾害性生态问题突出。近岸海洋生态系统80%处于亚健康和不健康状态，自然岸线保有率不足40%。陆源污染物排海、大规模围填海是近岸海域生态环境变化的主要原因。流域大型水利工程过热，河口生态环境负面效应凸显。长江口被联合国环境规划署列为极难恢复的永久性"近岸死区"，珠江口、浙江近岸海域也被列为季节性"近岸死区"。

（三）海洋环境灾害频发，海洋开发潜在风险高

沿海海拔5米以下的海洋灾害危险区域约14.39万平方公里，常住人口7000多万，约占全世界处于这类危险区域人口总数的27%，人民生命财产长期受到威胁。全球气候变暖、极端天气和气候事件频发以及海平面加速上升，近年来海洋环境灾害频发。大型火电厂、核电站、炼油厂、海上油气管线工程以及国家石油储备基地等项目在沿岸相继建成，并出现集中化、规模化的趋势，给邻近海域带来巨大的热污染、核泄漏、溢油等潜在环境风险。

（四）沿海经济区环境债务重，新兴经济区发展可能面临新的危机和挑战

我国污染和生态破坏严重的地区主要集中在海湾和经济较为发达的城市临近海域，如珠三角、长三角和环渤海经济区极为严重。随着新一轮国家沿海区域发展战略和振兴规划的实施，沿海重工业化和城市化趋势加剧，如不加以有效控制，可能就会造成开发一片、环境污染一片、生态破坏一片的局面，沿海新兴经济区发展将面临新的危机与挑战。

五、规划和管理体制不适应陆海统筹要求

受特殊发展历史的影响，"重陆轻海"思想意识在我国根深蒂固，对海洋国土的社会认知度不高，海洋发展与陆地发展相比仍处于从属地位，未达到应有的战略高度。在法律制定方面，涉海的元法律和基本法律缺失，海洋作为重要的国土资源并未写入《宪法》，导致涉海政策体系存在着严重的缺陷。从规划上来看，目前全国国土规划中，涉海部分仍然主要集中在临海的陆地区域，海洋国土的分量较小、重要性未得到充分体现；《全国主体功能区规划》与《全国海洋功能区划》以及涉及陆海发展的各产业专项规划之间也缺乏衔接，甚至在空间布局上存在交叉和冲突。在管理体制方面，改变部门分割、理顺中央和地方政府的财权、事权关系还需一定时日。一方面从部门间协调看，尽管目前我国成立了跨部门的海洋管理协调机构，并对有些部门的职能进行调整，但海洋开发相关事务仍分散于多个部门之间，管理分散和协调难度较大的问题仍然存在。另一方面从中央和地方政府关系看，改革开放后，中央对地方政府进行了经济和财政分权改革，地方政府追求本级财政收入和税基的激励机制设计，使得我国地方政府对于工业，特别是税基较大的重化工业发展具有偏好，而且往往以牺牲生态和环境为代价，在沿海地区发展海洋经济的过程中近海污染、大型石化企业林立、港口密布、围填海造地面积快速扩张就是这种体制的直接结果。此外，港口、围填海、生态环境管理方面的体制也不能适应陆海统筹的要求。

第四节　陆海统筹发展的战略思路

一、以海洋大开发为支撑，实现陆海发展战略平衡

"谁能有效控制海洋，谁就能成为世界大国"①。陆海统筹是一个事关国家发展与安全的大战略问题，是我国建设海洋强国、迈向世界强国之林的必由之路和重大战略举措，其发展在很大程度上取决于国家的战略意志和战略决策，必须置于国家工作全局来审视其战略功能定位，并将其纳入更高的国家议事日程。针对现阶段我国海洋发展滞后的实际，必须切实提高全社会特别是政府决策部门的海洋意识，树立全新的海洋国土观、海洋经济观、海洋安全观，注重建设海洋文明；将海洋开发作为国家国土开发的重要组成部分，在综合权衡陆地经济发展基础、发展需求和海洋国土资源状况及其开发现状的基础上，逐步将国土资源开发战略重点转移到海洋国土的开发上来，促进海洋大开发和海洋经济大发展，不断提高海洋在国家发展战略中的地位与作用。加快推动国家发展战略由"以陆为主"向"倚陆向海、陆海并重"转变，实现国家区域发展战略、海洋发展战略的有效衔接和陆海之间的战略平衡，为真正把我国建设成为海洋强国和海陆兼备的世界强国创造条件。

二、发挥沿海地区核心作用，促进海陆一体化发展

按照海陆相对位置和在国家发展中地位与作用的不同，陆海统筹发展中的陆域和海域可进一步划分为内陆、沿海、近海（领海、专属经济区和大陆架）和远海（公海和国际海底区域）四大地理单元。陆海统筹发展战略在空间上必须从海陆一体化联动发展角度对四大地理单元的发展进行统一的谋划，从而实现与国家区域发展战略和海洋战略的有效衔接。我

① 马汉：《海权论》，1890 年。

国经济社会发展空间不均衡，沿海地区人口众多、要素集聚度高、经济社会发展水平高，是我国区域发展的核心地带和国家区域发展战略所确定的率先发展区域。同时，特殊的地理位置决定了沿海地区是海陆之间物质、能量和信息交换的重要媒介，是海洋开发的重要保障基地、海洋产业发展的重要空间载体，也是海陆相互作用强烈、矛盾和冲突问题最为集中的区域，在陆海统筹发展中具有举足轻重的地位。未来要充分发挥沿海地区在引领海洋开发和内陆地区发展中的核心作用，顺应沿海地区人口增长、城镇化发展、产业升级、发展方式转变的客观需求，不断优化地区空间结构，规划海岸带开发空间秩序，推动海陆复合型产业体系发展，统筹规划沿海港、航、路系统，理顺陆海产业发展与生态环境保护关系，以实现陆海产业发展、基础设施建设、生态环境保护的有效对接和良性互动，提升沿海地区的集聚辐射能力，强化其作为人口和海陆产业主要集聚平台、海洋开发支撑保障基地、海陆联系"桥梁"和"窗口"的功能。同时，要强调优化海域开发布局、加快海洋开发进程，重视加强广大内陆地区与沿海地区的合作，通过海陆间联系通道体系的不断完善、产业转移步伐的加快和基于生态系统的海陆生态环境保护协作的加强，推动沿海、内陆和海域一体化发展。

三、加快陆海双向"走出去"步伐，拓展国家发展战略空间

全面开放是我国当前奉行的基本国策，而加快"走出去"步伐是其中的主要方向，是拓展国家发展战略空间的必然选择。经过多年的发展，我国内边边疆的沿边开放已经取得了比较大的进展，特别是以国际次区域合作为主要形式的国际合作步伐的加快，对于扩大国家资源保障来源、促进陆路国际战略通道建设、稳定边疆、带动西部内陆广大区域发展等已经发挥了重要作用。今后要在进一步加快沿边开放、促进国家发展陆上战略空间拓展的同时，继续发挥沿海开放在国家对外开放中的主导作用，特别要将海上开放开发作为我国对外开放和实施"走出去"战略的重要方向。从中华民族的根本和长远利益出发，围绕祖国和平统一和维护海洋权益的需要，要不断加强与台湾在海洋开发和海上安全方面的合作，切实加快与周边国家的海洋开发合作进程。顺应海洋开发全球化和海洋问题国际化的

趋势，着眼于我国在全球的战略利益，必须以更加长远的眼光、更加开放的视野，跳出我国管辖海域范围的局限，在加强领海和近海资源开发利用的同时，走向全球大洋，积极应对全球海洋战略安全事务，参加公海、国际海底区域和南北极等国际"公土"的战略利益角逐，加强海洋开发与保护的国际合作，加快海洋战略通道安全维护能力建设，增强我国在全球海洋开发和公益服务中的能力与话语权。这一选择是我国相对封闭的海陆地理形势的要求，也是维护我国海洋权益、展示我国负责任大国形象的需要。

四、提高综合管控能力，夯实陆海统筹发展基础

管理水平低下、科技能力不足和海上力量建设滞后是当前制约陆海统筹特别海洋开发的主要因素。坚持海洋开发与海上安全维护并重，强化海洋管理、科技支撑能力以及海上执法维权和军事防卫力量建设，提高海上综合管控能力，也应该是未来推进陆海统筹发展中必须着力解决的关键问题。从管理角度来看，陆海统筹首先必须正确处理政府与市场的关系。陆海统筹是战略性思维，作为指导陆域与海域两大系统协调发展的基本方针，政府在其中居于主体地位，必须充分发挥好国家和地方各级政府的职能。在国家层面上，要注重通过宏观战略、规划、政策、法律法规的制定，统筹规范陆地和海洋开发活动，并发挥在国家海上综合力量建设、海洋权益维护和国际交流中的主体作用。在区域和地方层面，应主动服务国家海洋强国战略，加强区域性国土（海洋）规划、生态环境保护规划和政策的制定，推动海陆国土资源合理开发、区域性重大基础设施建设和以流域为基础、以河口海陆交汇区为重点的海陆生态环境综合保护与治理等。在强调发挥政府主导和引领作用的同时，对资源开发利用、产业发展等经济活动，要注重不断改革管理体制、完善市场机制，充分发挥市场在陆海经济发展中的决定性作用。适应陆海关系协调的需要，借鉴发达国家海洋和海岸带管理的经验，要以强化综合管理为主要方向，不断完善体制机制，强化行政、经济和法律手段，协调各方面、各层次利益关系，为海陆资源、空间利用的综合管制和生态环境的一体化治理提供保障。从科技发展来看，着眼于海洋开发能力的提升，要坚定不移地实施科技兴海战

略，加大国家对海洋科技发展的投入，整合科研、教育、企业、国防等方面的资源和力量，着力推动深远海调查研究、海洋监测、资源勘探开发等领域的技术研发，提高海洋技术装备的国产化水平和海洋科技对经济的贡献率，增强海洋经济发展的核心竞争力。从海上力量建设来看，要加强海军发展，建设形成一支具有一定威慑能力和较强常规作战能力、能够有效保卫海洋领土主权完整和维护海洋权益的海上军事力量，使之具备与世界海洋强国争夺一定海域制海权、有效保护海上交通线安全和自由进出大洋的能力；应进一步建立健全战时和非战争状态下海军和海上民用力量的协同作战机制，使之能够将综合国力中的战争潜力在战时迅速转化成为进行海上战争的军事实力；强化海上执法与监察力量建设，以国家海上执法队伍整合为契机，加快海上执法力量的准军事化进程。

第五节　当前陆海统筹发展的重点任务

一、统筹陆海国土开发空间布局优化

统一谋划海洋和陆地国土空间，宏观、中观和微观层次相结合，突出国家层面的陆海国土宏观发展格局的构建、沿海地带层面的空间发展格局的塑造、海岸带资源开发和产业布局的优化以及海域开发布局的调整，正确处理海洋国土开发和陆地国土开发、海洋经济发展和陆域经济发展的关系，以空间开发管控、基础设施建设、产业联动发展为途径，全面提升海陆空间开发的协调度、海陆基础设施的通达度、海陆产业发展融合度，促进海洋经济与陆地经济的深度融合和海洋、沿海、内陆的协调发展。

（一）构建陆海开放型国土开发综合格局

依托当前我国国土资源开发空间格局的基础，充分考虑未来陆海双向空间拓展的战略需求，以"三纵四横"国土资源开发轴线为骨架，加快沿边和海上开放发展格局的营造，着力提升海洋作为国家国土资源组成部分的主体作用，形成陆海一体、开放发展的国土资源开发综合格局。

1. 强化"三纵四横"轴线的支撑作用

"三纵"是指沿海发展轴、京广—京哈发展轴、包昆发展轴。"四横"是指长江发展轴、陇海—兰新发展轴、大连经哈尔滨至满洲里的发展轴以及天津至二连浩特、秦皇岛至榆林、黄骅至神木的发展轴。未来要充分发挥"三纵四横"轴线承东启西、连贯南北的重要作用,将其打造成为我国国土开发的"主骨架"。要抓住国家推动沿海地区率先发展、建设长江经济带和新丝绸之路经济带等战略契机,以强化综合运输通道建设为前提,重点发挥城市群的核心作用,推动沿线发展薄弱地区崛起,加快一体化发展步伐,使之成为我国区域和陆海要素流动、产业合作和双向对外开放的核心纽带,支撑陆海统筹加快发展。

2. 加强沿边沿海对外开放开发平台建设

统筹以沿海城市群和港口为重点的沿海开放与以沿边口岸为重点的沿边开放,协调推进双向对外开放型发展平台建设进程。一方面,要进一步发挥沿海地区在对外开放中的先导作用,加快中日韩自由贸易区、上海自贸区、泛北部湾经济区的建设步伐,加强对外经济技术交流和海洋资源开发的深度合作,提高我国经济发展的国际化水平和影响力。另一方面,要重视内陆沿边地区的开放发展,发挥主要城市群的核心支撑作用,注重沿边重点口岸区域中心城市建设和人口产业集聚能力的提升,加快对内外通道建设步伐,加强资源开发、产业发展、基础设施建设和生态环境保护的国际合作,形成重点突出、布局合理的沿边全方位国际次区域发展格局。

3. 积极谋划建设南海海上开放开发经济区

强化海洋国土的主体地位,提升渤海和东海、黄海我国主张管辖海域的国土地位,并纳入全国和沿岸地区国土规划体系。在此基础上,充分考虑南海与渤海、东海、黄海在与陆地地理位置关系及其海洋自然属性的不同,突出南海海域远离大陆本土、资源潜力大、战略价值突出、维护领土主权权益形势严峻的实际,以三沙市的设立为契机,科学分析与论证,谋划建设以海南岛和广东沿海为后勤保障基地,以三沙群岛的开发建设为重点,以海洋资源开发和中转贸易为主要方向的南海海上开放开发经济区,使之成为我国海上资源开发合作的重要基地、对外贸易的中转基地和维护主权权益安全的前沿阵地。

（二）实施沿海地带发展空间布局调整

突出沿海地区在陆海统筹发展中的核心地位，以沿海城市群为支撑，以海岸线和近岸海域资源合理利用、海陆产业布局优化、港—城—园关系协调为重点，促进沿海地区发展空间结构的优化调整。

1. 优化以城市群为支撑的沿海地带综合布局

充分发挥辽中南、京津冀、山东半岛、长三角、珠三角五大沿海城市群在"沿海—内陆"关系中的核心作用，加快发展海洋产业和临海产业，提升产业结构和发展质量，增强对内陆地区的辐射带动作用。以市场为导向，打破区域人为壁垒和行政界限壁垒，增强沿海与内陆的产业联系和要素流动，推进内部人才、资金、技术、信息等生产要素以及各种有形商品在区域内部的高效流动，构筑城市群内的产业集群。与此同时，还要搞好区域空间的综合协调，协调与经济社会发展有关的城乡建设和基础设施建设的空间布局，协调开发建设空间与国土资源开发利用和生态环境保护整治，协调不同行政区域和城乡之间的关系，协调不同行政区域基础设施建设，增强城市群的辐射带动能力，带动辽西地区、河北沿海、苏北沿海、海峡西岸、广东西南沿海、广西沿海等经济社会实力薄弱地带加快发展。

2. 优化海岸带资源开发和产业布局

在纵向上，要以优化海洋功能分区和海洋产业区域分工格局为基本方向，加强近岸海洋资源开发的统一规划与管理，合理确定海岸线和近岸海域功能，进一步规范近岸海洋资源开发秩序。统一规划和合理利用岸线资源，合理划分岸线生产、生活和生态功能，协调不同岸线利用方式之间的关系，最大限度地维持岸线的原始自然生态属性，严格禁止对重要生态功能岸线的开发利用，加快生态工程建设进程。合理确定不同区域海洋产业发展的主导方向和重点，促进海洋经济要素的合理流动，着力推动跨区域海洋产业的空间重组，优化海洋资源开发空间布局和区域海洋经济分工。

在横向上，促进沿海和内地产业合理有序转移，加快沿海地区海洋产业和临海产业的空间整合和区域布局的调整。要充分利用临海、临港的区位优势，发挥园区的载体作用，促进海洋产业和沿海陆域宜海、海洋依赖性产业空间集聚，实现海陆产业的协作配套和集群化发展。规范临海/临港产业园区开发建设秩序，加强临海/临港工业园区建设的统一、分级规划、监督与管理，严格滨海土地（包括滩涂、湿地）和围填海工业建设用地项目审批和执法监督，提高行政审批的时效和效率。清理违法、违规产业园区建设用地项目，加强园区规划实施过程的监督，提高滨海土地和围填海造地集约利用水平。以区域功能定位和规划为依据，合理确定产业园区发展的方向与重点，杜绝钢铁、石化、机械等重化工业项目的盲目上马和散乱布局，杜绝"非亲海"产业项目占用滨海空间。正确处理临海/临港产业发展和城市生态景观及海洋生态环境保护的关系，实施生态环境影响预评价和环境准入制度，严格限制高污染项目进入临海产业园区。

3. 协调港—城—园发展关系

协调港口建设和城市发展关系，通过港城良性互动协调发展，推动港城一体化滨海经济中心的发展与壮大，促进沿海地区城镇体系完善和特色经济区的形成。统筹港口城市岸线利用，确保港口岸线和城市生活岸线功能分离。加快港口集疏运系统和现代化港口物流体系建设，实现港口及港口区域的多功能化。港口功能完善和城市特色支柱产体体系的培育相结合，提升城市经济经济实力、完善综合服务功能。强化对滨海、跨海、跨湾新城建设的论证、评价、审批管理，从国家层面加强对滨海新城新区的空间管控和规划指导，在基础设施建设、重大项目安排、生态环境保护等方面给予通盘考虑。协调临港/临海产业园区与城市发展关系。按照产城协调的理念，促进临港产业园区向产业新城升级，完善与园区配套的基础设施和公共服务设施，增强园区就业人口生活服务的就地解决能力。加强临港园区与母城的交通联系能力，增强母城在金融保险、商务会展、中介服务等方面对园区发展的支撑能力。

（三）推动海域开发空间布局优化

突出重点、循序渐进，控制近岸海洋资源开发利用强度，加快深水远海特别是专属经济区和大陆架的海洋资源的勘探开发进程，推进海洋资源开发战略布局重点由近岸浅海向远海和深水转移。优先推动对争议海域油气资源和渔业资源开发，在专属经济区形成生物资源开发和海产品生产基地，在大陆架区域形成油气资源开发基地。加大对公海和国际海底区域的勘探开发力度，提高我国在公海及国际海底开发中的参与权和话语权，保障我国不断拓展的国家战略利益需求。

1. 渤海海域

实施最严格的生态环境保护政策，限制大规模围填海活动和对渔业资源影响较大的用海工程建设；修复渤海生态系统，逐步恢复双台子河口湿地生态功能，改善黄河、辽河等河口海域和近岸海域生态环境；逐步减少对渤海油气资源的开发，将渤海变成我国油气资源的战略储备基地。维护渤海海峡区域航运水道交通安全，推动渤海海峡跨海通道建设。

2. 黄海海域

要优化利用深水港湾资源，建设国际、国内航运交通枢纽，发挥成山头等重要水道功能，保障海洋交通安全。稳定近岸海域、长山群岛海域传统养殖用海面积，加强重要渔业资源养护，建设现代化海洋牧场，积极开展增殖放流，加强生态保护。合理规划江苏沿岸围垦用海，高效利用淤涨型滩涂资源。科学论证与规划海上风电布局。

3. 东海海域

要充分发挥长江口和海峡西岸区域港湾、深水岸线、航道资源优势，重点发展国际化大型港口和临港产业，强化国际航运中心区位优势，保障海上交通安全。加强海湾、海岛及周边海域的保护，限制湾内填海和填海连岛。加强重要渔场和水产种质资源保护，发展远洋捕捞，促进渔业与海洋生态保护的协调发展。加快东海大陆架油气矿产资源的勘探开发，强化对钓鱼岛海域渔业资源开发利用与管理，坚决捍卫国家主权。

4. 南海海域

适应海上开放开发经济区建设的要求，不断加大海岛资源保护与开发力度，强力推动港口和其他生产生活基础设施建设，加快发展海水淡化、海洋能源、交通运输等基础产业，建立远洋捕捞、海水养殖、生态旅游、交通运输和中转贸易基地，大力推动海上城市建设。大力开发渔业和旅游资源，加强海底油气、矿产调查评价与勘探，做好深海资源开发的技术储备。在"主权在我"的前提下，积极推动与周边国家间的海洋资源开发合作，确保"共同开发"取得实质性进展。

二、统筹陆海资源开发利用

以保障国家战略资源安全和维护国家主权权益为出发点，以统筹陆海资源开发利用规划为核心，以陆地资源利用技术为依托，以创新海洋科技为动力，以提高海洋海洋能源、海洋矿产资源、生物资源、海水资源、滨海土地及海岛资源开发利用水平为重点，统一谋划陆地资源和海洋资源开发的强度与时序，统筹近海资源开发与深远海空间拓展，统筹管辖海域资源开发与国际海域资源利用，着力提高海洋资源控制能力和综合开发水平。

（一）调整陆地能源生产结构，加快海洋能源资源开发进程

从国家能源安全的全局出发，调整陆地能源生产结构，加快海洋能源开发，有效增加清洁能源供应，缓解能源短缺，减轻能源消费引起的环境污染问题。

1. 调整陆地能源生产结构

积极发展水电，促进陆地天然气产量快速增长，推进煤层气、页岩气等非常规油气资源开发。积极研究和开发太阳能、地热能、风能、核能以及生物质能等"绿色能源"的新技术和新工艺，实施一批具有突破性带动作用的示范项目，推进有序开发和商业化利用。加快分布式能源发展，将可再生能源纳入国家电网建设规划，提高电网对非化石能源和清洁能源发电的接纳能力和调度自动化水平。

2. 加快海洋油气资源勘探与开发

根据合作勘探开发与自主勘探开发相结合的原则，加快开展小比例尺和重点海域中比例尺海洋区域地质调查，实现我国管辖海域区域地质调查

全覆盖。逐步减少渤海油气资源开发，建立渤海国家油气资源战略储备基地；尽快完成黄海、南海北部深水区油气资源调查评价，发现并开发一批大中型油气田；加快深远海特别是专属经济区和大陆架油气勘探开发进程，加强我国与南海周边国家的合作，推动后勤服务与保障基地建设，逐步推进海洋油气资源开发由近岸浅海向远海深水转移。

3. 科学开发海上风能、潮汐能等可再生能源

制定海上风电发展规划，完善配套基础设施，提高气象保障能力，加强电网并网技术研究。积极发展离岸风电，提高产业集中度，有序推进海上风电基地建设。推进近岸万千瓦级潮汐能电站、近岸兆瓦级潮流能电站、海岛多能互补独立电力系统等示范工程建设。采用政府专项支持与大型能源企业出资参与相结合的方式，在浙江省和福建省等地开展海洋可再生能源规模化示范工程，推进国产海上风电装备大规模利用。

4. 开展天然气水合物调查评价和关键技术研究

以天然气水合物开发及利用关键技术和中试示范为切入点，以钻探取芯、化学工程与热能工程为主要手段，开展天然气水合物开采和衍生应用关键技术研究，形成具有自主知识产权的技术系列，以满足国内能源开发和占领国际技术市场需求。

（二）挖掘陆域矿产资源潜力，强化深海矿产资源开发技术储备

坚持"陆海并举"的原则，发现可供开发的矿产后备基地，提高陆地矿产资源综合利用水平和深海资源开发技术储备能力。

1. 加快实施陆地找矿突破战略行动计划

加大中央和地方财政的地勘投入，以石油、天然气、铁、铜、铝、铅、锌等国家紧缺矿产为主攻方向，在天山—兴蒙—吉黑构造带、南方中上扬子海相盆地、青藏高原等油气资源远景区，国家规划建设的神东、晋北等14个亿吨级煤炭基地，晋冀、辽东吉南、天山—北山等19个重要成矿区带，以及大中型矿山深部和外围开展矿产勘查，实现陆地找矿重大突

破，提供一批可供开发利用的能源和急缺矿种后备接替基地。

2. 推进陆地共、伴生矿产资源综合利用

加强矿产资源综合利用关键技术研发和大型技术攻关，开展重大采选冶技术、矿产综合利用技术、循环利用技术的示范性研究与开发，最大限度利用矿山尾矿。将矿产资源综合利用纳入矿产资源规划体系，完善矿产资源综合利用法规标准，健全财税配套政策，加强资源综合利用认定，加快成熟技术的推广应用。

3. 加快深海矿产勘查开发步伐

建设深海海洋勘探开发技术及设备平台，推进水下运载及作业装备的产品化和国产化，形成配套通用关键部件产业化基地，为适时建立深海产业提供关键技术装备。加快专属经济区和大陆架的资源勘探开发步伐，以达到掌控资源和宣示主权的双重目的。积极参与国际海域资源调查评价，加强深海基础科学和调查评价技术，参与国际海域事务，增强对国际海域事物的主导权。

（三）建设"海上粮仓"，保障国家粮食安全

从国家粮食安全的战略高度，陆域耕地保护、粮食综合生产能力提升和海洋生物资源潜力挖掘相结合，加快推进"海上粮仓"建设。坚持生态优先、养捕结合和控制近海、拓展外海、发展远洋的方针，统筹兼顾海洋生物资源需求、资源养护和生态环境保护，实现养殖、捕捞、深度加工协调发展。

1. 严格控制近海捕捞强度，推动海水养殖业加快发展

切实保护近海天然生物资源，优先推动对争议海域的黄海、东海、南海争议区渔业资源开发，在专属经济区形成生物资源开发和海产品生产基地。积极发展海水养殖，加快海洋农牧化发展进程，推进海水养殖业从"规模产量型"向"质量效益型"转变、我国由海水养殖大国向海水养殖强国转变。

2. 积极推动远洋渔业资源开发

把走出去抢占国际水产资源作为现代渔业发展的主攻方向，扩大远洋渔业作业海域，建设远洋渔业服务基地，发展海外养殖基地，推进海洋渔业由近海向中西太平洋、印度洋、西南大西洋等海域拓展，形成大洋渔业、极地渔业和海外综合远洋基地全面发展的格局。

3. 加强海洋生物资源的精深加工与利用

加强海洋水产品深加工和综合利用技术研究，以海水捕捞低值鱼类的精深加工、海水养殖动物的高值化加工和副产物的综合利用为重点，提升海洋水产品加工和安全控制水平。开发海洋生化制品，形成工业用酶、生物材料、化工原料，重点支持海洋药物和生物制品研发与产业化，促进海洋生物医药和生物制品业发展，提高海洋生物技术产业效益。

（四）统筹滨海土地、围填海造地和海岛开发，缓解沿海地区土地资源瓶颈

以统一规划为前提，挖掘沿岸陆域土地资源潜力，进一步加强对围填海秩序的监管，以科学保护为前提加快海岛资源开发步伐，缓解陆地土地资源危机，有序推动沿海发展空间向海上拓展。

1. 加强沿海地区土地资源的节约集约利用

在沿海地区实施最严格的土地管理制度，强化规划和年度计划管控，严格用途管制，健全节约用地标准，加强用地节地责任和考核，提高土地资源综合利用效率。

2. 科学有序推动围填海造地，提高用地效率

控制围填海的强度和规模，强化对围填海项目生态环境影响、综合效益的综合评估与论证，实施更加严格围填海审批制度，加大违规项目的清理整顿和处罚力度。借鉴日本、荷兰等国家经验，推动围填海模式创新，严格控制近岸围填海，积极推进离岸和岛（礁）基围填海，减轻岸线和近岸生态保护的压力。正确处理沿岸陆域土地利用结构优化和围填海新增土地利用的关系，协调好养殖、港口、工业和城市建设用地的关系，确保围填海土地得到科学高效利用。

3. 统筹海岛保护与开发，加快海岛开发步伐

加强海岛资源环境综合调查评价和管理信息系统建设，加大领海基点海岛保护、修复与标志设置工作力度。以有居民海岛为突破口，推进海岛合理开发利用，加强海岛助航导航、测量、气象观测、海洋监测、地震监测等公益性设施和路、水、网及防风、防浪、防潮工程等生产生活配套基础设施建设，合理控制人口规模。加快舟山、平潭、横琴等近岸岛屿开发开放步伐。重视无居民海岛开发，加强边远海岛、特别是事关国家主权和战略利益的无居民海岛的基础设施建设，鼓励居民在岛上生活和从事远洋捕捞、海水养殖、生态旅游、交通运输、中转贸易等经济活动。

（五）强化淡水资源节约，扩大海水利用规模

坚持开源与节流并重的原则，强化淡水资源节约，把海水淡化水源纳入水资源配置体系，加快海水利用步伐，保障国家水资源安全。

1. 强化淡水资源节约

把节水工作贯穿到经济社会发展和群众生产生活全过程，形成节水型产业结构、生产方式和消费模式。加快制定区域、行业和用水产品的用水效率指标体系，严格执行高耗水工业和服务业用水定额国家标准，强化用水定额和计划管理，实施重点用水监控。抓紧制定节水强制性标准，实行节水标识认证，建立节水产品市场准入制度，普及推广节水技术，促进工业和城镇生活节水。研究制定工业节水器具、设备认证评价制度，发布工业节水器具和设备目录，加快推进工业节水器具和设备认证评价，适时推进市场准入制度。

2. 扩大海水利用规模

将海水利用纳入国家水资源配置体系和区域水资源利用规划，明确全国海水利用中长期目标。在沿海缺水城市、地下水超采严重地区和海岛，将海水利用作为约束性指标纳入经济社会发展中长期规划，积极推进利用

海水作为工业冷却用水及城市冲厕用水，海水淡化的淡化水作为城镇生活用水。建设规模适中的海水淡化工程，重点解决乡、镇以上行政建制、海岛上军民的淡水供应问题。制定海水利用扶持政策，鼓励沿海缺水地区多利用海水，创建海水利用试点城市，优化供水结构，推进海水淡化和综合利用在沿海地区的普及程度。

3. 建设海水利用产业化基地

在天津、青岛等地建设国家海水利用产业化基地，重点发展包括建立膜法海水淡化技术装备生产基地、发展海水利用设备制造业、加快发展海洋生物、海水化学资源综合利用产业等。开展近海特大型缺水城市利用淡化海水作为补充居民生活用水论证。

三、统筹陆海产业发展

陆海统筹发展的关键在于解决陆海经济如何对接、如何实现互动发展的问题。从产业关联和产业链整合的角度来说，必须坚持陆域产业发展的支撑作用和海洋产业发展的引领作用相结合，通过确定合理的海洋主导产业和产业链的延伸，带动陆域特别是沿海地区产业发展和产业结构升级。同时，要发挥临港产业集海陆属性于一身和技术经济水平高的优势，推动临港产业健康有序发展，强化内陆和沿海地区之间的产业分工与合作，加快产业转移步伐，实现区域之间、海陆之间的产业良性互动发展。

（一）实施海洋产业结构的战略性调整

要遵循海陆一体化发展的基本思路，以市场为导向，以科技为动力，以工业化为主体，推动海洋产业结构的战略性调整，提高海洋产业现代化水平，推动海洋产业集群的形成，构建国家海洋开发竞争优势。加快海洋渔业、海洋运输、海盐、滨海旅游、船舶制造等传统优势产业改造升级步伐，改变原有粗放发展方式，实现产业技术升级和产品更新换代、优化产业内部结构，提高产业发展的经济效益，最大限度地减轻对资源和环境的破坏。

在此基础上，突出海洋新兴高科技产业发展的优先地位，将其作为推动海洋产业战略升级乃至沿海地区产业结构调整的主导产业来培育。从产业技术进步、产业关联、产业贡献的角度来看，海洋油气、海洋生物医药、海洋化工、海水综合利用、海洋工程装备制造、海洋新能源、海洋监测服务等产业具有产业链条长、关联度高、辐射力强、带动效应大的特点，应作为未来海洋经济乃至沿海地区发展的战略产业来加以对待。为此，在产业技术政策上，要建立完善的技术扩散、渗透机制，保证先进技术的优先选项和推广，以利益调节为动力机制，创造产、学、研、管有机结合的发展环境，在技术开发、推广应用、产业化运作三个环节上合理配置资源，促成各类产业要素的集成，加快集成创新步伐。

（二）以临港/临海产业为抓手加快沿海地区产业结构升级步伐

发挥沿海地区带动陆域和海洋产业发展的核心作用，以满足沿海乃至国家展业结构调整战略需求和支撑海洋大开发为主要方向，大力培育东部沿海地区技术创新能力，加快建设世界级先进制造业基地和高端服务业基地，加快发展战略性新兴产业，提高沿海地区的国际竞争力。要坚持"走出去"和"引进来"相结合，加快整合全球资源，利用国外资源条件建立新型资源供给保障体系，积极打造国际品牌，强化产业链的高端延伸，调整沿海地区产业发展的国际路径①。利用港口功能集聚发展临港/临海产业，实现工业、物流业、商贸业的协调发展，由此拉动周边地区经济的全面发展，仍应作为沿海地区产业发展和经济结构调整的重要方式。

突出临港工业的发展，充分利用现代高新技术，加快推进装备制造、钢铁、石化、汽车等传统支柱产业升级，大力发展现代生物制药、新材料、新能源等产业。规范和整顿临港工业发展秩序，针对当前钢铁、水泥、电解铝、造船等高消耗、高排放行业国际市场持续低迷、国内需求增速趋缓、产业供过于求矛盾日益凸显、产能普遍过剩的形势，要坚决控制增量、优化存量，结合产业发展实际和环境承载力，通过提高能源消耗和污染物排放标准、严格执行特别排放限值要求、实施差别电价和惩罚性电价和水价差别价格政策，加大执法处罚力度，加快淘汰一批落后产能，引

---

① 汪阳红等.“十二五”时期促进我国区域协调发展思路研究，2009.

导产能有序退出；协调解决企业跨地区兼并重组重大问题，理顺地区间分配关系，促进行业内优势企业跨地区整合过剩产能；引导国有资本从产能严重过剩行业向战略性新兴产业和公共事业领域转移[①]。围绕临港工业和港口发展的要求，大力推动船舶和货运代理、金融资本市场服务、物流、商贸、信息咨询等现代服务业的发展，以良好的服务支持港口和临港经济发展。

（三）强化内陆与沿海地区的产业合作

立足中西部产业基础和资源环境条件，加快特色优势产业发展，增强自我发展能力。加强东中西部地区之间的经济与技术合作，重点完善产业转移、资源开发利用和人力资源开发与交流等领域的合作。充分发挥东部地区资金充裕、技术成熟等优势，积极开展资源开发方面的合作，促进中西部资源优势转化为经济优势，完善中西部地区能矿资源开发的资源补偿机制，稳定东部地区资源供给。积极构建有效平台，加快东部产业向中西部转移步伐，引导东部沿海地区能源、冶金、化工、纺织、农副产品加工等劳动资源资本密集型产业向中西部地区转移。以合作共建开发区或工业园区的方式，积极引进大企业对中西部地区园区进行整合，形成多种形式办园区、多种方式分利益的有效机制，完善园区各项基础设施建设，提高园区对项目的吸纳和承载能力。积极探索"集群式"转移方式，引导东部地区传统优势产业集群整体迁移到中西部产业园区，推动中西部工业化和城镇化加快发展。充分发挥中西部自身优势，尊重产业转移规律，防止不顾自身条件的盲目引资和高污染、损环境的产业从沿海地区向中西部地区转移。[②]

四、统筹陆海交通基础设施和通道建设

陆海基础设施的统筹规划和一体化建设，是陆海统筹发展的基础保障，其中交通基础设施居于核心环节，陆海通道在陆海统筹发展中具有桥梁和纽带作用。以港口资源整合为基础，进一步完善陆海通道体系，保障

[①] 《国务院关于化解产能严重过剩矛盾的指导意见》。
[②] 汪阳红等．"十二五"时期促进我国区域协调发展思路研究，2009.

海上战略通道安全，是陆海统筹发展的重要任务。

（一）加强港口资源空间整合

以科学规划为前提，按照"深水深用、浅水浅用、综合开发、服务市场"的原则，以深水泊位的开发建设为重点，整合、整治、开发三路并进，进一步优化港口资源配置。淡化行政区划的限制，加强海洋、交通、农业等部门间的协调与合作，强化港口建设的统一规划与管理，为港口建设和海洋运输的发展营造良好的市场氛围，在市场竞争中推进港口资源的整合。因地制宜选择港口资源整合模式，实现从侧重于一地一市的港口建设，向构筑合理分工、有机协调、突出核心枢纽的港口群体的转变趋势。加强环渤海、长江三角洲、东南沿海、珠江三角洲和西南沿海五大港口群的统一规划和管理，进一步增强港口通过能力，巩固主枢纽港的地位，充分发挥支线港和喂给港的辅助作用，强化港口群内部的分工与协作，促进港口群整体协调发展。深化以港口为中心的综合运输体系建设，提高集疏运水平。发挥海铁联运稳定性、安全性和低成本的优势，进一步理顺铁路和水路的管理体制，加强海铁联运运输体系中各运输部门的信息共享和交换，提高海铁联运效率。

（二）加快陆海对内通道建设

通道在陆海统筹中发挥重要纽带作用。要以港口为龙头，发展多式联运，加强陆海通道建设，推动港口—腹地一体化发展。一方面，要强化和完善已有陆海通道的功能。以长江经济带建设为契机，发挥沿长江通道通陆达海的优势，加快实施三峡船闸扩建工程，加快长江上游等级航道建设。加快建设沪渝高铁、重庆向昆明和贵阳等地的快速交通干线等一批重大基础设施项目，增强通行和辐射能力。发挥欧亚路桥作用，以丝绸之路经济带建设为契机，增强欧亚陆桥对内陆开放的辐射带动能力，深化内陆与沿海沿边在物流、通关等领域协作。进一步发挥哈大通道在带动东北地区发展和开放中的重要作用，增强长春、哈尔滨等省会城市与绥芬河、满洲里、图们江等陆路口岸和出海口的衔接能力。增强西煤东运通道的运输能力，增强海铁衔接联运能力，进一步带动蒙西陕北能源基地发展。

拓展延伸一批新兴陆海通道。一是加强与俄罗斯、朝鲜合作谈判，尽快打通图们江出海口，建设图们江通道，进一步促进东北地区及东北亚地区开发开放。二是依托青银高速公路，加快打通青岛—银川铁路，增强山东半岛港口群对黄河中下游地区的辐射带动作用，扩大冀南、晋南、晋中北、陇东及宁夏等内陆地区的开放水平。三是依托鹰厦铁路建设海西通道，加强福建沿海向浙西南、江西等内陆地区延伸，研究推进南昌至厦门的高速铁路建设，拓展福建沿海腹地，提升江西发展条件和开放水平。四是加快推进京九深圳至南昌高铁建设，增强珠三角向赣中南地区的辐射带动能力。五是加快发展西江航运，完善铁路运输体系，推进广州至昆明高速铁路研究论证，建设西江经济带，形成珠三角、北部湾地区向大西南延伸辐射的新兴通道。增强沪昆综合通道在带动中南华南地区及大西南地区发展中的辐射作用，增强运输能力，研究推进沪昆高速铁路建设。

（三）强化陆海对外战略通道建设与维护

从我国国土空间开发战略及国家经济安全的角度，应加快打通海陆互补的战略通道。一是以我国与朝鲜先锋、罗津、清津等港口合作为契机，进一步加快与俄罗斯、朝鲜就图们江出海通道和其他港口合作的谈判，打通北出日本海的便捷通道，向西北延伸与欧亚第一大陆桥衔接，增强东北地区开放能力。二是将陇海—兰新欧亚陆桥作为我国内陆开放的重要通道，成为打造丝绸之路经济带的重要支撑。三是以瓜达尔港建设为契机，加快中巴国际通道建设，增强我国与西亚、中东地区的联系能力。四是加快建设云南至缅甸皎漂港的铁路、公路通道建设，增强我国直通印度洋的能力。五是加强云南经缅甸、印度至孟加拉吉大港的国际通道建设，增强与南亚地区的联系能力。六是以昆曼高铁建设为契机，加强我国向中南半岛的国际通道建设，加强大湄公河国际次区域合作，增强我国与东盟国家的联系能力，推进克拉地峡等前期工作。七是推进海上丝绸之路建设，以此为契机，加快搭建跨国合作平台，增强我国与东盟、西亚的交流与联系。

在全球视野，我国还需加大对一些重要的航运节点或是战略要冲的关切，增强通道安全的应急处置能力，一是黄海北部地区，扩大与朝鲜、韩国在海上渔业、运输等领域的合作，保障渔民安全。二是加强南海地区的运输安全保护，确保南海海域航运安全。三是加强西太平洋航道保障能力，保障我国与北美、澳洲等地贸易运输的安全与稳定。四是马六甲海峡，积极参与加强巡逻能力，有效地控制和减少海盗以及恐怖袭击事件。五是地中海—苏伊士运河—红海区域，依托护航机制，确保过往船只安全，进一步增强地区影响力。六是南非好望角附近海域，随着远洋船舶大型化，欧洲和非洲西海岸的船只大部分需绕道好望角，未来应加强对这一海域运输安全的关注。七是南美麦哲伦海峡附近海域，保障我国与巴西、阿根廷等南美国家的海上贸易安全。八是积极参与北极航道相关谈判，加强相关研究和论证工作。

五、统筹陆海生态环境保护

围绕国家经济社会发展和海洋强国建设的战略需求，陆海统筹规划生态环境保护。一要充分考虑陆地、流域、沿海地区发展对海洋生态系统的影响，借鉴国际先进理念和经验，以生态系统为基础，坚持陆海一体、河海一体的基本原则，建立从山顶到海洋的"陆海一盘棋"生态环境保护体系框架；二要有效整合空间、优化配置资源，统筹沿海区域经济社会发展和流域经济社会发展，协调区域经济社会发展和环境保护之间的关系，实施流域和海岸带开发规划的战略环境评价；三要支持有助于改善海洋/河口生态系统健康的保护和可持续土地利用方式，鼓励和支持可持续的、安全的、健康的海洋开发活动，推动海洋经济发展方式的根本转变；四是创新管理体制机制，建立跨越各部门的利益高层决策机构，形成中央与地方、地方与地方、部门之间的网络状对接与合力，激励各利益相关方的共同参与。

（一）重点海域以海定陆，实施陆源污染物入海总量控制

加快开展污染物排海状况及重点海域环境容量评估，按照海域—流域—区域控制体系，提出重点海域污染物总量控制目标，确定氮、磷、营养物质的污染物的控制要求，逐步实施重点海域污染物排海总量控制，推动海域污染防治与流域及沿海地区污染防治工作的协调与衔接。制定最优方案控制流域—河口污染，在此基础上，考虑流域各行政区的财政能力和污染削减的收益，制定其污染削减成本分摊的最优方案。近期应重点关注

主要河流水系的氮、磷营养盐污染控制。建议将总氮纳入中国污染物总量控制体系。近期应高度关注渤海海域，将海洋环境质量反降级作为刚性约束，强化沿海地方政府和涉海企业环境责任。

（二）加强流域水利工程对河口水沙调控的综合管理，维护河口生态健康

一是国家水利部门、流域管理委员会和海域管理部门，在充分考虑维持河口三角洲冲淤平衡所需入河口临界泥沙量、河口三角洲大城市供水安全最低需水量及河口/近海生态最低需水量等的基础上，拟订流域水利工程调控水沙的方案。二是启动重点河口区的点源、非点源综合治理；重点实施水源涵养、湿地建设、河岸带生态阻隔等综合治理工程，维护河口良好水环境质量。三是对于生态破坏较为严重的河口，加强生态修复，在不影响行洪的前提下，在河道内、河堤上、湖泊周围有选择地种植水生、陆生植物，取消或改造硬质岸线，修复河道生态系统。

（三）加强围填海管理，实施沿岸生态红线制度

在海区生态容量、生态安全、环境承载力等评估基础上，对中国海岸带和近岸海域进行海洋生态区划研究，划定海域潜力等级，确定海岸带/海洋生态敏感区、脆弱区和景观生态安全节点，提出要优先保护的区域，作为围填海红线，禁止围垦。实施科学的海岸线及河海分界线界定方法，进而明确海涂和河口的行政管理属性，并由国家层面组织开展大型河口或跨省市河口区域的河海管理界线的划定工作。加强对滩涂围垦的管理，确定管理部门的职责和权限。

（四）强化沿海重大涉海工程环境监管，倒逼布局优化及技术创新

一是对沿海重化工产业布局进行科学系统评估，按照其风险等级分级分类管理；二是核电开发工程全面加强核安全技术研发条件建设，改造或建设一批核安全技术研发中心，提高研发能力。组织开展核安全基础科学研究和关键技术攻关，完成一批重大项目，不断提高核安全科技创新水平。

（五）突出沿岸重点区域的保护与治理，优化沿海地区人居和发展环境

基于目前我国海洋生态环境现状及其影响因素、沿海区域经济社会发展和空间布局优化的综合要求，以海岸带作为保护重点，着力推动河口、海湾和浅滩等生态环境敏感区的生态保护、修复与综合治理，加强海洋关键生态系统和功能服务区的保护，同时，要强化对现有保护区的管理和维护，建立和完善海洋保护区网络体系。

（六）推动海洋生态文明建设，努力促进沿海及海洋经济发展的战略转型

要树立海陆一体的大生态文明观，将海洋生态文明建设作为陆海统筹发展的重要内容。依据沿海地区海域和陆域资源禀赋、环境容量和生态承载能力，科学规划产业布局，优化产业结构。大力发展绿色海洋经济，努力形成符合生态文明理念的海洋生产和消费模式，发展和推广绿色技术，大力推广海洋循环经济模式，着力构建海洋生态产业体系。实施宏观调控，综合运用海域使用审批、海洋工程环评审批和工程竣工验收等手段，促进产业结构调整和升级，加快落实海洋生态文明理念的体制机制建设和文化建设，加快海洋生态文明建设进程。

第六节　促进陆海统筹发展的主要对策建议

一、加快陆海统一规划编制，强化宏观引导与管制

陆海统筹目前还停留在战略思想形成和提出阶段，需要从国家大战略视角加强研究，做好战略谋划，尽早做出政治决策，并进行战略部署。现阶段，要突出规划的宏观调控和引领作用，加快陆海一体的统一规划的编制与实施。

首先，在全国国土规划、主体功能区规划等综合性规划中，要切实体

现陆海统筹的思想，将海洋国土纳入国家国土资源开发利用规划体系，强化海洋国土的重要地位，构建陆海一体的国土开发与管制框架体系，实现海陆"一张图"；在国土资源开发分区中，将渤海、黄海、东海海域分别纳入沿海相应地区的范围进行统一规划；在科学分析论证的基础上，加快编制《南海海上开放开发经济区规划》。

其次，要强化陆海现有相关规划的衔接，理顺各规划间关系。一方面，要做到陆地流域开发保护规划、资源开发规划、环境保护规划、土地利用规划与海洋功能区划相衔接，并充分体现海洋资源和生态环境保护的要求；另一方面，海洋经济发展规划、海洋资源开发规划、海域使用规划等要与沿海地区经济社会发展总体规划相衔接，满足沿海地区发展战略导向的基本要求。

最后，要有针对性地加快涉及陆海统筹发展的专项规划的制定，健全陆海规划体系。主要包括：以国家土地利用总体规划和全国海洋功能区划为背景，制定和实施《国家建设用海规划》，沿海各地方按照区域经济布局规划的区域功能定位的要求编制区域建设用海总体规划，使之与围填海计划结合；以基于生态系统的理论为基础，环保、水利和海洋等部门紧密合作，尽快研究并编制从山顶—流域—沿岸区域—近岸海域的《全国统筹海陆生态环境保护规划》；以海岸线基本功能管制为核心，编制全国、沿海省（市）、地级市的三级《海岸线保护与利用规划》；以全国海洋经济发展规划以及国家出台的沿海区域发展规划依据，尽快开展沿海地区海洋经济区划方案和跨区域海洋经济发展规划编制。

二、推动管理体制和机制创新，凝聚陆海统筹发展合力

进一步推进综合管理体制改革与机制创新。以中央新近设立的海洋政策协调领导机构——国家海洋委员会为依托，建议沿海各省（市）、地级市也相应成立地方海洋委员会，通过各级政府部门之间的通力协作，加强对陆海统筹发展的总体协调和战略指导。针对当前开发和保护中存在的跨区域、跨流域、跨海陆边界的矛盾冲突问题，要着手建立跨越海陆部门行政权界、跨越各省市行政边界的行政管理体制，强化地区间合作与交流，并通过相应的政策激励与约束手段，形成推动陆海统筹发展的合力和长效

机制。

突出港口建设、围填海和生态环境保护等方面的管理体制改革和机制创新。改革港口管理体制，实现由"一港一城一政"向国家、省、地级市三级规划管理体制转变，对于纳入国家战略的国家级特大型港口由中央直接管理或采用以中央为主、地方为辅的管理，对省域经济发展有重要影响的大型港口由省一级政府进行管理，对各地市县级城市经济发展有一定影响的中小型港口由港口所在地政府进行管理；加强"组合港"管理，建议省级地方成立一个相对独立、从港口规划到建设以及经营都有实质管理权的机构——港务集团（企业性质），总体规划、集中管理和分级经营省域内的港口，从而从根本上遏制地方政府盲目建港和港口"组而不合"、"整而不合"的局面。加强围填海管理改革与制度创新，实施更加严格的审批制度，严禁规避法定审批权限、将单个建设项目用海化整为零拆分审批的行为；推进围填海计划与土地利用年度计划有机衔接，按照适度从紧、集约利用、保护生态、海陆统筹的原则，确定全国围填海计划总量及分省方案，遏制盲目围填海；协调和规范围填海与土地审批管理，加强用海管理与用地管理的衔接；加强对区域用海规划实施情况的监督管理，建立围填海造地后评估制度、公众参与制度，建立长效机制。创新统筹陆海生态环境保护机制，以统一规划为前提，以流域为抓手，建立海陆关联的生态环境保护标准体系，加强陆源污染防治和环境管理。

三、实施创新驱动战略，强化科技支撑能力

适应当前国际发展趋势和建设海洋强国的需求，要坚定不移地实施创新驱动战略，加快陆域相关技术向海洋领域转化，加强海洋科技创新，提高科技对海洋开发的支撑能力。继续推进科技兴海战略，加快推进海洋科技资源共享平台、技术创新平台、成果转化平台和深海科技平台的建设，加强海洋科技人才引进和培养，抢占海洋科技制高点。发挥国家实验室、重点实验室、技术创新中心、公共研发平台、深海科技平台等的作用，加强海洋公共技术创新。完善海洋科技成果交流合作和转化平台，及时推广转化科技成果。加大海洋资源勘探开发、海水淡化和利用、远海捕捞养殖、深海勘探和科学考察等关键领域的技术攻关，提升引进消化吸收再创

新、集成创新和自主创新等多种技术创新能力，建立技术研发、中试、产业化推广的良性循环机制。

多渠道筹集解决海洋科技开发中的资金不足问题。加大政府引导性投资的力度，以此引导和鼓励企业自主投资进行海洋科技开发。通过海域有偿使用制度和许可证制度，收取海洋倾废费和企业海洋开发费，为海洋科技开发筹集资金。设立海洋高技术人才培养基金、海洋科技开发基金和科技人员创新激励基金。设立科技兴海专项基金，建立海洋高技术产业发展的风险投资机制，对海洋高科技产业发展实行资金倾斜。在海洋应用基础研究、科技攻关、产业化等层次上，滚动安排一批海洋科技项目，并给予必要的资金支持。

四、坚持开放发展，加强海陆多层次对外合作

首先要加强海峡两岸在维权和资源开发等方面的合作。海峡两岸同属一个中国，在周边海域又有着共同的利益，两岸合作对促进海洋开发、维护海洋权益、加快和平统一进程具有重要意义。为此，要优先推动海峡两岸在油气和渔业资源开发、海洋生物资源和生态环境保护、海洋科学技术研究及海洋防灾减灾等方面的合作，要特别注重与台湾地区在东海和南海海上执法维权活动的沟通和协调，做到合力对外、步调一致、扩大实际效果和影响力。要重视和国外的合作。一方面要针对我国目前专属经济区开发中存在的资金和技术难题，在保持自主主导开发地位的基础上，积极吸引发达国家的涉海大型企业集团参与我国的海洋开发，加强与国际主要海洋开发管理机构及相关国家政府在敏感海域开发问题上的沟通与协调。同时，积极开展与周边利益相关国家的海洋开发合作。需要说明的是，我国在专属经济区海洋开发方面长期所奉行"主权归我，搁置争议，共同开发"的政策主张在改革开放初期为稳定国家海上疆界、换取周边和平发展环境发挥了重要作用，在当前形势下仍然具有积极意义。但是，未来这一政策的实施，不能仅仅停留在政治和外交谈判层面上，如何通过增强我国在争议海域的实际存在争取我国在共同开发上的主动权，应该成为未来考虑的重点问题。此外，以国际次区域合作为主要形式，要重视内陆沿边的开放发展，缓解我国对外交流过分依赖海上通道的潜在危机与压力。

五、加大政策支持力度，建立陆海统筹发展示范区

针对我国目前海洋开发与管理政策体系不够完整清晰、不同政策之间存在着一定矛盾和冲突的实际，建议国家尽快出台关于促进海洋经济发展的指导意见，并着手制定一套清晰完整的国家海洋政策体系，为海洋经济发展营造良好的政策环境。研究和制定扶持海洋能源、海洋生物制药、深海资源开发、远洋渔业的财税优惠政策，支持临港/临海和海洋产业优化升级；加大对海洋资源勘查研究的投入力度；促进海洋科技成果转化，建立科技兴海多元化投入机制。在政府主导下，探索建立海洋资源勘探、开发市场化机制，鼓励和引导民间资本参与海洋资源勘探和开发，拓宽投融资渠道。

重视核心区域发展，继续发挥环渤海、长江三角洲、珠江三角洲、北部湾和闽江三角洲等沿海经济增长核心区域的支撑作用，加快推进沿海发展低谷区的崛起，加强海岸带的总体实力和优势；优化海岸带发展空间格局，构建陆海生态协调、产业结构优化升级的支撑体系，促使资本、人口和其他生产要素向内陆地区和海域扩散转移。依托已经批准建设的山东、浙江、福建、广东等海洋经济示范省，选择设立不同类型、等级和功能的陆海统筹发展示范区，实行重点倾斜的政策，支持示范区在规划管理、海陆资源开发整合、产业结构调整、陆海生态环境一体化治理等方面先行先试，并对其他沿海地区发挥示范带动作用。

六、以重大战略工程为抓手，带动陆海统筹发展全面推进

瞄准陆海国土空间格局优化、资源开发、产业发展、通道建设和生态环境保护等重点领域，积极谋划和推动重大工程建设，使之对陆海统筹发展全局起到战略性引导作用。近期建议建设四大战略工程：一是南海海上开放开发经济区建设工程，重点突出以主要海岛为支撑的海上城市建设、海岛开发保护配套基础设施建设和基础产业培育、争议海域海洋资源合作开发、海上后勤服务保障基地建设等；二是陆海战略通道拓展工程，以沿边国际次区域合作加快发展为契机，加强与缅甸、孟加拉国、印度、泰

国、巴基斯坦等国家跨境通道建设的合作，打通南出印度洋的多条战略通道，应对西方国家的海上围堵；三是科技创新和战略支撑产业培育工程，重点突出科技创新能力的提升和产业化推广应用，推动海洋产业升级和结构调整，强化对陆域经济发展的引领作用；四是大型河口区域生态环境综合治理工程，重点选择黄河口、长江口、珠江口等主要河口区域，推动生态环境的综合治理，引领海洋综合管理体制机制创新。围绕工程建设，确立一批标志性重点建设项目，做好项目储备、论证和实施，有效发挥项目对工程的支撑作用。

参考文献：

1. 张耀光，魏东岚，王国力等．中国海洋经济省际空间差异与海洋经济强省建设[J]．地理研究，2005（1）：46－55．

2. 张耀光，刘锴，王圣云．关于我国海洋经济地域系统时空特征研究[J]．地理科学进展，2006年第5期．

3. 韩增林，王茂军，等．中国海洋产业发展的地区差距变动及空间集聚分析[J]．地理研究，2003（3）：289－292．

4. 张景秋，杨吾扬．中国临海地带空间结构演化及其机制分析[J]．经济地理，2002，22（5）：559－563．

5. 韩增林，刘桂春．人海关系地域系统探讨[J]．地理科学，2007，27，（6）：761－767．

6. 王倩，李彬．关于"海陆统筹"的理论初探[J]．中国渔业经济，2011（3）．

7. 王芳．对海陆统筹发展的认识和思考[J]．国土资源，2009（3）．

8. 徐志良．中国"新东部"——海陆区划统筹构想[M]．北京：海洋出版社，2008．

9. 李义虎．从海陆二分到海陆统筹——对中国海陆关系的再审视[J]．现代国际关系，第8期．

10. 鲍捷，吴殿廷，蔡安宁，胡志丁．基于地理学视角的"十二五"期间我国海陆统筹方略[J]．中国软科学，2011（5）．

11. 叶向东．海陆统筹发展战略研究[J]．海洋开发与管理，2008（8）．

12. 王芳．对海陆统筹发展的认识和思考[J]．国土资源，2009（3）．

13. 孙吉亭，赵玉杰．我国海洋经济发展中的海陆统筹机制[J]．广东社会科学，2011（5）．

14. 叶向东．东部地区率先实施海陆统筹发展战略研究[J]．网络财富，2009（4）．

15. 叶向东. 福州海陆统筹发展战略研究［J］. 福州党校学报，2010（2）.

16. 曹忠祥，任东明，王文瑞，等. 区域海洋经济发展的结构性演进特征分析［J］. 人文地理，2005（6）：29-33.

17. 郑贵斌. 培育海洋经济新增长点的运作规律、机理与途径研究［J］. 海洋科学，2005（4）.

18. 刘旼晖. 浅析我国海洋经济发展战略［J］. 海洋开发与管理，2011（11）.

19. 白锟. 浅析中国海洋经济的区域差异［J］. 消费导刊，2010（5）.

20. 王敏旋. 我国发展海洋经济上升到国家战略的几点思考［J］. 当代经济，2012（2）（上）.

21. 程连生，孙承平，周武光. 我国海岸带经济环境与经济走势分析［J］. 经济地理，2003（2）.

22. 董晓菲，韩增林. 我国三大经济区海洋经济时空差异探讨［J］. 世界地理研究，2003（3）.

23. 刘明. 影响我国海洋经济可持续发展的重大问题分析［J］. 产业与科技论坛，2010（1）.

24. 韩增林，许旭. 中国海洋经济地域差异及演化过程分析［J］. 地理研究，2008（3）.

25. 高乐华，高强，史磊. 中国海洋经济空间格局及产业结构演变［J］. 太平洋学报，2011（12）.

26. 赵改栋，赵花兰. 产业—空间结构：区域经济增长的结构因素［J］. 财经科学，2002，191（2）：112-115.

27. 周江，曹瑛. 区域经济理论在海洋区域经济中的应用［J］. 理论与改革，2001，（6）：106-109.

28. 曹忠祥. 实施海洋开发，促进沿海地区现代化［N］. 中国海洋报，2003-06-17. 第3版.

29. 刘岩. 关于陆海统筹的战略思考与建议［J］. 海洋发展战略研究动态. 2011（9）.

第二章 陆海统筹的背景、内涵与意义

我国陆海兼备，主张管辖的海域面积约 300 万平方公里，相当于陆地国土面积的 1/3 左右；我国对外贸易总额已居全球第一，80％以上的贸易通过海运实现。海洋在我国国民经济和社会发展中占据战略地位，被历史性地赋予了资源支撑和安全保障的重大使命。坚持陆海统筹，促进生产要素在陆地和海洋两大空间系统的合理配置，建设陆域强盛、海洋强大的陆海强国，成为实现中华民族伟大复兴的必然选择。

第一节 新时期坚持陆海统筹发展的背景

在全面建设小康社会的关键时期，坚持陆海统筹，提高统筹陆海两大系统的开发、控制和综合理能力有其特定背景。

一、陆海统筹的提出

一般认为"陆海统筹"这一概念是由海洋经济学家张海峰于 2004 年在一个学术报告会上首先提出的[1]，他当时提出了在五个统筹[2]的基础上增加"海陆统筹"的观点[3]。其后，一些沿海省市在制定海洋经济规划时将陆海统筹确立为重要原则和发展战略之一。2010 年 10 月中国共产党第十七届中央委员会第五次全体会议通过《中共中央关于制定国民经济和

---

① 参见本课题的综述报告。
② 五个统筹即统筹城乡发展、统筹区域发展、统筹经济社会发展、统筹人与自然和谐发展、统筹国内发展和对外开放。
③ 参见肖鹏等.《陆海统筹研究综述》[J]. 理论视野，2012（11）.

社会发展第十二个五年规划的建议》中明确提出要"坚持陆海统筹，制定和实施海洋发展战略，提高海洋开发、控制、综合管理能力"的要求。《中华人民共和国国民经济和社会发展第十二个五年规划纲要》提出要坚持陆海统筹，制定和实施海洋发展略，推进我国海洋经济发展。2011 年 12 月国务院颁布的《全国主体功能区规划》将陆海统筹作为我国国土空间开发的五个重要准则之一，明确要促进陆地国土空间与海洋国土空间协调开发。这些表明陆海统筹成为优化我国国土空间开发格局、促进我国国民经济和社会健康和持续发展的一个重要原则，成为制定国家发展战略和政策的重要指导方针。

二、强化陆海统筹发展的背景

陆海兼备的国情客观上要求我国在资源开发、产业结构升级、生态环境保护以及保障国家安全方面要陆海兼顾。现阶段强调陆海统筹这一原则，具有多个时代背景。

（一）对海陆兼备这一基本国情认识的深化

我国海岸线总长达 3.2 万公里，其中大陆海岸线约 1.8 万公里，海岛岸线约 1.3 万公里，是世界上海岸线最长的国家之一。根据相关国际法律，我国拥有和管辖自然资源所有权的领海、大陆架、专属经济区总面积约 300 万平方公里，并在国际海底区域拥有 7.5 万平方公里的多金属结核矿区。如果把相关因素换算成海陆度值[①]，则为 31% 以上（李义虎，2007），表明我国是海陆兼备、大陆属性和海洋属性均很强的大国。

在中华文明五千年的历史长河中，虽然航海历史悠久，造船技术一度发达，但以农耕文化为基础的大陆文明一直居统治地位，加之受到开发技术条件的限制，海洋或者被视为抵御外侵的屏障，或者被视为航行载体，对其进行开发利用的程度很低，在陆海关系方面基本处于"海陆两分"、"重陆轻海"的状态。只是在改革开放后，特别是进入 21 世纪后，随着经济国际化程度和科技水平的提高，海洋是蓝色国土资源这一意识才得以

---

① 国家海陆度值 = 海洋国土面积/陆上国土面积×K（修正参考系数），主要反映一个国家和地区的海陆关系。详见陈力（1990）。

逐步强化。从政府到社会各界开始认识到这一蓝色国土既可提供丰富的海洋生物资源、海底矿产资源、海洋能资源、海水及其化学资源和滨海旅游资源，也是我国开展国际贸易的重要通道以及维护国家主权、安全、发展利益的重要领域。近十余年来，对于海陆兼备这一国情认识的深化和海洋国土意识的提高，成为在经济和社会发展中以陆海统筹全方位思维取代海陆两分传统思维的思想认识基础。

（二）国民经济发展对于海洋资源保障的需求提高

保障资源持续供给、提高资源环境的承载能力是实现 2020 年全面建成小康社会和实现中华民族伟大复兴宏伟目标的基本前提。目前，我国陆上资源总量逐步递减，资源环境对经济社会发展的约束日趋加剧，无论是维系人们基本生存的耕地资源和淡水资源，还是支撑经济持续增长的能源和重要矿产资源都面临着严重短缺的局面。

作为一个正处于工业化、城镇化较快发展时期的发展中大国，能源、资源消耗量还将会在一个较长时期内保持较快增长的态势，我国必须积极寻找新的战略性资源。从资源禀赋和提供可能的角度分析，海洋具备了任何其他区域都难以比拟的、提供我国工业化和城镇化发展所需的生物资源、能源、矿产资源和水资源的能力和潜力，最有希望担当起重要战略资源供应地的责任。因此，在充分发掘现有陆地资源利用价值的基础上，开发利用海洋资源，切实提升海洋资源，特别是深海大洋资源的开发水平、利用程度和利用效率，成为保障我国国民经济持续发展的重要途径。综上所述，海洋为我国实现经济社会的永续发展提供了巨大的资源接替空间，突破陆地资源承载力约束，挖掘海洋在资源供给方面的战略保障作用，增加在海洋资源开发利用方面的国际竞争能力，提高海洋资源利用对国民经济发展的贡献率和保障力，成为坚持陆海统筹发展的资源需求背景。

（三）海洋对于维护国家战略安全的重要性日益凸显

随着对海洋资源利用程度的提高，海洋日益成为我国维护国家安全的重要领域。海洋对于维护我国国家经济、政治乃至军事安全的重要性体现在三个方面：

一是海洋资源开发和利用。海洋资源是陆地资源的重要补充，对于陆地资源相对匮乏的国家和地区而言更是如此。目前世界主要国家围绕海洋资源，特别是公海海域和有争议海域的资源开发竞争已十分激烈，相应开发权益维护、争夺与摩擦也已成为当前和未来有可能引发国家间经济摩擦的重要因素。

二是海上运输通道保障。我国对外贸易额已超过美国，跻身为世界第一大对外贸易国。在我国进出口产品中，能源、矿产品、粮食和轻工业品等体量较大、附加值较低产品占主体地位，因而对于运量大且运价低廉的海运依赖性较强。这也表明，我国经济已成为高度依赖海洋的开放型经济，海运在我国对外贸易发展中被赋予了无可替代的重任，多条重要海上通道成为我国"海上生命线"。然而，目前能源运输问题中的"马六甲困境"以及红海印度洋航线上日益猖獗的海盗，都对我国在重要国际水域和航道的安全带来了忧患，海上运输通道保障的任务十分艰巨。

三是海洋领土争端。随着我国陆疆勘界的逐步完成，来自陆疆的国防压力明显减弱，而海域安全和海洋权益面临着比较严峻的形势。我国与海上8个邻国均存在领土争端，需要按与邻国重新划界。近年来，由岛屿主权和划界争议引发的冲突时有发生，对我国国家国土安全构成了较大威胁。

总体来看，海洋已日益成为国民经济发展的重要资源基地、承载国际贸易的最大平台以及国土安全的重要保障，面对这一现实就需要对传统国土空间意识和国土安全观进行重大调整，从重陆轻海向陆海兼顾的国家安全战略转变。

（四）产业结构升级对陆域与海域融合互动发展提出更高要求

改革开放以来，我国科技创新、产业发展、综合管理的能力明显提升，为海洋产业发展提供了有效支撑。以海洋产业中的重点产业船舶制造业为例，我国钢铁、新材料、电子信息等产业实力的增强为船舶制造业加快发展提供了物质和技术保障，到2010年我国已成为全球造船能力最大的国家。目前我国海洋产业已经从单一的海洋渔业、海洋盐业发展到以交通运输、滨海旅游、海洋油气、海洋船舶为主导，以海洋电力、海水利用、海洋工程建筑、生物医药、海洋科教服务等为重要支撑、传统产业与新兴产业共同发展的产业体系，直接带动了我国产业结构的升级，以陆促海、陆海联动的产业发展格局正在形成。

"十二五"及今后一段时期内，国家将海洋装备制造业以及海洋相关产业作为战略新兴产业加以培育，而海洋新兴产业多是技术密集型的高科技产业，对科技研发以及陆域产业的配套性要求更强。以海洋装备工业为例，其发展不仅需要冶金、化工、机械、仪表、电子等一系列相关制造行业的支撑，还对环保、物流、服务外包、创意、信息服务等沿海或临港服务业的发展产生较大需求，而且由于海洋环境条件较为特殊，海洋装备对配套产业的材料性能和技术要求比陆域相应部门更为严格，从而对于海陆产业间的互动、配套和融合程度要求更高。这表明，我国产业和经济结构的调整和升级，迫切需要在陆海联动发展的现有基础上，以产业链和价值链为依托，促进海洋与陆域产业在更高层次上和更深程度上实现交集发展、集群发展和协作发展。

（五）陆域和海域开发相互掣肘程度加深

陆域和海域开发活动强度的提高，不仅影响到各自系统的可持续发展，也为另一方的可持续发展带来不利影响。从现阶段看，我国陆域经济活动从两个方面影响海洋经济的可持续发展：一是陆域所产生的污染严重影响了海洋生态环境。据估计，我国近海污染物的80%以上来自于陆域，仅沿岸工厂和城市直接排海的污水每年就达百亿吨以上，主要有害有毒物质在50万吨以上。这些污染使得我国近海海区富营养化和赤潮现象频繁发生。二是陆域污染威胁到海洋生物资源的生存，从而影响到海洋渔业、海洋产品加工业、海洋生物医药制造业以及海洋旅游业等海洋产业的发展。而海洋环境变化和海洋产业发展也会对陆域经济社会发展产生负面影响，如海平面上升导致滨海地区海水入侵、土壤盐碱化和土地退化等生态环境问题，且海域筏式养殖、船舶制造业的发展会直接影响陆地的生产和生活环境等。

这些问题在沿海地区表现得更为突出，港口、航道、能源、矿产、渔业等海洋资源的高强度利用，以及岸线资源过度开发、围海造陆规模过大和高消耗、高排放产业在滨海地区高密度布局等直接影响了沿海地区生态环境。陆地和海洋两大系统开发活动的相互掣肘势必降低国民经济的整体效益，而这些问题的解决需要综合考虑陆地和海域的经济和生态效益，统筹安排海陆经济活动以及生态环境保护与建设。

第二节 陆海统筹的内涵

陆海统筹有着较为丰富的内涵，充分认识和把握其内涵是促进陆海统筹发展的前提。

一、陆海统筹的定义

本书认为陆海统筹的定义是：从陆海兼备的国情出发，以建设陆海强国为目标，以充分发挥海洋在国民经济协调发展中的作用为着力点，统筹谋划陆域与海洋资源开发、基础设施建设、经济布局、生态环境保护及安全维护，提高陆海两个系统的开发、管理与控制能力，使陆海资源互济、产业互融、设施对接、生态共保，海洋与陆地经济优势互补、互为支撑，构建大陆文明与海洋文明相促相长的发展格局。

陆海统筹中的"陆"，是指陆地，即我国的陆域国土。"海"则指两个层次的海域，首先是指我国海域国土，即具有完全主权的内海和领海，拥有主权权利和专属管辖权的专属经济区和大陆架，其次是指与我国国家发展利益密切相关的远海海域，包括与国家利益相关的公海及国际海底区域、南北极附近海域，以及对外贸易和海外资源供应的主要航线所经海区等。

二、陆海统筹的内涵

（一）在开发理念上强调陆地与海洋国土空间的统一性

海洋国土具有海面、海底和海水环境特殊以及海洋资源禀赋特殊的性质，对其开发和利用也具有资金投入高、技术要求复杂且难度较大等特点，是有别于陆地的相对独立系统。但陆地与海洋之间相互依存和相互影响，这既表现为生态系统的统一，也表现为经济联系紧密。在生态系统方面，陆地与海洋之间通过大气运动和水分循环而产生广泛的物质能量联系，构成了相通相连的生态系统，即复合生态系统。在这一复合生态系统中，陆域生态系统的失衡或破坏不仅直接影响陆地经济发展，而且通过生态连锁反应危及海洋生态系统，反之亦然。陆海之间的经济联系表现为海洋的开发活动是陆地经济活动的延伸，海洋资源开发和海上权益维护都需要陆地经济提供要素和技术投入，陆地经济活动因海洋开发活动而丰富和提升，且陆地经济活动需要海洋资源的补充和保障。

如果说陆海复合生态系统是陆地和海洋国土空间统一性的自然基础，则陆海经济联系是经济基础。正是基于陆海国土空间的统一性，在我国国土空间开发方面，需要在尊重海洋生态系统独特性的基础上，以系统论、协同论的思维，用统筹兼顾的方法，对原来相对孤立的陆、海两个系统进行综合管理，通过统筹安排、统一规划、联动开发等手段，促进经济要素在两大系统之间高效配置，推进海域和陆域经济、生态、安全等多方面的互促共进、相融相济。

（二）在陆和海的关系上现阶段强调依海富国、以海强国

对于陆海复合型国家而言，陆海关系是经济社会发展中需要认真加以处理的重大关系之一。从我国以及其他陆海复合型国家发展历程看，处理两者关系往往会面临战略选择上的两难，因为在生产要素相对缺乏的条件下，战略集中是任何国家生存和取胜的前提（吴征宇，2012），而战略集中意味着对陆海两者的优先地位有所选择。

就我国而言，陆地与海洋对经济社会发展和国家安全同等重要，并不存在绝对意义上的孰轻孰重问题，但在不同历史时期和发展阶段中，因所面临的经济和安全形势不同，两者所处的地位和所发挥的作用应有所不同。由于在我国经济社会发展过程中长期存在着"重陆轻海"的问题，现阶段陆海统筹需要对长期以来"陆主海从"的战略选择进行校正，需要更加强化海洋资源开发利用、海洋经济发展、海洋生态保护和海洋权益维护的优先地位，更加突出陆海统筹战略下的海洋文明主体意识，更加强调要走依海富国、以海强国的发展道路，更进一步地提高经略海洋的能力。总体而言，现阶段的陆海统筹是要充分发挥海洋在我国国民经济持续健康发展以及全面建成小康社会中的作用，加快推进我国由海洋大国向海洋强国转变的步伐。

（三）在重点任务上强调资源、产业、重大设施和生态四大领域的统筹

陆海统筹内容丰富，现阶段重点强调四大领域的统筹：

首先，加强陆海资源开发利用的统筹。在目前对于海洋资源开发利用水平较低的情况下，陆海统筹首先应提高海洋生物资源、海洋能源、海洋矿产资源、海水资源和海岛开发利用水平，从而显著提升海洋资源对国民经济和社会发展的支撑和保障能力，切实缓解陆地资源因过度消耗而对国民经济和社会持续发展产生的制约作用。

其次，加快陆海产业发展的协调。对海洋资源实施深度开发利用，构建现代化海洋产业体系是建设海洋强国的经济基础。国内外实践表明，传统海洋产业，如海洋渔业、海洋交通运输业等对于陆海联动的要求相对较低，而海洋电力业、海洋装备制造、海洋石油和天然气业、海洋化工、海水利用等海洋新兴产业则通过前向关联或后向关联，与陆域产业形成了较高的关联度。这些产业的发展需要以强大的陆地产业为支撑，因此需要充分利用陆域产业基础和科技实力，以产业链整合海陆产业，形成陆域和海洋产业相互支撑的发展格局。

再次，促进陆海交通基础设施建设一体化。港口是兼备陆海性质的基础设施，强化各地区港口之间的分工与互补，完善港口与陆地集疏运系统的配套体系建设，促进港口与城市互动协调发展是沿海地区陆海统筹的重要内容。在内陆地区，从海洋强国战略出发，打造通向印度洋重要出海口和海外能源保障地区的战略通道是在这些地区促进陆海统筹的主要任务。

最后，加强以流域为基础、陆海联动的陆海生态环境保护。保护好海洋生态环境是实现"蓝色国土"永续利用的前提，需要以生态系统为基础、以流域为单位，进行分区流域环境治理与近海环境保护的多主体协同和分工，实现陆海污染联动治理，加强受损海洋生态系统的修复与治理。

（四）在空间布局上强调沿海、内陆、近海和远海四大空间的统筹

陆海统筹涉及四大空间，即沿海地区、内陆地区、近海海域和远海海

域。沿海地区处于陆地和海洋的过渡带，既有一定的陆域，又有一定的海域，是陆海统筹的重点区域。这一地区需要重点强化海洋资源开发利用、海洋产业布局、港口和疏运系统布局以及陆海生态环境保护、协调和管理。

并不邻海的内陆地区陆海统筹的任务体现在两个方面，一是加强重要江河流域的水环境保护与治理，从源头上减少河流污染对海洋的影响，并实施陆海生态环境共同治理。二是在西南地区的云南等与我国利用印度洋等其他大洋资源相关的省区，加强出海交通通道、口岸等基础设施建设，构建陆海衔接、境内外对接的综合交通运输网络。

对于近海海域和远海海域，则要按照"近调远拓"的方针，在领海和近海海域应有序、合理地开发资源，优化和调整近岸海洋资源开发设施和产业布局，保护和恢复近海海洋生态环境；在远海海域需要着力加强多元化利用公海等海洋资源和参与世界共有海洋资源开发的能力，加快深水远海的资源勘探和开发进程，积极分享公海和国际海底区域资源开发之利，维护海洋通道安全，保障我国大洋权益。

（五）在实施主体上强调国家和地方政府以及政府与市场的职能分工

陆海统筹是战略思维，是解决陆域与海域发展的基本原则，是指导陆域与海洋两大系统的资源利用、经济发展、环境保护、生态安全的方针。这一方针的落实则可体现在国家、省区及地方不同层级政府职能上。

在国家方面，陆海统筹的任务重在完善相关法律，制定国家海洋发展战略、海洋权益维护战略和参与国际海洋事务的战略，在国家重大规划中、在重大经济活动布局中将陆地和海洋的开发活动进行统筹安排，并制定海洋产业政策和海洋环境保护政策，同时，加强对于重大基础设施建设的投入和重点流域和海域生态环境保护的投入。从区域和地方层面看，应主动服务国家海洋强国战略，加强区域性海洋开发规划和政策的制定，建设区域性重大基础设施和保护本区域海域生态环境。由于沿海地区的河口和海岸带为连接陆地和海洋的生态地理区域，陆海之间的矛盾在这些区域表现最为直接，其陆海统筹可依托海岸带综合管理①加以实施。

---

① 关于海岸带综合管理的内容请参见本课题中的综述报告。

在政府加强战略、法规、规划、管理、布局和政策引导以及重大基础设施建设和生态环境保护的同时，在海洋资源开发利用、海洋新兴产业发展以及海陆产业一体化发展等方面则需要充分发挥市场配置资源的基础性作用。

第三节　陆海统筹的重大意义

海洋与人类的生存息息相关，与国家的兴衰紧密相连。坚持陆海统筹，高效开发和利用海洋资源，对维护国家主权、安全、发展利益，对于提高国民经济和社会发展的效益性、协调性和可持续性有着重要意义。

一、有利于拓展我国经济发展空间

海洋是人类可持续发展的重要基地，人类已进入全面开发和利用海洋的新时代。实施陆海统筹，加强海洋资源利用和海洋经济发展，可以大大拓展我国经济增长空间。从资源利用方面看，海洋已经成为食物、能源、矿产和水等战略资源保障的重要支撑力量。"十一五"时期，全国海产品产出蛋白质相当于全国肉蛋产出蛋白质的36%，淡化海水在我国北方沿海城市成为淡水补充水源，围填海面积相当于同期沿海省区农业用地转为建设用地总面积的16%。合理开发利用海洋是解决我国社会面临的人口膨胀、资源短缺和环境恶化等一系列难题的有效途径。从海洋产业发展看，进入21世纪后，海洋日益成为国际经济、科技竞争的重要平台，加强海洋科技创新和海洋新兴产业的培育与发展，将成为推动我国新一轮经济增长的重要增长点。

二、有利于提高我国经济竞争力

进入21世纪后，海洋产业发展水平高低往往成为一国或地区综合竞争力大小的重要标志。海洋产业所具有的知识密集、资本密集和技术高端、产品高端的特点决定了必须通过多部门、多领域和多地区的合作才能提高其实力。坚持陆海统筹，促进海洋产业发展壮大，并带动相关产业的共同发展，重点突破一批海洋工程装备、海洋生物资源开发与精深加工、海水淡化与海水综合利用、海洋可再生能源开发利用、海洋生态环境保护等关键技术和共性技术，加快海洋现代服务业发展，将为我国国民经济结构战略性调整注入新的活力，有利于提高我国经济在国际上的综合竞争力。

三、有利于提高我国经济发展的协调性

结构失衡是我国经济社会发展进程中存在的重要问题。除了需求结构、产业结构、收入分配结构失衡外，地区结构失衡也严重制约着经济发展的稳定性和可持续性，如果将海域视为一个新的空间，长期以来的"重陆轻海"也是我国区域发展不平衡的重要表现之一。通过陆海统筹，改变海洋资源开发利用海洋新兴产业和海洋科技发展滞后于陆域水平的现象，缩小海洋经济与陆域经济的差距，缩小我国海洋经济发展与世界先进国家的差距，提高海洋经济对国民经济和社会发展的支撑能力，将进一步提升我国国民经济的协调性。

四、有利于促进我国经济社会可持续发展

我国陆域和海域以规模扩张为主的粗放式发展方式，已对陆域和近海海洋生态系统产生了严重危害，陆地和海洋生态环境承载力都在下降。近年来，随着气候问题的日益突出，海洋成为地球气候的"调节器"，其开发利用和生态环境保护更加成为社会关注的焦点问题之一。按照陆海统筹的原则，把海洋资源的开发利用和生态环境保护与陆域结构调整升级、产业布局及基础设施建设结合起来，把海洋开发利用和生态环境保护作为发展低碳经济、促进可持续发展的重要内容加以推进，实现海洋经济的可持续发展，才能保障中华民族未来具有足够的生存和发展空间。

五、有利于维护国家经济安全

海陆兼备的国情决定了我国维护国家经济安全需要兼顾海陆两个方

向。目前海洋已成为我国开放型经济的重要支撑，我国港口货物和集装箱吞吐量均居世界首位，拥有全球最大的集装箱船队，海上运输量已占全球总量的20%。随着我国对外开放水平的提高，来自海上主权、权益的争端还会加剧，来自海上的安全隐患甚至局部战争的威胁在短期内很难消除。通过陆海统筹战略的实施，特别是加强海上权益维护和重要出海通道以及海上通道的安全保障，将更加有效地维护国家安全。

第四节　陆海统筹面临的有利与不利条件

陆海统筹对于我国经济社会持续较快发展有着重要意义，国际上对于陆海协调发展的重视以及我国综合实力的提高为陆海统筹的实现提供了有利条件。另一方面，陆海统筹并不是陆域和海洋两个系统的简单相加，需要从战略路径到体制机制等多方面条件的支撑，从这方面看，我国陆海统筹又面临着不利条件。

一、面临的有利条件

（一）国际海洋经济繁荣发展

20世纪60年代以来，开发利用海洋资源、发展海洋经济越来越受到世界各国的重视。2001年，联合国正式文件中首次提出"21世纪是海洋世纪"，海洋经济快速发展，近十余年来世界海洋经济生产总值年均增长11%，明显高于同期全球经济3%~4%的增速。

从现阶段看，全球海洋经济呈现以下特点，一是以高新技术提升传统海洋产业，如生物工程育种、基因工程育种、克隆技术、疫苗、生物防治等高新技术促进了海洋渔业、海洋产品制造业和海洋生物制药业的升级。二是海洋工程装备制造业成为许多国家海洋产业发展的重点。海洋工程设施是人类开发利用海洋、保护海洋环境和海洋安全的物质基础，在一定程度上决定了海洋开发水平的高低，因而成为国际竞争十分激烈的行业。三是海洋油气等资源开发的工艺、技术与设备不断更新，提高了海洋油气资源的开发利用水平。四是海洋娱乐业、海洋物流业以及其他海洋服务业成为拉动海洋经济发展的重要动力。

与先进国家相比，我国海洋经济发展相对滞后，但国际上海洋科技突飞猛进，海洋新兴产业加速发展也为我国引进和消化先进技术，从而更好地发挥后发优势提供了机遇和条件。这种机遇体现在两个方面，一是可以学习和吸收其他国家传统技术，加快缩小与先进国家的差距。二是在新兴领域发挥后发优势力争走在前列。以20世纪80年代兴起的海洋生物技术为例，我国海水繁殖与养殖技术已居世界先进水平，取得了许多国际领先的研究成果（课题组，2011）。此外，以"蛟龙号"为代表的深海技术和以"海洋石油981"为代表的深海油气开发技术也日臻成熟。这表明，充分把握好全球海洋经济发展的战略机遇，我国海洋经济有可能实现后发赶超，为国民经济发展提供新的引擎。

（二）国际上对陆海关系协调高度重视

陆海统筹是我国特有的表述，协调陆域和海域关系则是所有海洋国家，特别是海陆大国必须面临的重大课题，在这方面许多国家既有教训也有成功之处，这为我国实施陆海统筹发展提供了可资借鉴的经验。

以美国为例，美国在海洋开发和利用方面成效显著，但海洋资源开发利用以及陆地经济的发展也给海洋生态环境造成了负面影响，海洋生态系统曾出现恶化态势。2001年的一项研究结果显示，美国23%的港湾不适宜游泳、捕鱼和海洋物种生存（毛磊，2004）。为此美国加强了陆海生态系统的保护，生态系统管理成为美国管理海洋事务的重要原则。此外，美国自1972年颁布了世界第一个海岸带管理法后，在实践中不断明确州政府、联邦政府各自在近海地区和海域的管理范围和职能，完善了地方法律和实施计划，有力地促进了美国海岸的合理开发与建设。同为发展中国家的印度也强化了海洋综合管理，印度国家级的海洋管理部门根据各河口和海湾的污染物净化能力，确定各区域的污染物可允许排放量，并制定环境影响评价指南，为沿海地区地主要开发活动（如港口码头建设等）、排污倾废以及旅游等提供指导，同时帮助一些地区制定示范性海岸带综合管理计划（李景光，2005）。这些国家在海陆统筹方面的理念和实践，反映了协调海陆关系的规律和趋势，有利于我国在制定海洋战略和政策中参考和借鉴。

（三）国内区域合作及国际次区域合作趋于深化

加强国内区域合作是我国促进区域协调发展的重要手段，也为陆海协调发展提供了条件。沿海地区之间合作为加强彼此之间的产业分工与协作、协调重大基础设施布局以及共同保护、治理海洋生态和环境提供了机制保障。沿海与内陆省区的合作，则通过产业发展的区域合作促进了内陆经济与海洋经济的融合发展，促进了出海国际大通道等重要基础设施的建设。以泛珠三角合作为例，四川省一些重型、大型设备制造企业已开始在沿海地区布局，如四川的东方汽轮机公司在广州南沙建立了出海口重装基地，从而实现了内陆地区装备制造业发展与沿海地区港口建设以及海洋运输业发展的对接。

在我国面向印度洋出海通道建设方面，国际次区域合作提供了支撑，通过大湄公河—澜沧江次区域合作，中国至越南通道（泛亚铁路东线）、中国经老挝至泰国通道（泛亚铁路中线）、中国至缅甸通道（泛亚铁路西线）、中国经缅甸至南亚通道正在形成，中缅输油管线也已建成。这些面向印度洋的通道建设，为西南地区，特别是云南等省区面向东南亚和南亚的外向型经济的发展带来了机遇，从而有利于构建起内陆省区与海洋经济共同发展的格局。我国区域合作和次区域合作仍在不断深化，为陆海统筹发展孕育着更多的机遇。

（四）从国家相关部门到地方对陆海统筹进行积极探索

陆海统筹的理念已在国家相关部门有关海洋开发的规划和政策中有所体现。如在 20 世纪 90 年代初编制全国海洋开发保护规划时提出了海陆一体化的原则（韩立民等，2007）。1996 年国家海洋局编制的《中国海洋世纪议程》也提出"要根据海陆一体化的战略，统筹沿海陆地区域和海洋区域的国土开发规划"的方针（徐质斌，2008）。

近年来为了进一步促进海洋经济的健康发展和陆海统筹的落实，经国务院有关部门批准，在我国沿海地区选择若干地方进行发展海洋经济试点，山东半岛蓝色经济区建设、浙江海洋经济发展示范区建设和广东海洋经济发展试验区建设等就是其中的主要试点。在这些地区的试点中，都提出了加强以陆海统筹为原则，统筹陆地和海域资源开发利用，统筹海洋经济和沿海腹地产业发展，统筹陆地和海洋生态保护建设，统筹沿海区域城镇化建设和城乡一体化发展，以及统筹推进海洋与陆域社会管理创新等方面的任务。可以看出陆海统筹的实践赋予了沿海地区实现进一步率先发展的新内涵。这些实践既是今后一段时期深化陆海统筹的基础，也为进一步推进陆海统筹提供了良好条件。

二、面临的不利条件

（一）海陆兼备具有地理不利因素

海陆兼备的地缘特征使得我国得以充分利用海洋和陆地两种资源，但也有地理不利的因素，即发展经济和维护国家安全需要兼顾海陆两个方向。

从维护国家安全角度看，我国既要直面来自大陆方面的压力，又要面对海洋的压力，统筹和兼顾两者并非轻而易举和唾手可得，历史上曾经发生过的"海防"与"塞防"之争在一定程度上反映了把握两者平衡的难度。不仅国家如此，沿海地区也是如此。一些沿海省区经济发展战略在"以海带陆"还是"以陆促海"上的摇摆反映了对于两者关系把握上的不易。作为海陆兼备的国家，如果在其间选择失当，不仅会失去两者共有的好处，而且会使地缘政治和安全环境恶化。对于沿海地区而言，选择失当则会在激烈的地区经济发展竞争中失利。

在要素和资源投入总量既定且外部条件快速变化的情况下，准确把握两者的关系需要战略胆识和精准的政策设计，而这对于国家和地方政府的执政能力都提出了挑战。

（二）国际海洋开发的环境较为复杂

20 世纪 70 年代以来，全球性资源和环境问题日益尖锐，随着陆地资源逐渐衰竭，海洋资源开发利用受到沿海国家的普遍重视，以海洋资源最大限度占有为核心的国际海洋竞争日趋激烈，从而使国际海洋开发的环境日益复杂。这表现为多个方面：

一是国际上以海洋产业发展、海洋技术创新为主体的海洋经济发展竞争激烈程度提高。二是海洋利用环境恶化。许多国家，特别是我国的一些邻国对于海洋开发程度的加强，成为其与我国海上领土和资源利用争端频发的原因之一。除渤海外，我国在黄海、东海和南海都需要按《联合国海洋法公约》与邻国进行划分，大约有120万平方公里的海洋国土处于争议中①，对于这些有争议的海域我国难以高效开发利用。三是海洋开发的准入门槛正在提高。在当今海洋事务中，海上强国依旧掌握着国际话语权，这些国家凭借先进的海洋科技实力，极力促成建立多种国际海洋环境保护制度。这虽然有利于海洋环境保护，但也明显提高了后发国家进行海洋资源开发利用的门槛，对于仍是发展中国家的我国而言，无疑增加了海洋开发的成本。这种海洋利用激烈竞争的局面对于我国提高海洋开发、管理和控制能力提出了挑战。

（三）我国多方面的体制机制与陆海统筹的要求不相适应

陆海统筹表现为陆海之间互为支撑和互为需求，涉及产业结构调整、科技技术进步、资源开发利用、基础设施布局、生态环境治理等多个领域，涉及沿海各省区以及内陆省区，需要打破部门职能和地区行政界限，以国家整体利益为重进行统筹安排。而我国体制机制方面与此并不相适应，集中体现在两方面：

一方面从部门间协调看，尽管目前我国成立了跨部门的海洋管理协调机构，并对有些部门职能进行了调整，但海洋开发相关事务仍分散于多个部门之间，管理分散和协调难度较大的问题依然存在。另一方面从中央和地方政府关系看，改革开放后，中央对地方政府进行了经济和财政分权改革，地方政府追求本级财政收入和税基的激励机制设计，使得我国地方政府对于工业，特别是税基较大的重化工业发展具有偏好，而且往往以牺牲生态和环境为代价，在沿海地区发展海洋经济的过程中近海污染、大型石化企业林立、港口密布、围填海造地面积快速扩张就是这种体制的直接结果。

我国正在推进包括财税体制在内的体制机制改革步伐，但改变部门分割和地方政府追求工业发展的机制尚需时日，如何在现有制度安排下促进

---

① 参见刘畅．中国离海洋经济大国有多远．环球时报，2012 – 9 – 26.

陆海统筹也是国家和地方政府需要面临的挑战。

第五节　陆海统筹发展需要重视的几个问题

陆海统筹是一系统工程，需要形成较为完善的战略思路和政策体系。现阶段应特别重视以下问题。

一、加强各类规划之间的对接

国土资源部目前正在编制的新一轮国土规划中，已将海洋这一蓝色国土考虑在内。在此基础上，还需要加强土地利用规划、流域开发规划、环境保护规划、海洋功能区划之间的相互衔接，研究制定海洋主体功能区划并与全国主体功能区规划相互衔接。

二、完善促进海洋发展和陆海统筹的政策体系

美国等海洋经济发达国家都形成了从海洋意识培养到财政投入保障较为完整的海洋发展政策体系。借鉴这些国家的经验，我国也应完善相关政策，包括建立从全民海洋意识教育到高等海洋教育的终身教育体系，将沿海地区和江河流域的管理与近海管理相结合的生态环境综合管理体系，海洋资源保护与利用的政策体系，海洋科学研究体系，国际海洋政策体系以及投融资政策体系等。

三、建立利益协调机制

陆海统筹发展涉及内地和沿海地区、涉及沿海省区中滨海市县和非滨海市县，涉及土地和海域在不同用途之间的转换。为此，需要完善不同地区之间在入海口与排污口管理、园区布局、地区生产总值统计和税收分成等方面的利益协调机制，同时，还应在海域和滨海地区的开发中，切实保障农民土地收益权和渔民等海域使用者的收益权，促进农民和渔民向城镇

和第二、第三产业转移，带动新型城镇化发展和美丽渔村建设。此外，还应探索海洋环境排污权交易、海洋生态损害补偿管理等制度与办法，根据不同海域的环境容量，试行相应污染物排海的总量控制，并创新完善海域有偿使用和产权交易融资机制。

四、加强海洋可持续发展的国际合作

强调海洋科技国际合作，以海洋科技优势推动海洋军事和海洋经济的发展是各国海洋发展战略的重要组成部分。为发挥我国在海洋经济和海洋科技方面的后发优势，在确保我国海洋权益的前提下，我国应进一步扩大和深化海洋经济的对外开放，在海洋产业发展、海洋生态保护、海洋科技创新等领域，加强与周边国家及其他相关国家的合作。俄罗斯、英国、美国、日本、韩国等国家海洋科技实力发达，可通过与其深度的交流合作，促进我国深海资源勘探、开采以及海洋动态监测等海洋科技的发展。

参考文献：

1. 陈力. 战略地理论［M］. 北京：解放军出版社，1990.
2. 韩立民等，"关于海陆一体化的理论思考"，《太平洋学报》，2007年第8期。
3. 广东省社会科学院海洋经济研究中心课题组，"世界与中国海洋经济发展状况与发展战略"，广东社会科学网，http：//www. gdass. gov. cn，2011年4月20日。
4. 李景光，"印度的海洋综合管理"《中国海洋报》国际海洋版，2005年9月9日。
5. 李义虎，"从海陆二分到海陆统筹——对中国海陆关系的再审视"，《现代国际关系》，2007年第8期。
6. 刘畅，"中国离海洋经济大国有多远"，环球时报，2012年9月26日。
7. 毛磊，"谋求持续发展，美国酝酿变革海洋管理政策"新华网，2004年6月3日。
8. 吴征宇，"海权与陆海复合型强国"，《世界经济与政治》，2011年第2期。
9. 肖鹏等，"陆海统筹研究综述"，《理论视野》，2012年第11期。
10. 徐质斌，"陆海统筹、陆海一体化经济解释及实施重点"，2008年中国海洋论坛论文集。
11. 俞树彪，阳立军. 海洋区划与规划导论［M］. 北京：知识产权出版社，2009.

第三章　我国陆海统筹发展基础

本章从陆海统筹发展的演进历程、我国海洋经济发展现状、陆海统筹发展的成效、陆海统筹发展面临的主要问题、沿海地区的陆海统筹实践五个方面梳理了我国陆海统筹发展基础。无论从政策、法规、规划、管理层面，还是从经济、资源、环境、基础设施建设方面，我国陆海统筹发展的基础条件已经具备。然而，当前陆海统筹面临的形势错综复杂，统筹过程中各类问题的解决异常艰巨，需要系统设计、重点突破。即，在调整陆海经济结构、统筹陆海开发布局、保护陆海生态环境、提升科技水平、捍卫领土安全的同时，应注重陆海统筹的系统设计，尤其在宏观层次的战略统领、中观层次的综合统筹、微观层次的配套完善方面需要加强。

第一节　新中国成立以来我国陆海统筹发展的演进历程

一、第一阶段（1949～1977 年）：内陆重点发展，海洋主要承担着防卫陆地安全的功能

新中国成立之初，国民发展各项事业百废待兴，涉海事业的发展同样处于从无到有的初始阶段。另外，受国际国内政治背景的影响，此阶段海洋政策着重于保卫国家安全，保障海上运输，为祖国统一积蓄力量，防止帝国主义的海上侵略。1953 年 2 月，毛泽东首次视察海军舰艇部队，并题词："为了反对帝国主义的侵略，我们一定要建立强大的海军。"1970年，毛泽东在会见巴基斯坦海军司令穆扎法尔·哈桑时说："现在一些大

国欺负我们，比如在海军、空军这些方面。什么印度洋、太平洋都被他们霸占着。所以我们也得搞点海军。"[①] 1975 年，邓小平为海军题词："坚决执行毛主席号召，为建设一支强大的海军而努力奋斗。"这一时期，涉海的法律法规较少，而且主要集中在维护国家主权和国防安全方面，如《中华人民共和国政府关于领海的声明》（1958）、《关于商船通过老铁山水道的规定》（1956）、《外籍非军用船舶通过琼州海峡管理规则》（1964）、《中华人民共和国交通部海港引航工作规定》（1976）等。另外，涉及海港、海洋渔业、海洋环境保护等法律也初步建立。这一阶段，除海洋科学技术等某些领域有涉海规划外，全国尚未形成涉海方面的总体规划。由于国民经济发展水平较低、海洋开发利用规模较小、保卫国防安全的任务仍然紧迫，在此背景下，涉海的管理体制也与其相适应。涉海管理以行业管理为主，基本上是陆地产业部门在行业内部涉海方面进行延伸管理，如渔业部门负责海洋渔业的管理，轻工业部门负责海盐业的管理，交通部门负责海洋交通安全的管理等。直到 1964 年，国家才成立海洋方面的行政职能部门——国家海洋局。此阶段海洋局的主要职能是海洋调查和科研，并且由海军代管。

二、第二阶段（1978～1999 年）：沿海重点发展，海洋开发进程加快

改革开放以来，我国确立了以经济建设为中心的基本路线。改革之初，国民经济总量初具规模，工业体系已经基本确立，但人均收入水平较低，技术发展落后。这一阶段，国民经济和社会发展对海洋资源的需求非常迫切，向海开发成为这一阶段的重要内容。早在全国科学技术大会上，国家海洋局就提出了"查清中国海、进军三大洋、登上南极洲"的战略目标。1980～1986 年，国家展开了"全国海岸带和滩涂资源综合调查"，取得了各种数据 5800 万个，编写各类报告 6000 万字，绘制各类图件上千幅。1983～1989 年，中国先后组织了多次世界大洋多金属结核资源调查。1987～1995 年，国家组织全国海岛资源基础调查，获得数据 200 万个，

---

① 《建国以来毛泽东军事文稿》下卷，军事科学出版社、中央文献出版社，2013 年，第 370 页。

并进行了海岛综合开发试验。1991 年，首次全国海洋工作会议讨论通过了《九十年代我国海洋政策和工作纲要》，确定了"以开发海洋资源、发展经济为中心"。法律方面，《中华人民共和国渔业法》（1986）、《中华人民共和国渔业法实施细则》（1987）、《中华人民共和国对外合作开采海洋石油资源条例》（1982）、《中华人民共和国海洋石油勘探开发环境保护管理条例》（1983）、《中华人民共和国矿产资源法》（1986）等一系列法律文件颁布实施。与此同时，涉及海洋安全、环境保护、测绘与地质等相关法律法规也逐渐丰富。规划方面，1986 年"海岸带和海洋资源开发利用规划设想"作为《全国国土总体规划纲要》的组成内容。1994 年，全国第一部具有战略意义的海洋规划《全国海洋开发规划》颁布。另外，《九十年代我国海洋政策和工作纲要》（1991）、《海洋技术政策（蓝皮书）》（1993）、《海洋 21 世纪议程行动计划》（1996）等一批规划相继出台。为适应现阶段的战略重点，国家海洋管理体制也做了相应调整。1983 年，海洋局成为国务院直属部门，其职能进行了新的调整，除负责协调全国海洋工作外，还负责海洋调查、海洋科研、海洋管理和海洋公益服务等。1989 年，中国沿海省、市、区的地方海洋行政机构逐步成立，海洋分级管理渐显雏形。社会实践方面，1978 年许涤新、于光远等著名经济学家提出建立"海洋经济"学科。1984 年，《海洋开发》（现《海洋开发与管理》）杂志创刊。分行业方面，海洋渔业和海洋油气业较为突出。改革开放后，全国海洋渔业实行市场化改革，沿海各地开发海洋渔业的热情得到了空前激发。1978 年，我国水产品总产量不足 500 万吨。2009 年，海水产品产量达到 2797.5 万吨，且多年总产量居世界第一。海洋油气业方面，1982 年，中国海洋石油总公司成立，并开展对外合作。海洋石油工业开始发展迅速。1978 年，我国海洋原油产量 62.5 万吨；2009 年，海洋原油产量 3698.19 万吨，翻了近 60 番。

三、第三阶段（2000～2009 年）：涉海事业全面发展，为陆海统筹奠定坚实基础

进入 21 世纪后，我国国民经济综合实力显著提升，相应技术管理水平日益提高，加上海洋开发中长期累积的资源、环境、生态问题凸显，陆地

与海洋的关系日趋紧密。面对周边国家积极筹备新一轮海洋竞争，海洋战略地位日益提升。在这一阶段，我国涉海事业获得了全面发展。基本法律和规划方面，2002 年 1 月《中华人民共和国海域使用管理法》（以下简称《海域法》）正式施行，该项法律确立了具有重要地位的海洋功能区划、海域权属管理和海域有偿使用等基本制度，该法案的出台对解决长期以来我国海域使用的"无序、无度、无偿"问题发挥了巨大作用。2002 年《全国海洋功能区划》获国务院批准。海洋功能区划根据海区的地理位置和自然资源、环境状况、海洋开发利用现状、社会经济发展需求等，划分出具有特定主导功能、适应不同开发方式并能取得最佳综合效益的区域。海洋功能区划是开发利用海洋空间和资源、保护海洋生态环境、加强海域使用综合管理的依据。2003 年《全国海洋经济发展规划纲要》批准实施，这是我国政府为促进海洋经济综合发展而制定的第一个具有宏观指导性的规划，在海洋经济发展进程中具有里程碑意义。2001 年 4 月修订后的《中华人民共和国海洋环境保护法》正式生效，该法是海洋环境保护领域的一项基本法。2008 年，《国家海洋事业发展规划纲要》获国务院批准，纲要明确提出必须把海洋事业摆在十分重要的战略地位，努力把我国建设成为海洋强国。除了这些基本法规和规划外，这一时期，相关配套法规规划的制定、涉海法规规划的修改也非常密集。另外，海洋资源开发与保护、专项海洋经济发展、海洋生态环境保护、海上交通安全、海洋调查、海底电缆管道铺设、海底文物保护、专属经济区管理等各个涉海领域的法律规划纷纷出台，对调整和规范各类涉海活动起到了重要作用。管理体制方面，海洋行政主管部门的职能又进一步得到拓展。迈入新世纪之时，国家海洋局的基本职责发展为海域使用管理、海洋环境保护、海洋科技、海洋国际合作、海洋防灾减灾及海洋权益维护等方面。2008 年，国家海洋局的职责又从 7 条扩展至 11 条，海洋管理综合协调能力得到进一步加强。除海洋政策、法律、规划、管理日渐完善外，海洋经济、海洋资源开发利用、海洋生态环境保护、海洋科技、海洋权益维护及极地拓展等方面都获得了空前的发展。

四、第四阶段（2010 年 ~）：陆海融合，陆海统筹的全面推进阶段

随着我国资源环境瓶颈日益加剧、经济运行中不平衡不协调不可持续

问题突出、与周边国家海洋安全形势日渐复杂多变，陆地和海洋统筹发展的需求日益迫切。在此形势下，《中华人民共和国国民经济和社会发展第十二个五年（2011～2015年）规划纲要》明确提出要"坚持陆海统筹，制定和实施海洋发展战略，提高海洋开发、控制、综合管理能力。"实施陆海统筹作为党和国家首次提出的一个全新发展理念，标志着我国陆海可持续发展进入新的历史阶段。2013年，《国务院机构改革和职能转变方案》明确提出设立高层次议事协调机构国家海洋委员会，重新组建国家海洋局，提高其执法效能，并承担国家海洋委员会的具体工作。国家此次机构改革，尤其是国家海洋委员会的成立，意味着陆海统筹进程将迈入新的阶段。

第二节　我国海洋经济发展现状

一、海洋经济初具规模，正处于快速成长期

我国海洋自然条件优越、资源种类繁多、开发潜力巨大。近年来，随着陆域经济的迅猛增长以及人民生活水平的提高，对于海洋的需求日益增大，海洋开发力度逐年提升，海洋经济发展速度持续增长。近年来，海洋经济增速基本高于国内生产总值增速（图3-1）。随着海洋经济的快速发展，海洋经济总量已经初具规模。2012年，全国海洋生产总值50087亿元，占国内生产总值的9.6%。2011年全国涉海就业人员3420万人，占全国就业人口的4.5%。我国海水产品年产量接近3000万吨，海盐产量超过3000万吨，海洋渔业和盐业产量连续多年保持世界第一。我国造船工业的造船完工量、手持订单量、新承接订单量均跃居世界第一。我国沿海港口150多个，超过亿吨的港口20余个，年货物吞吐量超过50亿吨，近几年，一直占据了全世界吞吐量前十中超过一半的席位。我国海洋油气年产量超过5000万吨油当量，占全国油气年产量的近1/5。滨海旅游业产业规模持续增大，已成为海洋经济的首要支柱产业。另外，海洋生物医药业、海洋电力业、海水利用业、海洋化工业、海洋工程建筑业等新兴产业保持高速增长，有力地带动了海洋经济的发展。

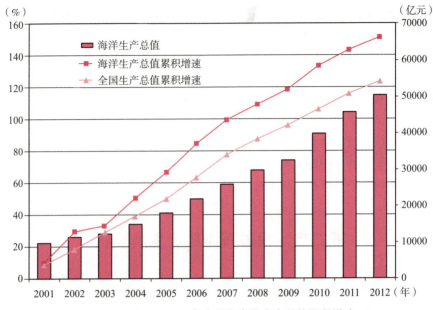

图 3–1　2001～2012 年全国和海洋生产总值累积增速

资料来源：2001～2010 年海洋部分数据来自《中国海洋统计年鉴 2011》，其余数据分别来自《中国海洋经济统计公报》，2001～2011 年国内生产总值增速来自《中国统计年鉴（2012）》，2012 年数据来自《2012 年国民经济和社会发展统计公报》。

二、以三大陆海经济集聚区为支撑的空间格局基本成型

经济发展遵循着规模集聚规律，对于涉海经济而言，同样受规模经济的影响，从而在空间分布上，呈现出特定区域集中了大部分陆海经济活动的格局。我国目前基本形成了环渤海地区、长江三角洲地区、珠江三角洲地区三大陆海经济集聚地。其中，环渤海地区主要包括辽宁省、河北省、天津市和山东省三省一市的海域与陆域；长江三角洲地区主要包括江苏省、上海市和浙江省两省一市的海域与陆域；珠江三角洲地区主要包括广东省所辖的广州、深圳和珠海等城市的海域与陆域。2012 年，环渤海地区海洋生产总值 18078 亿元，占全国海洋生产总值的比重为 36.1%；长江三角洲地区海洋生产总值 15440 亿元，占全国比重为 30.8%；珠江三角洲地区海洋生产总值 10028 亿元，占全国比重为 20.0%；三大区域合计海洋生产总值 43546 亿元，占全国海洋生产总值的比重高达 86.9%。

从图 3 - 2 可以看出，2003 年三大经济区海洋生产总值占全国海洋生产总值的比重已高达 82.3%，除受 2008 年金融危机的影响比重有所降低之外，三大经济区占全国的比重基本为上升趋势。可以看出，近十年来陆海经济的空间集聚格局基本成型。

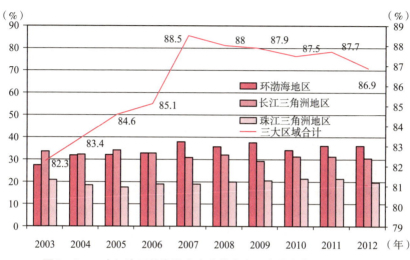

图 3 - 2　三大经济区的海洋生产总值占全国海洋生产总值的比重

资料来源：根据历年《中国海洋经济统计公报》整理。

三、海洋逐渐成为陆地经济发展的重要支撑

经济方面，由于国民收入水平的提高以及全球化进程下对外联系加强，利用海洋资源、空间的需求增强，加上科技、管理、资金能一定程度上支撑海洋的开发利用，陆地和海洋在经济方面联系紧密。通过将 2001～2012 年我国沿海的海洋经济与腹地经济发展规模做相关分析，发现两者的相关性为 0.99，呈高度相关态势。资源方面，我国是一个人均资源相对紧缺的国家，我国人均淡水资源量仅为世界平均水平的 1/4、人均矿产资源量不足世界平均的 1/2、人均陆地石油天然气仅为世界平均水平的 1/15、人均耕地资源不足世界平均的 1/3。近年来，我国部分资源对外依存呈现畸高态势，以石油为例，2012 年我国石油对外依存度高达 57%。另外，我国资源能源主要消费地区集中在东部沿海。实际上，我国拥有 1.8 万多公里的海岸线长

度、6500 多个岛屿，海洋资源种类丰富。以油气资源为例，我国海洋油气资源丰富，石油储量超过 500 亿吨，天然气储量超过 20 万亿立方米。如果能够对海洋资源进行合理利用，将大大缓解我国的资源压力。

第三节　我国陆海统筹发展的成效

一、海洋的国家战略地位日益提升

从国家宏观战略定位上，海洋从最初的以防御功能为主，扩充到资源提供，再提升到以经济发展为主的综合定位，再到与陆地在产业、资源、环境、安全、科技等全方位对接的战略地位。尤其近年来，海洋的战略地位获得了空前的提高。"十一五"期间，党的十七大提出"发展海洋产业"，将海洋产业作为促进国民经济发展的重要增长点；"十二五"时期，党的十七届五中全会提出"发展海洋经济"，将海洋经济的发展作为带动国民经济特别是沿海地区经济发展方式转变，以及实现全面小康社会的重要动力。党的十八大更是发出"建设海洋强国"的伟大号召。相应地，涉及海洋功能区划、海洋经济发展、海域使用、海洋事业发展、海洋环境保护、涉海产业、海洋科技等等政策规划密集出台。另外，海洋行政主管部门的职能不断强化，2013 年国家海洋委员会的成立更标志着海洋综合管理水平提升到新的阶段。无论从国家宏观政策，还是法律、规划、管理体制等方面，海洋方面的重视程度均在加深。新时期，以"陆海统筹"为代表的发展理念更标志着海洋的战略地位提升到新的高度。

专栏：2000 年以来中国共产党全国代表大会报告和
国家"五年"规划纲要中的涉海内容

十六大报告：实施海洋开发，搞好国土资源综合整治。
十七届五中全会报告：发展海洋经济。坚持陆海统筹，制定和实施海洋发展战略，提高海洋开发、控制、综合管理能力。科学规划海洋经济发展，发展海洋油气、运输、渔业等产业，合理开发利用海洋资源，加强渔港建设，保护海岛、海岸带和海洋生态环境。保障海上通道安全，维护我国海洋权益。

"十八大"报告：提高海洋资源开发能力，发展海洋经济，保护海洋生态环境，坚决维护国家海洋权益，建设海洋强国。

"十五"规划纲要：加大海洋资源调查、开发、保护和管理力度，加强海洋利用技术的研究开发，发展海洋产业。加强海域利用和管理，维护国家海洋权益。

"十一五"规划纲要：保护和开发海洋资源。强化海洋意识，维护海洋权益，保护海洋生态，开发海洋资源，实施海洋综合管理，促进海洋经济发展。综合治理重点海域环境，遏制渤海、长江口和珠江口等近岸海域生态恶化趋势。恢复近海海洋生态功能，保护红树林、海滨湿地和珊瑚礁等海洋、海岸带生态系统，加强海岛保护和海洋自然保护区管理。完善海洋功能区划，规范海域使用秩序，严格限制开采海砂。有重点地勘探开发专属经济区、大陆架和国际海底资源。

"十二五"规划纲要：推进海洋经济发展。坚持陆海统筹，制定和实施海洋发展战略，提高海洋开发、控制、综合管理能力。（1）优化海洋产业结构。科学规划海洋经济发展，合理开发利用海洋资源，积极发展海洋油气、海洋运输、海洋渔业、滨海旅游等产业，培育壮大海洋生物医药、海水综合利用、海洋工程装备制造等新兴产业。加强海洋基础性、前瞻性、关键性技术研发，提高海洋科技水平，增强海洋开发利用能力。深化港口岸线资源整合和优化港口布局。制定实施海洋主体功能区规划，优化海洋经济空间布局。推进山东、浙江、广东等海洋经济发展试点。（2）加强海洋综合管理。加强统筹协调，完善海洋管理体制。强化海域和海岛管理，健全海域使用权市场机制，推进海岛保护利用，扶持边远海岛发展。统筹海洋环境保护与陆源污染防治，加强海洋生态系统保护和修复。控制近海资源过度开发，加强围填海管理，严格规范无居民海岛利用活动。完善海洋防灾减灾体系，增强海上突发事件应急处置能力。加强海洋综合调查与测绘工作，积极开展极地、大洋科学考察。完善涉海法律法规和政策，加大海洋执法力度，维护海洋资源开发秩序。加强双边多边海洋事务磋商，积极参与国际海洋事务，保障海上运输通道安全，维护我国海洋权益。

二、重点涉海领域的专项政策法规日益完善，为陆海统筹实践奠定法律基础

涉海领域中，海域使用、海洋生态环境保护、海洋资源开发、海上交通安全等重点领域的相关制度构建、法律法规规划制定均不断丰富和完善（表3-1）。海域使用管理方面，初步形成了海洋功能区划制度、海域使用权制度和海域有偿使用制度，相关的海域使用权管理、海域使用金管理、项目用海审批、海域使用论证等配套制度和法律法规也逐渐发展了起来。海洋生态环境保护方面，确立了重点海域污染物总量控制制度、海洋污染事故应急制度、海洋自然保护区制度、海洋工程建设污染防治制度、防治船舶污染海洋环境制度等一系列配套制度。海洋资源开发中，油气资源的审批许可制度、开采制度，海砂资源中开采总量控制、采矿权固定年限出让、开采审批许可制度，海洋渔业、海盐、海水、海洋能源等制度也不断完善。海上交通安全中，船舶的检验登记和安全检查制度、海上通航管理制度、水上水下安全作业制度、航道和航标的管理制度、港口安全管理制度、船员管理制度、沉船打捞管理制度等逐步建立。

表3-1　　　　　　　　　　海域使用相关的政策法规体系

法律性质		法律名称
基本法律		《中华人民共和国海域使用管理法》
配套法规	海洋功能区划	《全国海洋功能区划》、《国务院关于全国海洋功能区划的批复》、《关于加快海洋功能区划编制、审批和实施工作的通知》、《省级海洋功能区划成果要求》、《市县级海洋功能区划成果要求》、《省级海洋功能区划审批办法》、《海洋功能

续表

法律性质	法律名称	
配套法规	海洋功能区划	区划管理规定》、《海洋功能区划技术导则》、《关于开展省级海洋功能区划修编工作的通知》、《省级海洋功能区划编制技术要求》、《关于规范省级海洋功能区划修改工作的通知》、《关于成立国家海洋功能区划专家委员会的通知》
	海域权属管理	《海域使用管理规定》、《海域使用权管理规定》、《海域使用权登记办法》、《国务院关于进一步加强海洋管理工作若干问题的通知》、《临时海域使用管理暂行办法》、《海域使用权争议调解处理办法》、《海域使用申请审批暂行办法》、《国家海洋局、财政部关于进一步做好海域使用管理示范区建设工作的若干意见》、《关于加强海上人工岛建设用海管理的意见》、《关于在全国推行招拍挂出让开采海砂开采海域使用权的通告》、《关于贯彻实施〈中华人民共和国物权法〉全面落实海域物权制度的通知》
	海域有偿使用	《海域使用金管理条例》、《海域使用金减免管理办法》、《关于加强海域使用金征收管理的通知》、《关于规范减免中央财政海域使用金书面审核意见的通知》
	海域使用动态监视监测管理	《国家海域使用动态监视监测管理系统建设与管理的意见》、《国家海域使用动态监视监测管理系统总体实施方案》、《国家海域使用动态监视监测管理系统机构体系建设意见》、《国家海域使用动态监视监测管理系统总体技术方案》、《关于批复省级和市级海域使用动态监管中心共建执行单位的通知》、《国家海域动态监视监测管理系统海域使用权属数据整理工作方案》、《关于全面推进海域动态监视监测工作的意见》
	项目用海管理	《报国务院批准的项目用海审批办法》、《关于加强国家海洋局直接受理海域使用项目管理的若干意见》、《填海项目竣工海域使用验收管理办法》、《国务院办公厅关于沿海省、自治区、直辖市审批项目用海有关问题的通知》、《关于进一步规范海域使用项目审批工作的意见》、《建设项目填海规模指标管理暂行办法》
	海域使用论证	《海域使用论证资质管理规定》、《关于建立海域使用论证工作举报制度的通知》、《关于进一步加强海域使用论证资质质量管理的通知》、《关于进一步加强海域使用论证工作的若干意见》、《关于进一步规范地方海域使用论证报告评审工作的若干意见》、《关于印发分类型海域使用论证报告编写大纲的通知》、《海域使用论证技术导则》、《关于全面开展海域使用论证报告质量评估工作的通知》、《关于海域使用论证报告依申请公开有关问题的通知》、《海域使用论证资质分级标准》、《关于开展〈海域使用权证书〉统一配号工作的通知》、《海域使用论证收费标准》
	围填海管理	《建设项目填海规模指标管理暂行办法》、《关于加强围填海规划计划管理的通知》、《关于加强围填海造地管理有关问题的通知》、《围填海计划管理办法》
	海域使用统计	《海域使用统计报表制度》、《关于印发〈海域使用统计报表制度〉的通知》、《海域使用统计管理暂行办法》

续表

法律性质		法律名称
配套法规	其他	《国务院办公厅关于开展勘定省县两级海域行政区域界线工作有关问题的通知》、《关于集中开展养殖用海普查登记和专项执法工作的通知》、《关于加强区域建设用海管理工作的若干意见》、《海域使用测量管理办法》、《海域使用测量资质等级标准》、《海域使用管理百县示范活动实施意见》、《海籍调查规程》、《海上风电开发建设用海管理暂行办法》、《海上风电开发建设管理暂行办法实施细则》、《铺设海底电缆管道管理规定》、《海域评估管理规定》、《海域评估技术规范》、《关于淤涨型高涂围垦养殖用海管理试点工作的意见》

三、部分涉海领域的管理能力获得较大提高，有利于促进陆地与海洋的协同管理

我国目前基本形成了以海洋、环保、海事、渔业等为主的海洋综合管理加行业管理的管理体制，并在海域使用管理、海洋经济、海洋资源、海岛开发保护、海洋环境、海洋公益服务等方面的管理能力获得较大程度的提高。海域使用管理方面，2011～2020 年的海洋功能区划调整和修编工作已全部完成，全国及省级海洋功能区划均已批准实施；海域使用权属管理顺利推进，2012 年全国共发放海域使用权证书 3901 本，确权海域面积283385.50 公顷，海域使用权市场化配置逐年提升，确权海域面积从 2003年的 3000 公顷增至 2012 年的 11695.65 公顷，从 2012 年开始海砂开采全面实行市场化出让；制定《围填海计划管理办法》，进一步加强了围填海的调控与监管；海域动态监视监测成效显著，自 2009 年国家海域动态监视监测系统实行业务化运营以来，借助卫星遥感、航空遥感和地面监视监测的综合手段，大大提高了海域管理的信息化水平（图 3－3）。海洋经济管理方面，全国海洋经济发展试点工作于 2011 年启动，山东、浙江、广东被确定为首批海洋经济试点地区；海洋工程装备、海水淡化等产业得到大力推动；海洋生产总值核算制度重新核准，并对报表目录、调查方式等内容作出详细规定。海洋资源方面，在海岛管理上健全海岛管理机构，确立了海岛保护及配套制度；油气资源管理上，2010 年成立了国家能源委，完善对外合作开采海洋石油办法，并在勘探国际海底区域矿产资源方面取得较大进展；渔业管理方面，已建立休渔和控制捕捞规模等制度，水生物

资源的养护力度逐步加大，渔业统计、水域滩涂养殖等工作不断加强；港口资源管理方面，港口的经营行为、安全生产、应急管理等得到加强。海洋环境管理方面，部际沟通合作机制，以珊瑚、红树林等为主的海洋生物及海洋生态系统的保护和修复、海上溢油应急管理、海洋石油天然气管道安全管理等方面均取得突破性进展。海洋公益服务方面，海洋观测预报、海洋灾害应急、防灾减灾能力等均得到较大提升。

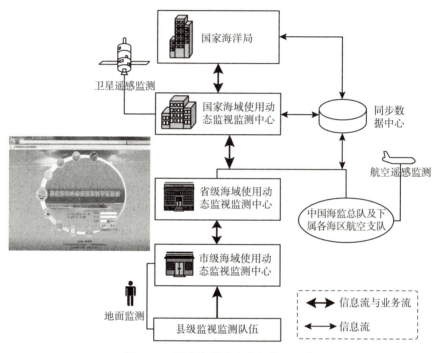

图 3-3　国家海域动态监视监测系统

四、涉海基础设施建设取得突破性进展，为陆海统筹实践奠定物质基础

港口和道路等重大交通基础设施建设步伐加快。2010 年，沿海港口千吨级以上泊位通过能力超过 55 亿吨，深水泊位 1774 个，较 2005 年分别新增 30 亿吨和 661 个；青岛海湾大桥、杭州湾跨海大桥、舟山跨海大桥、平潭海峡大桥、厦漳跨海大桥、南澳跨海大桥、港珠澳大桥、青岛胶

州湾海底隧道、崇明长江隧道、厦门翔安海底隧道等一批跨海桥梁和海底隧道相继建成或开工建设。港口和道路交通基础设施的完善，为陆海的经济统筹奠定了坚实基础。目前，全国海洋科研机构186个，从事海洋科技活动人员接近3万人，"我国近海海洋环境调查与综合评价"（908专项）从2003年9月批准立项至今，其专项综合调查和评价已基本完成，为"数字海洋"信息框架建设奠定了基础。多项海洋高技术计划（863计划）、海洋基础科学研究（973计划）获得突破性进展。以"蛟龙号"为代表的载人潜水器、海洋卫星、海洋油气开发平台等重要设施装备取得突破性进展。这些为陆海资源开发和环境保护打下了坚实的基础。2011年13艘新建中国海监船舶全部交付使用，新建了1.6万平方米的中国海监指挥中心业务楼，初步形成了以卫星地面站为代表的天基、以海监飞机为代表的空基、以巡航船舶为代表的海基、以地面信息通信建设为代表的岸基等监测系统，为陆海的执法提供坚实保障。

五、沿海各地区发展海洋的积极性高涨，为陆海统筹实践积累经验

由于海洋经济、资源、环境的战略地位日益提升，沿海各地区面向海洋发展的热情日益升温。经济方面，"十二五"期间，沿海11省市的国民经济和社会发展规划均将发展海洋经济、实现陆海统筹放在重要位置。打造沿海新城、创建临海或临港产业集聚区、构建具有核心国际竞争力的现代海洋产业体系等均是沿海地区经济发展的重要目标。各地的产业规划和空间规划均将陆地和海洋相结合考虑。资源方面，不少地方结合自身特色，在港口、渔业、海洋可再生能源方面积极探索实践。如山东青岛港、日照港、烟台港、威海港与韩国釜山港签署"4+1"港口战略联盟协议，加强信息交流合作；沿海各省渔业发展规划纷纷出台，指导地方渔业的可持续发展；广东、江苏等省在海上风电、波浪能等海洋可再生能源方面积极探索。环境方面，各省在深化海陆一体化海洋环保协作机制、推进海洋环境的政绩考核方面作出不少尝试。如福建省的《关于建立完善海陆一体化海洋环境保护工作机制协议》、山东省的《山东省海洋生态损害赔偿费和损失补偿费管理暂行办法》。立法方面，近年来，针对海洋环境保

护、海上交通安全、海洋渔业等方面各地方展开了大量的立法实践，并且相关法律的灵活性较为突出。如广东、宁波、青岛、厦门等省市先于国家出台了无居民海岛的有关规定；不同地方政府根据区域特点展开立法实践，如《天津古海岸与湿地国家级自然保护区管理办法》、《大连斑海豹国家级自然保护区管理办法》等；沿海各省市针对海上交通安全、港口条例、海上搜寻救助、航道管理等国家未涉及的内容，根据本地区情况均作出了规定。

第四节　我国陆海统筹发展面临的主要问题

一、陆海统筹的顶层设计和系统建设有待进一步加强

从观念上来看，农耕文明的发达决定了中国自古以来一直沿袭着"农本"思想，以农立国、实行"海禁"、闭关锁国等政策，均是这一思想的体现。因此，从古到今海洋在国民思想观念中一直是被忽视甚至是欲躲避的。"重陆轻海"的观念至今仍有深刻印记。受此观念影响，我国与960万平方公里陆地面积同等重要的300多万平方公里海洋国土面积并未被大多数国人所认知；海洋发展与陆地发展相比处于从属地位，甚至多年来被忽视；海域作为重要的国有财产，其权属性近年来才从法律上予以明确；长期以来海洋被视作容量无限的收纳地，接受着来自陆地的各种污染；海洋被视作无限无偿索取对象，渔业等资源被过度攫取、岸线被肆意占取、植被被无度破坏。在这种轻视海洋观念的作用下，势必给陆海统筹的设计与实施产生较大影响。

从法律上来看，我国涉海的元法律和基本法律缺失，专项法律的协调性和配套性不足。海洋作为重要的国土资源并未写入《宪法》，导致我国涉海政策体系存在着严重的缺陷，其余法律的制定也缺乏元法律的支撑。另外，涉海的综合性基本法律也不足，海洋基本法、海洋开发保护法、海岸带管理法、海洋政策法等均未出台。虽然，我国1983年就开始了《中华人民共和国海岸带管理法》的起草，1985年改为《海岸带管理条例》，

历时数年地反复修改，最后还是由于各部门难以协调而导致该法案的搁浅。由于这些基本法的缺失，限制了我国的涉海法制的推进和涉海管理体制的完善。目前，我国虽然已经出台了10多部海洋法律和20多部海洋法规，但都是专项性法律法规，缺乏统筹协调性，部门利益突出，彼此有不够协调甚至矛盾的地方。另外，部分法律法规的制定往往原则性突出、而可操作性不强，配套立法和实施细则不完备，导致涉海管理和执法过程中无法可依、有法不知如何依。

从规划上来看，尚未形成统筹陆海的顶层规划。新中国成立以来，我国对全国国土做过四次大的经济区划，分别是解放初期的六大行政区区划；"七五"计划中东部沿海、中部、西部三大经济地带划分；"九五"计划中东北地区、环渤海地区、长江三角洲及沿江地区、东南沿海地区、中部地区、西南和华南部分省区、西北地区七大经济区；"十五"以来的东部、中部、西部、东北四大区域划分。但这些国土规划中，涉海部分仅仅是临海的陆地区域，海洋尚未真正作为国土的一部分纳入其中。2010年的《全国主体功能区规划》虽然将海洋作为我国重要国土的一部分，但"全国海洋主体功能区规划"独立编制，实质上海洋主体功能区规划与陆地主体功能区规划并非一套体系。近年来，虽然有《全国海洋经济发展规划纲要》、《全国海洋功能区划》、《国家海洋事业发展规划纲要》等海洋领域重要规划出台，但这些规划仅属于部门性的、专项领域的规划，尚不能提升到全国陆海总体规划层次。另外，由于陆海涉及的领域非常宽泛，近年来各个专项规划中均有相关涉海方面，规划与规划之间缺少衔接。以"十二五"各专项规划为例，渔业、交通运输业、船舶工业、钢铁工业、石油开采业、石油和化学工业、旅游业、电力业、海水淡化、可再生能源、海洋工程装备制造业等规划都有涉海部分，由于缺乏顶层规划的指导，这些规划在空间布局上彼此交叉，甚至出现相互冲突，争抢岸线、浅海滩涂、近岸海域空间等情况屡见不鲜。

从管理体制来看，由于宏观性、综合性、细节性欠缺，造成目前涉海方面管理过度和管理不足并存（图3-4）。我国现行的涉海管理体制属于横向上综合管理和行业管理同步、纵向上中央管理和地方管理并存的局面。综合管理指海洋行政主管部门国家海洋局负责海洋发展规划，实施海上维权执法，监督管理海域使用、海洋环境保护等，行业管理指农业部管理海洋渔业、交通运输部管理海上交通、环保部管理海洋环境、水利部管理海水资源综合利用、工业和信息化部管理盐务等。纵向管理方面，分为

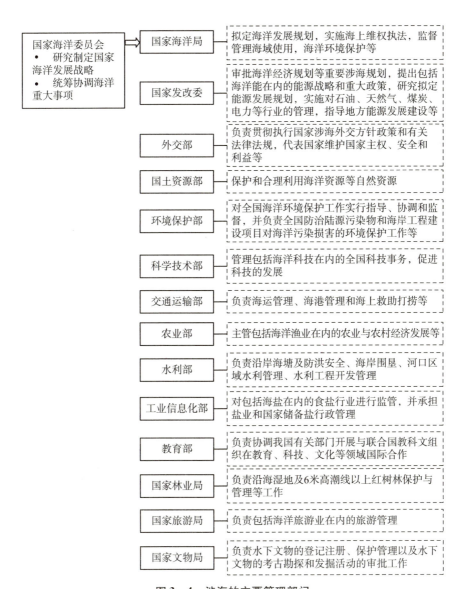

图3-4 涉海的主要管理部门

中央、海区、省、设区市、县等层级。由于多龙治海，而又没有一个可行的统筹协调机构，导致出现管理主体为各自利益争抢海域、资源、收缴费等，职能权属不清、部门层级协调难度大，被管理主体受多重审批、重复收费导致负担加大等过度管理的局面；同时，也出现了对于责任相互推诿，由于事权不清管理职责落实不到位，执法主体机构分散、力量不足、成本升高，公共服务提供能力薄弱等管理不足的情况。我国现行的涉海管理体制的出现是有深刻的社会经济背景的，具有一定的必然性。但在当前的宏观格局之下，需要进一步调整。2013 年的机构改革和职能转变中，成立了国家海洋委员会，并提高了海洋局的执法效能，这在海洋管理的综合性方面有较大进步，在宏观性方面也具有突破性进展。然而，就现有方案的描述来看，第一，综合方面的提升仅是在执法方面，也即是对已发生和规则遵守方面的强化，并不涉及对于未发生的预防及规则本身的理顺。第二，虽然成立了国家海洋委员会，对于宏观发展战略可以统一制定，但是其具体工作由国家海洋局承担。在涉海重大问题上由海洋局对各个部委进行统筹和协调的能力是有限的。第三，对于不同涉海法律、规划、管理的协调、规范、细化情况，还有待进一步推进。

二、海洋经济相对滞后于陆地的格局尚未根本改观

（一）海洋经济在国民经济发展中的比重仍然比较低

长期以来，受观念和技术的制约，我国海洋经济一直未能发展。改革开放后，海洋开始飞速发展，海洋经济规模获得了较大程度的提高，海洋经济总量占国内生产总值的比重已接近 10%。然而，相对于陆地经济，海洋经济严重滞后的局面尚未根本缓解。近年来海洋经济总量占 GDP 的比重始终在 9.6% 左右徘徊，而同期发达国家海洋经济总量占 GDP 比重在20% 以上（图 3 - 5）。沿海地区海洋经济规模和腹地经济规模的差距也一直未能缩小。近十年来，沿海地区海洋生产总值与腹地生产总值之比一直在 0.18 左右，海洋经济总量严重滞后于陆地经济总量。

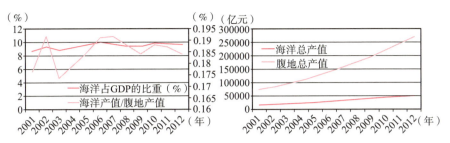

图 3－5　海洋产值与 GDP 和沿海腹地产值的比较

资料来源：2001～2010 年海洋部分数据来自《中国海洋统计年鉴 2011》，其余数据分别来自《中国海洋经济统计公报》；陆地部分数据来自《中国统计年鉴 2012、2007》，沿海各省市 2012 年统计公报。

（二）海洋产业仍处于简单资源开发和初级产品生产阶段

我国海洋产业总体上仍处于以资源开发和初级产品生产为主的粗放型发展阶段，海洋资源简单开发利用，资源精加工水平不高，海洋产品单一且附加值低。2012 年，我国海洋经济三次产业结构虽然为 5.3∶45.9∶48.8，但海洋经济内部低端传统产业仍然占绝对主导。2012 年，滨海旅游业、海洋交通运输业、海洋渔业三大传统产业占主要海洋产业的比重高达 75%，而海洋生物医药业、海水利用业两项高端产业的总产值占主要海洋产业的比重不足 1%，海洋电力业仅 0.34%，海洋工程建筑业和海洋船舶工业也分别只有 5.22% 和 6.47%（图 3－6）。

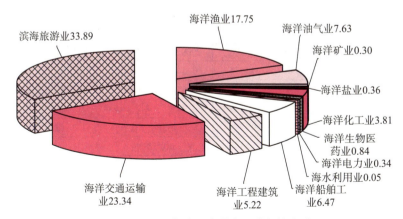

图 3－6　2012 年主要海洋产业增加值比重

资料来源：《2012 年中国海洋经济统计公报》。

（三）海洋与陆地的经济联系仍处于低端层次

沿海地区海洋经济与陆地经济总量相关性非常高，但通过利用灰色关联度进行分产业分析，发现陆地与海洋的紧密关联主要集中在海洋第三产业中（即海洋交通运输业和滨海旅游业），关联度高达 0.867 （表 3 - 2）。需要较高技术、管理、资金支撑的海洋第二产业与陆地的关联度相对较低，关联度为 0.628，且关联系数呈逐年减少的态势（以 2001 年为基期）。现阶段陆地工业的发展急需资源能源，加上部分资源能源对外提存度的提高，因此对海洋的交通运输功能提出了较大的需求。以东北地区为例，目前该地区铁矿石、原油等原料的 33%，成品油和钢材等产品的 50% 左右，需经沿海港口调入和运出。另外，随着居民收入水平的提高，对于海洋旅游资源的需求也逐步增大。海洋第二产业需要更高的技术资金等支撑，而陆地地质勘探、水利管理、信息咨询业、综合技术服务业等产业的发展程度低，尚无法支撑海洋第二产业的大规模发展。因此，目前我国海洋与陆地的经济联系还主要集中在低水平的开发利用层次。

表 3 - 2　　　　　　　　海洋与陆地产业的灰色关联度分析

年份		2001	2002	2003	2004	2005	2006
关联系数	海洋一产	1.000	0.882	0.789	0.635	0.624	0.670
	海洋二产	1.000	0.794	0.942	0.805	0.692	0.506
	海洋三产	1.000	0.745	0.896	0.993	0.891	0.863
年份		2007 年	2008 年	2009 年	2010 年	2011 年	2012 年
关联系数	海洋一产	0.538	0.575	0.540	0.362	0.334	0.333
	海洋二产	0.484	0.519	0.531	0.400	0.380	0.484
	海洋三产	0.777	0.799	0.945	0.894	0.940	0.773
关联度	陆地	海洋一产		海洋二产		海洋三产	
		0.607		0.628		0.876	

注：海洋数据是沿海 11 省市的海洋生产总值，陆地数据是在沿海省市的地区生产总值中剔除海洋生产总值后的产值。该关联度计算是在数据可得性的前提下，借鉴董晓菲、韩增林、王荣成等学者的研究方法，进行的宏观估算。

资料来源：2001~2010 年海洋部分数据来自《中国海洋统计年鉴 2011》，其余数据分别来自《中国海洋经济统计公报》；陆地部分数据来自《中国统计年鉴 2012》、《中国统计年鉴 2007》，以及沿海各省市 2012 年统计公报。

三、海岸和近岸海域开发布局较为混乱

在经济利益的驱使下，地区与地区之间、行业与行业之间乱开乱占海岸和近岸海域现象严重。由于受政绩考核、GDP拉动、土地供给指标严控的影响，地方政府加大力度进行海岸带区域的开发建设。港口建设方面，地方政府不顾规划、自然资源条件和现实需求，脱离实际、盲目建设。现阶段港口建设遍地开花，仅渤海湾地区就集聚了枢纽型大港——大连、天津、青岛、营口、曹妃甸、黄骅、烟台、威海、日照，还有数量众多的区域性小港。重复投资、重复规划、重复建设导致我国的码头、港口利用率和集约化程度非常低，造成了资源的严重浪费和生态环境的严重破坏。产业发展方面，沿海各市大多集聚发展石化、钢铁、电力、海洋工程建筑、滨海旅游、渔业和船舶工业。一方面，造成区域与区域、城市与城市之间产业结构雷同、集聚效应难以发挥、产业效益锐减。以长三角地区为例，上海与江苏的产业相似系数为0.82，上海与浙江的相似系数为0.76，江苏与浙江的相似系数高达0.97。另一方面，不同产业之间争抢资源、破坏生态、污染环境，引发了一系列生态环境问题。1990年，全国实际围填海面积为8241平方公里；而到了2008年，全国实际围填海面积则达到13380平方公里，平均每年新增围填海面积约285平方公里。海岸带开发较早和较为成熟的日本，由于过度的海域开发已造成了严重的生态环境问题，目前，日本严控围填海，每年仅批准5平方公里的填海面积，然而，虽然如此严控，已经损害的海域已经难以再恢复原来的自然生态状况。与20世纪50年代相比，我国累计丧失57%的滨海湿地，2/3以上海岸遭受侵蚀，沙质海岸侵蚀岸线已逾2500公里。目前，我国50平方公里以上的海湾，最少的累计填海面积占5%～7%，最多的已经超过50%。据推测，未来10年左右，我国沿海地区还有超过5780平方公里的围填海需求。

四、海洋生态环境的恶化趋势并未得到根本遏制

海域污染问题十分突出。我国海域污染以近海为主，主要河流入海

口、重点大中城市附近海域污染尤为突出，主要污染要素是无机氮、活性磷酸盐和石油类。虽然经过多年治理，2012 年，我国经河流排海的污染物量仍然非常巨大，72 条主要河流入海的化学需氧量（CODCr）高达 1388 万吨，氨氮、硝酸盐氮、亚硝酸盐氮（以氮计）高达 267 万吨，总磷（以磷计）35.9 万吨，石油类 9.3 万吨。由于陆源河流污染物排放较多、治理能力有限，往往造成若流域发生大旱导致径流量降低，那么当年河流入海口的污染程度将明显降低，"靠天治理"的现象突出。陆源入海排污口达标排放率依然较低，2012 年 3 月、5 月、8 月和 10 月对排污口的检测结果显示，达标比率仅分别为 50%、51%、54% 和 50%。另外，72% ~ 83% 排污口邻近海域水质不能满足所在海洋功能区水质要求。2000 年我国海域劣于第四类海水水质标准的海域面积约 2.9 万平方公里，而 2012 年这一面积达到 6.8 万平方公里；2000 年我国海域共发生赤潮 28 起，而 2012 年全海域共发生赤潮高达 73 起。海岸及近海海域环境质量恶化形势明显。

海域生态系统健康状况依然恶化。近年来，由于污染物排放、过度捕捞、围海造田、围海养殖、砍伐等，我国海域尤其是近海生态系统遭到严重破坏。部分鱼类资源濒临枯竭甚至已经灭绝，海滨滩涂湿地大量丧失、珊瑚礁遭到严重破坏、红树林面积锐减。据保守估计，沿海地区累积丧失海滨滩涂湿地面积占沿海湿地总面积的 50%。陆地排污口邻近海域的底质出现无生物区的面积持续扩大。2012 年，重点监测区的河口、海湾、滩涂湿地、珊瑚礁、红树林和海草床等典型海洋生态系统处于亚健康和不健康状态比重高达 81%。海岸带的地质灾害问题也较为突出，局部区域海水入侵、土壤盐渍化、海岸侵蚀等灾害严重。渤海地区海水入侵和土壤盐渍化范围均已高达 10 ~ 30 公里。沿海砂质海岸和粉砂淤泥质海岸侵蚀严重，最大侵蚀宽度已高达 233 米。另外，由于海洋开发加强，海洋溢油等人为突发性事件对生态影响的程度加剧。2010 年大连新港 "7 - 16" 油污染事件，2011 年蓬莱 19 - 3 油田溢油事故污染海域面积约 1 万平方公里，其对邻近海域生态环境造成的损害目前依然存在。

五、海洋科技整体水平制约了陆海统筹进程

虽然近年来国家对于海洋科技发展的投入逐渐加大，海洋科技整体实

力显著增强，但与世界海洋经济大国相比，我国海洋科技发展水平仍然明显滞后。主要表现在：海洋科技对经济的贡献率低，关键领域技术自给率和科技成果转化率低，部分领域的成果和专利转化率不足 20%；海洋重大领域的基础研究明显不足；海洋开发的关键核心领域技术自主研发和创新能力薄弱；重点领域的海洋调查勘探仍然不足，尤其缺少持续性的调查研究；一些新兴的高技术行业尚未形成具有较强国际竞争力的专业化制造能力；海洋高新技术产业人才短缺等。由于科技水平的滞后，海洋传统产业的提升改造能力不强，海洋渔业、海洋旅游业均处于较低层次的开发利用阶段。海洋新兴产业的发展受较大限制。以海洋工程装备制造业为例，我国企业研发设计能力低，一些欧美公司依靠其拥有的专利技术几乎占据了市场垄断地位，且这些国家对于高、精、尖的海洋高科技实行禁运。另外，我国重点环节的制造能力明显不足，如对于大型 FPSO、半潜式平台等我国企业仅仅能够进行船体（壳体）制造，对于其总装环节仍需要拖至其他国家完成。这些都极大地限制了海洋工程装备制造业的发展。而海洋工程装备制造业发展的不足，又进一步限制了我国海洋石油开采等产业的发展。由于我国在大洋钻探中缺少技术装备，深海钻井、开采、生产设备明显不足，使得我国目前深海油气的开采能力薄弱。由于调查勘探及相关技术水平的局限，以及海洋权益争端等问题，我国目前的海洋开发活动主要集中在海岸带和近海，资源丰富的深海领域的开发仍然明显不足。科技水平的滞后阻碍了陆海经济、资源、空间的全面统筹。

六、我国海上安全格局面临复杂性和多变性

我国海上安全格局正面临深刻的变化。与我国海上相邻的东亚和东南亚地区是世界上发展最快的地区，这其中海洋经济的发展做出了显著的贡献。目前，随着国际政治经济格局的深刻调整，周边国家更大力发展海洋经济，制定各种海洋战略和政策，积极争夺海上资源。从现阶段来看，海上权益的争夺实质是资源的争夺，以油气、渔业资源和海上运输通道为主要代表。以南海为例，南沙海域油气总面积 72 万多平方公里，油气储量超过 500 亿吨，其中南沙群岛海域有 420 亿吨，仅曾母暗沙海域就有 120 亿~130 亿吨。除此之外，南沙群岛及其海域是太平洋和印度洋的

交通咽喉，具有极其重要的战略地位。目前，越南、菲律宾、马来西亚、印度尼西亚、文莱均侵占了我国南海诸岛。越南、菲律宾、马来西亚等国家已纷纷在南海开采石油，年采石油量超过5000万吨。我国目前资源短缺的形势已经较为突出，向海开发，尤其是向资源丰富的深海地区开发已是箭在弦上。然而，由于各种原因，我国除与越南在中越北部湾海上边界进行了确界外，与海上8邻国（朝鲜、韩国、日本、菲律宾、越南、马来西亚、文莱、印度尼西亚）均存在海上划界问题。另外，美国等大国为遏制中国崛起，加紧在亚太地区军事部署，不断与周边国家加强联合军事演习，采用各种方式干扰地区安全事务。目前，我国与韩国在黄海权益上时有争执，与日本在东海权益、与东南亚国家在南海权益上的争端有升温之势。尤其2012年以来的钓鱼岛、黄岩岛问题，严重威胁了地区安全与稳定。我国海上安全格局的深刻变化阻碍了陆海统筹进程的实施。

第五节　我国沿海地区的陆海统筹实践

在全面发展海洋事业的背景下，我国沿海11省市均积极开展陆海统筹实践。这些实践内容综合全面，涉及经济统筹（产业体系、空间布局、基础设施建设）、资源统筹、生态环境统筹、科技统筹、体制机制统筹等方面。另外，结合各个省的发展特征，不同地区的实践活动又突出了一定的特点。

一、以强化管理体系建设为特色的山东经验

山东省海洋经济总体实力较强，海洋经济总量仅次于浙江，居全国第二，经济总规模占全国1/5左右。山东半岛是我国最大的半岛，拥有3345公里海岸线，200多个海湾，沙滩资源优质，320个500平方米以上海岛，空间资源丰富，可开发建设潜力较大。另外，山东省陆域空间人多地少，发展受限。因此，向海开发一直以来就是山东省的重点发展方向。另外，受山东省特有的文化底蕴影响，对于制度等软环境的建设力度在全国均较为突出。从这一角度来看，山东省的主要做法经验如下：

一是从全省发展的战略高度来认识和发展海洋。早在 1984 年，山东省就成立了以省委书记、省长为负责人的经济和社会发展战略研究委员会，发动和组织全省县以上领导干部开展为期半年的经济和社会发展战略讨论。20 世纪 90 年代，针对海洋开发与保护问题，山东省开始研究、制定战略规划。1990 年年末，省内专家组起草了《开发保护海洋，建设海上山东》文稿。随后，山东省委书记、省长就"海上山东"战略构想做出了全面阐述和部署，确立了山东省要形成"陆上一个山东，海上一个山东"的"大山东"格局。进入 21 世纪，山东省明确提出海洋经济作为区域发展板块。近年来，在国家经济社会全面发展的背景下，山东省重点打造山东半岛蓝色经济区，并提出"海陆资源互补、产业互动、布局互联"的陆海统筹基本思路。

二是重视顶层和综合管理。在 1995 年和 2000 年的两次机构改革中，山东省结合自身海洋发展特点，设立了海洋与渔业合一的海洋综合管理机构。1998 年，省委、省政府召开了"海上山东"建设工作会议，成立了"海上山东"建设领导小组。建立健全了全省、市、县政府直接领导的海洋综合管理机构，成立了海洋监察队伍，形成了较为符合本省省情的海洋管理体系。另外，为对"海上山东"建设提供科技支撑，山东省专门组建了海洋工程研究院。

三是强化政策规划，尤其重视法律制度的建设。为了保障"海上山东"、陆海统筹的顺利实施，山东省对于规划、法律、标准、支撑研究均非常重视。如近年来不断完善《山东省海洋功能区划》、《山东半岛蓝色经济区海岸与海洋空间规划》、《山东半岛蓝色经济区集中集约用海规划》、《山东半岛蓝色经济区海岸与海洋空间布局规划》等。与此同时，在全国创新性开展蓝色经济考核评估体系研究、山东半岛蓝色经济资源开发与立体空间布局专题研究等。法律方面的表现尤为突出。例如，针对海域管理，山东省率先出台了全国第一部地方海域管理法规。另外，为保障海域管理的可执行性，近年来更是密集出台了相关细则和配套制度条例，如《关于进一步完善省管用海项目审批程序的规定》、《关于进一步规范海域使用金征收管理的通知》、《海域法实施前已填海项目管理办法》、《山东省区域建设用海规划内非经营性公共设施用海登记暂行办法》、《关于加强养殖用海管理的若干意见》、《山东省海域海岛使用权抵押贷款实施意见》、《山东省区域建设用海管理办法（试行）》、《山东省区域建设用海规划范围内经营性项目用海登记规程（试行）》、《山东省区域建设用海规划范围内非经营性项目用海登记规程（试行）》、《关于全面推进我省海域动态监视监测工作的意见》等。

二、以强化资源环境保护为特色的福建经验

福建省海洋资源丰富，海域环境状况良好。全省海岸线总长 3752 公里，有面积大于 500 平方米以上的海岛 1374 个，均位居全国第二。全省近海生物种类 3000 多种，海岸带和近海已发现 60 多种矿产，尚有未开发利用的浅海滩涂面积 900 多万亩。近岸海域第一类、二类水质占 56.1%，劣四类水质仅占 14.7%；近岸海域表层沉积物质量总体状况符合《海洋沉积物质量标准》一类标准；全省已设海洋保护区 42 个，其中国家级保护区 3 个，省级保护区 6 个。在陆海统筹的实践过程中，福建省较为重视资源环境保护，具体做法如下：

一是加强保护资源环境的政策软环境建设。福建省非常注重涉海的法律规划等制定，先后编制实施了海洋环境保护、海洋主体功能区划、海岸带整治修复保护、人工渔礁建设、无居民海岛保护与利用、海洋生态保护等法律规划，另外，在全国率先实施"海湾围填海规划的战略环境评价"，率先制定海陆一体化海洋环境保护工作机制等，为合理保护海洋生态环境提供基础性支撑。不断健全和完善海洋资源有偿使用制度，在全国率先建立了海域使用补偿和海域使用权抵押登记制度，率先启用了省级人民政府海域使用审批专用章。从实践操作层面，福建省不断加强海洋生态环境保护的制度创新，如为加强海岛的综合管理工作，成立了海域和海岛管理处、无居民海岛使用审核委员会、无居民海岛使用评审专家委员会等管理和辅助管理机构，再如为加强海洋资源环境保护在全国率先创立乡镇海管站和村级协管员制度。

二是以重点区域为带动，加强海岸带综合管理实践。早在 1994 年，在福建厦门市就设立了全国第一个海岸带综合管理示范区。这是我国与联合国开发计划署等机构展开的合作。海岸带综合管理，通过制定政策和管理战略，来解决海岸带资源利用冲突，控制人类活动对海岸带环境影响。

通过多年实践，厦门市在海洋污染防治和管理战略制定、海洋环境综合治理保护、地方性海洋管理立法、海洋综合执法队伍建设、公众参与机制、海洋保护理念的树立等方面取得了显著成效。目前，厦门市的海岸带综合治理模式已成为联合国的示范模式之一。以厦门实践为引领，有利于带动提升福建省乃至全国海岸带综合管理水平。目前，福建省五次被国家海洋局授予"全国海洋综合管理特等奖"。

三是重点突破，实现资源节约和环境友好。首先，强化海洋资源集中集约利用。对于岸线、滩涂和海域等海洋资源的利用力求高效、集约、合理。例如，第一，率先开展《福建省湾外围填海规划》编制，积极引导临海产业向湾外转移，促进集中节约用海。第二，强化陆海联动治理环境污染。以闽江、九龙江、汀江、晋江等主要入海河流污染治理和生态工程建设为重点，推行清洁生产、抓好源头减排，实施污染源治理，加强生态工程建设等。第三，加强监测和预防体系建设。如对重大用海项目和重点用海岸段进行视频监控，开展市、县级海域动态监视监测管理系统建设，开发海域管理附加系统，并与国家海域动态监视监测管理系统实现对接。再如，开展以"百个渔港建设、千里岸线减灾、万艘渔船安全应急指挥系统"为内容的海洋"百千万工程"建设，形成沿海、近海、远海的三层立体通信网络，增强海洋防灾减灾能力。

三、以强化区域一体化发展为特色的辽宁经验

辽宁省是东北唯一的一个沿海省份，海岸线长约2290公里，其中宜港岸线1000多公里。区域内部的辽宁沿海经济带、沈阳经济区均被上升为国家战略。其中辽宁沿海经济带覆盖大连、丹东、锦州、营口、盘锦、葫芦岛等城市；沈阳经济区覆盖沈阳、鞍山、抚顺、本溪、营口、阜新、辽阳、铁岭等城市。这两大经济区分别主要居于沿海和陆地，为了处理好两大经济区（陆地和沿海）的关系，以及经济区内城市与城市之间的关系，辽宁省更为强化区域一体化发展。将区域整体发展纳入东北振兴的宏观战略之中。辽宁的具体举措如下：

一是不断创新区域合作机制。辽宁省政府先后成立了区域经济发展工作领导小组，并由省长亲自担任组长，省直有关部门参加。另外，组建日

常工作机构，统一指导、协调全省各经济区域的互动发展。辽宁省各经济区分别建立了高层协调机制，每年召开一次书记市长联席会议，研究解决深化区域合作的重大问题。目前，辽宁正探索组建城市政府协会，通过签署协议等方式，打破不合理的条块分割问题。同时，开设经济区论坛为研究和探索辽宁省区域统筹发展搭建交流平台。

二是以基础设施建设为抓手，推动区域一体化进程。统一规划省内各城市功能定位，在此基础上，加强区域基础设施建设一体化规划、布局，以此增强陆海区域和城市与城市之间的互通互动、共荣发展。第一，以重大交通基础设施建设为载体，不断改善交通条件，推动辽宁沿海经济带和沈阳经济区之间的交通网络。例如，沈阳至大连高速铁路等一系列基础设施一体化项目的建设实施。第二，围绕枢纽交通，加强配套基础设施建设。通过建设能源、信息等配套设施，实现陆海资源共享。

三是强力推进区域市场一体化进程。首先，加强港口与腹地的互动发展。例如，增强大连港与沈阳经济区的合作，加快沈阳内陆干港建设，稳固大连港的港口腹地范围，同时，强化腹地与港口的联动发展。其次，加强沿海内部的一体化发展。以大连长兴岛临港工业区、营口沿海产业基地、辽西锦州湾经济区、丹东产业园区和大连花园口工业园区5个重点发展区域为增长极，逐步建立合理的港口体系和完整的临港产业链。最后，强化城市与城市之间的市场一体化发展。按照"市场主导、开放公平、互利共赢、优势互补、结构优化、效益优先"的原则，加强城市与城市之间市场要素的流通和合作。例如，辽宁省通过制定和完善飞地经济的政策体系及利益分配机制，支持和鼓励陆地城市的企业通过土地置换等多种办法，到沿海投资兴业或设立沿海飞地。

四、沿海地区的实践经验

第一，构建市场化、综合性的陆海统筹政策体系。相对于陆域经济，海洋经济对于资金、技术的要求更高。虽然涉海经济具有自身特点，但同样遵循规模集聚效应的作用。沿海地区在尊重涉海经济发展规律的基础上，以市场化为导向、地域性为依托，加强行政区之间、各产业部门之间的协调，推动海洋经济集聚发展。与此同时，沿海地区力图将产业政策、财政政策、环境政策、人才政策、科技政策等整合协调，切实将陆海纳入一盘棋，制定综合政策体系统筹地区陆海社会经济发展。

第二，强化陆海统筹综合管理体制的建设。海洋涉及的领域众多，经济、环境、资源、交通、渔业、科技、水利、外交、军事、国土等部门均有涉及，因此，长期以来我国的陆海管理体系也呈现分散化态势。随着经济的发展、科技的提升、资源的束缚，海洋在经济、资源、环境、政治等方面的重要性越来越突出，过于分散化的管理模式已经无法适应形势的需求。当前，沿海地区已经在地区实践中逐渐强化陆海的综合管理，形成了较为符合地区特点的陆海管理体系。

第三，重视陆海统筹法律法规体系的建设。由于，我国目前存在涉海的基本法律缺失，其余涉海领域的专项法律法规相互之间协调性不足，各项涉海法律法规的细节性不足等问题。为了使陆海统筹更具有操作性，部分沿海地区结合自身特点加强相关涉海法律法规的建设。另外，对所制定的地区性、专项性法律法规，其均在实施细则、配套制度、配套措施、工作规程等方面做了大量工作，使得所制定的法律法规具有指导性和可操作性。

第四，以重点区域或环节为抓手。陆海统筹涉及内容广泛，顶层设计必须综合考虑，但在操作层面如果全面推进并不现实。因此，沿海地区往往以特定区域为试验试点或是以某些环节为重点突破，以点带面、以局部拉动整体，开展陆海统筹实践。例如，福建省在陆海资源环境保护中，以厦门市为试验点，先行先试；辽宁省在区域一体化发展中，重点推动辽宁沿海经济带、沈阳经济区这两大区域的联动发展；山东省在陆海统筹过程中，特别强化管理体系和法律法规的制定等。

第五，有力把握陆海统筹各方面的关键点。陆海统筹主要分为软件、硬件两个方面，前者包括政策、法规、规划、管理等层面；后者包括经济、资源、环境、基础设施等层面。对于软件方面，关键点在于前瞻性、综合性、可操作性，各省结合自身实际都进行了相关探索。对于硬件方面，从陆海经济统筹来看，主要包括产业体系构建、园区建设、港口规划，甚至包括城市布局；从陆海资源统筹来看，主要涉及渔业、油气、海洋可再生能源等关键点；从陆海环境统筹来看，主要在规划引领、联动治理、监督考核等方面开展陆海合作；从陆海基础设施建设来看，各省主要根据自身经济、资源、环境统筹的需要为其提供基础性支撑。

参考文献：

1. 国家海洋局．《中国海洋经济统计公报》2003～2012年．

2. 国家海洋局．《中国海洋环境质量公报》1997～2012年．

3. 国家海洋局．《海域使用管理公报》2002～2012年．

4. 国家海洋局．《海洋执法监察公报》2000～2012年．

5. 国家海洋局．中国海洋统计年鉴2011［M］．北京：海洋出版社，2012.

6. 福建省发展改革委．《福建省海洋经济发展规划》2010年．

7. 董晓菲，韩增林，王荣成．东北地区沿海经济带与腹地海陆产业联动发展［J］．经济地理，2009（1）．

8. 孙加韬．中国海陆一体化发展的产业政策研究——基于海陆产业关联度影响因素的分析［D］．上海：复旦大学博士学位论文，2011.

9. 徐志良，李立新．海陆区域统筹下的"新东部"构想［J］．中国海洋学会2007年学术年会论文集（上册），2007.

10. 国家海洋局海洋发展战略研究所课题组．中国海洋发展报告2011［M］．北京：海洋出版社，2011.

11. 国家海洋局海洋发展战略研究所课题组．中国海洋发展报告2012［M］．北京：海洋出版社，2012.

12. 国家海洋局海洋发展战略研究所课题组．中国海洋经济发展报告2013［M］．北京：经济科学出版社，2013.

13. 李靖宇，赵伟等．中国海洋经济开发论——从海洋区域经济开发到海洋产业经济开发的战略导向［M］．北京：高等教育出版社，2010.

14. 薛锋．环渤海集装箱港口布局初步研究［J］．经营管理者，2009（5）．

15. 钟声．努力实践稳步推进福建省海岛管理工作取得显著成效［J］．海洋开发与管理，2012（4）．

16. 周鲁闽，卢昌义．厦门第二轮海岸带综合管理战略行动计划研究［J］．台湾海峡，2006（2）．

17. 刘清真．"海上山东"建设十周年的回顾与前瞻［J］．中国渔业经济，2001（5）．

18. 张志元，周平，张淑敏．山东半岛蓝色经济区与黄河三角洲高效生态经济区统筹发展研究［J］．区域经济研究，2012（2）．

第四章 陆海统筹发展空间布局优化

我国海域辽阔，跨越热带、亚热带和温带，大陆海岸线长达 18000 多公里。海洋资源种类繁多，海洋生物、石油天然气、固体矿产、可再生能源、滨海旅游等资源丰富，开发潜力巨大。2010 年，海洋生产总值占国内生产总值的比重接近 10%，涉海就业人员超过 3300 万；海水产品产量 2798 万吨，比 2002 年增加 26%；沿海港口 150 多个，年货物吞吐量 56.45 亿吨，比 2002 年增加 228%，其中吞吐量位居世界前十位的港口有 8 个；海洋油气年产量超过 5000 万吨油当量，占全国油气年产量的近 20%；滨海旅游业增加值约占海洋产业增加值的 22%，发展迅速。沿海省份已成为我国发展最快的区域，以 13% 的陆地面积，滋养 40% 的人口，创造 65% 以上的国内生产总值。

第一节 我国陆海空间发展现状

我国陆海空间发展，经历了海陆脱节、沿海开放、海陆冲突、陆海统筹几个阶段。建国初期，工业偏集于东部沿海，从"二五"计划开始，大量项目向内地布局，呈现出重陆轻海、陆海脱节的格局。改革开放以后，我国发展重心向沿海转移，通过设立经济特区、沿海开放城市等，沿海地区发展提速，在全国经济中的占比提高，到 2000 年以后，沿海地区过于突出对港口、航道、矿产、渔业等海洋资源的利用，局部地区岸线过度开发、大规模围海造地等，海陆关系出现冲突并加剧。此后国家开始重视陆海关系，并在"十二五"规划中提出"陆海统筹"的理念，十八大之后成立了国家海洋委员会，陆海冲突在宏观层面有所缓解，沿海省份在全国经济中的占比开始下降，海洋经济在全国经济中的占比显著提高，海洋经济与区域发展水平、区域资源禀赋高度相关，与此同时，产业陆海双向转移的态势比较明显，人口、城市向沿海集聚的态势更加明显，多元多样的陆海通道正在形成，陆海统筹的总体框架基本建立。

一、陆海关系总体趋于优化，三圈十区格局初步形成

在全国层面，无论是沿海和内地的关系、海洋经济在国民经济中的地位，还是海洋资源优势向发展优势的转化程度，我国陆海空间格局都正呈现好转趋势。主要表现为以下几点。

（一）沿海省份在全国经济中占比开始下降

沿海和内地的关系，是宏观层面陆海关系的重要表征之一。改革开放以后，我国沿海地区发展开始加速，沿海省份在全国经济中的占比开始上升。2001 年之后，随着我国加入 WTO，沿海省份迎来了新一轮以外向型经济为特征的增长，其在全国经济中的占比进一步攀升，到 2007 年达到68.40%。2008 年金融危机使我国地区经济形势产生了一定调整，中西部省份的经济增速开始超过沿海省份，与此同时，沿海省份在全国经济中的占比开始下降，到 2011 年下降为 66.90%，这表明我国区域经济呈现出趋于平衡的态势，沿海与内地的发展差距趋于缩小（图 4 - 1）。

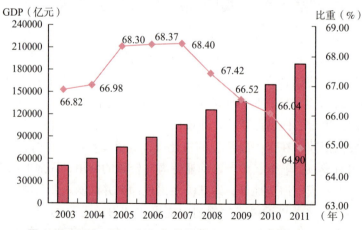

图 4 - 1　2003～2011 年沿海省份地区生产总值占全国的比重

从经济空间重心变化来看，2003~2011 年间，沿海省份经济重心与全国呈现出同向西移的特征。这反映出，沿海地区内部的经济分布变动与全国的经济分布变动相吻合，沿海地区发展与全国在宏观层面上趋于协调（图 4 - 2）。

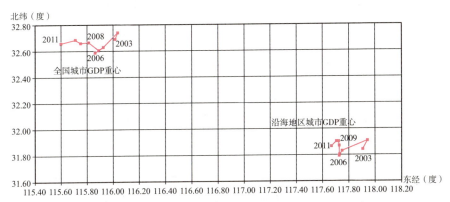

图 4 - 2　2003~2011 年沿海地区经济重心变化与全国对比

（二）海洋经济在全国经济中占比显著提高

近年来，我国海洋经济快速发展，海洋产业总值由 2001 年的 9518.4 亿元增长为 2010 年的 38439 亿元，年均增长率 15%，高于国民经济的增长率，海洋生产总值占国民生产总值的比重从 2001 年的 8.68% 提高到 2010 年的 9.86%，成为国民经济的新的增长点。海洋产业的就业弹性为 0.19，大于沿海内陆产业的 0.14，海洋经济发展对扩大就业也产生了积极作用，涉海就业人员由 2001 年的 2107 万增至 2010 年的 3350 万（图 4 - 3）。

分地区来看，山东、广东、上海、浙江、江苏、天津成为海洋经济增长的重点地区，其中江苏、河北、天津海洋生产总值占国民生产总值的比重提高最快，2010 年海洋产业增加值占地方生产总值的比重比 2001 年分别增加了 10.1 倍、8.4 倍和 7.8 倍，显示出这几个省份的海洋经济在其国民经济体系中地位和重要性的提升（表 4 - 1）。

图 4 - 3　我国海洋经济产值及其占 GDP 比重变化情况

表 4 - 1　　　　我国沿海省份海洋产业增加值占地方生产总值比重

年份 \ 范围	全国	天津	河北	辽宁	上海	江苏	浙江	福建	山东	广东	广西	海南
2001	8.68	4.23	0.68	3.50	6.61	0.85	3.31	5.35	4.32	5.86	2.71	6.77
2002	9.37	7.35	1.04	3.60	6.31	0.90	4.50	8.03	4.26	7.31	2.71	9.04
2003	8.80	10.29	1.05	4.21	6.67	1.04	7.06	11.08	4.71	7.25	3.09	8.78
2004	9.17	11.90	1.27	4.53	6.77	1.82	6.40	12.83	5.94	7.20	1.06	10.45
2005	9.55	17.93	1.58	6.78	13.13	1.81	8.57	14.36	6.26	9.28	1.83	13.95
2006	9.98	19.75	1.60	6.50	12.56	2.02	8.60	11.46	6.55	9.88	1.81	13.88
2007	9.64	31.56	9.40	15.98	38.73	5.97	11.86	23.24	16.84	15.84	6.26	29.61
2008	9.46	31.90	8.89	15.96	36.01	7.33	12.04	25.00	17.30	14.78	5.84	30.18
2009	9.47	29.72	8.63	15.41	34.97	7.05	12.46	24.84	17.21	16.32	5.56	29.44
2010	9.86	32.80	5.70	14.20	30.40	8.60	14.00	25.00	18.10	17.90	5.70	27.10
2010/2011		7.8	8.4	4.1	4.6	10.1	4.2	4.7	4.2	3.1	2.1	4.0

资料来源：根据 2002~2011 年《中国海洋统计年鉴》整理。

　　不仅如此，海洋经济与国民经济的融合程度也在提高。海洋战略性新兴产业的快速发展日益成为我国经济转型升级的重要拉动力量，2005~2010 年，我国海洋战略性新兴产业年均增长率超过 28%，海洋战略性新兴产业通过辐射和关联效应，带动了生物医药、新材料、节能环保、电子信息、装备制造等产业的发展，沿海省份也纷纷将发展海洋经济作为本地区加快转型升级的重要抓手，形成了若干规模较大、带动力较强的海洋高技术产业集聚区（表4－2）。

表4－2　　　　　　中国海洋高技术产业发展的区域集聚情况

产业类型	主要产业内容与分布	产业集聚地区
海洋生物育种与健康养殖业	海洋生物育种、海水健康养殖和生态养殖	烟台、东营
海洋药物和生物制品业	海洋药物、生物制品	北京、上海、青岛、深圳、厦门等
海水利用业	1. 海水淡化：天津、山东、杭州 2. 海水冷却：大中沿海城市火电厂和化工厂 3. 海水化工：天津、河北、山东	天津、大连、青岛、杭州
海洋可再生能源业	1. 潮汐电站：浙江江厦、海山潮汐电站；山东乳山白沙口潮汐电站等。 2. 海上风电：上海东海大桥，江苏、浙江、山东沿海	天津、山东、江苏、浙江、广东
海洋工程装备制造业		上海、青岛
海洋现代服务业		大连、宁波、天津、上海、广州、舟山
深海资源开发业		上海、青岛、无锡

资料来源：《中国海洋发展报告2013》。

（三）海洋经济与资源禀赋空间相关

海洋经济发展水平与海洋资源禀赋的关系反映海洋比较优势的发挥程度，在我国现阶段，海洋资源禀赋对海洋产业形成和发展仍然起着基础性作用，我国海洋资源的地域组合特征是：渤海及其海岸带主要有水产、盐田、油气、港口及旅游资源；黄海及其海岸带主要有水产、港口、旅游资源；东海及其海岸带主要有水产、油气、港口、海滨砂矿和潮汐能等资源；南海及其海岸带主要有水产、油气、港口、旅游、海滨砂矿和海洋热能等资源。各地区由于地理位置、自然资源拥有量不同，其海洋产业在地区海洋产业系统中的地位作用不同，会出现主次的差别，导致空间结构的差异。在总体上呈现出海洋经济水平与海洋资源禀赋空间高度相关的特点，海洋资源禀赋较好的山东、浙江、广东等省份，也是海洋经济总量较大、实力较强的省份，而海洋资源禀赋较差的河北、广西等地海洋经总量较小、实力较弱。这也从侧面反映出，我国海洋经济发展仍处在以利用自然资源为主的阶段，具有较强的资源指向性，海洋资源的空间分布对于海洋经济空间布局具有重要影响（表4－3）。

表4－3　　我国沿海各省（市、区）海岸线、海岛及岛岸线长度

地区 （省、市）	大陆海岸线 长度（公里）	海洋岛屿 （个）	岛屿岸线长度 （公里）	优势海洋资源
天津	133.4	12	6.8	港口、旅游、滨海砂矿
河北	487.3	75	138.4	港口、海盐、滩涂、旅游
辽宁	2178.3	506	700.2	水产、港口、油气、旅游
上海	167.8	5	5.8	港口
江苏	1039.7	24	29.8	港口、海盐、滩涂
浙江	2253.7	2161	4068.2	港口、水产、旅游
福建	3023.6	1404	2119.8	水产、港口、油气、旅游
山东	3124.4	296	688.6	港口、水产、旅游、油气
广东	4314.1	1134	4135.5	水产、港口、油气、旅游
广西	1478.2	697	531.2	
海南		235	1681.1	
台湾		222	1823.5	
全国总计	18400.5	6771	16929.9	

资料来源：《中国海洋统计年鉴》（2011）。

（四）海洋产业与区域经济高度相关

海洋经济发展需要以区域经济作为支撑，海洋经济与区域经济发展水平的相关性可以在宏观层面上反映该地区海洋发展与区域发展的协调程度。2010年，广东、山东海洋生产总值分别达到8253亿元、7074亿元，居前两位；上海、浙江、福建、江苏、天津海洋生产总值在3000亿～5000亿元；广西、海南分别为548亿元、560亿元，居后两位。从海洋经济占地区经济的比重看，最高的是天津，达到了32%，最低的是河北、广西，均为5.7%。全国这一数值则是16.1%。

将沿海省份海洋经济发展水平与地区经济发展水平定量分析发现，我国 11 个沿海省（市、自治区）海洋产值与沿海市县国内生产总值之间的相关系数为 0.81，海洋经济与国民经济发展程度排位基本一致，反映出海洋经济越发达的省市区，其国民经济发展程度越高，说明在宏观层面沿海省份海洋经济发展与国民经济发展之间是互为依托、互相促进的（图 4-4）。

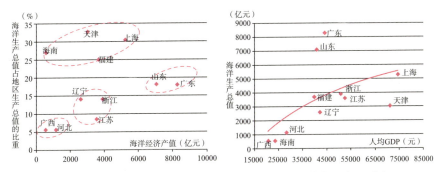

图 4-4　各省（市、自治区）海洋生产总值与经济发展水平对比

具体而言，以省份人均 GDP 为横轴，以海洋生产总值作为纵轴，可以发现除了广东、山东两个偏离值外，其他省份均遵从了这一规律，人均 GDP 较高的上海、天津，其海洋生产总值也较高，而人均 GDP 较低的广西、海南、河北，海洋生产总值相对较低。

（五）三圈十区的总体格局正在形成

根据不同地区和海域的自然资源禀赋、生态环境容量、产业基础和发展潜力，我国目前已形成了层次相对清晰、特色相对鲜明的"三圈十区"的沿海总体布局，环渤海、长三角、珠三角三个经济圈的海洋生产总值占全国的比重从 2003 年的 82.3% 提高到 2012 年的 86.9%。

环渤海经济圈。以京津冀城市群为引领，涵盖了辽东半岛地区、渤海湾地区（津冀沿海）、山东半岛地区，海洋产业以海洋交通运输业、海洋渔业和滨海旅游业为主，2012 年海洋生产总值 18078 亿元，占全国的 36.1%。未来发展定位为：我国北方地区对外开放的重要平台，是我国参与经济全球化的重要区域，是具有全球影响力的先进制造业基地和现代服务业基地、全国科技创新与技术研发基地。

长三角经济圈。以长三角城市群为引领，涵盖江苏沿海地区、上海沿海地区和浙江沿海地区，海洋产业以滨海旅游业、海洋交通运输业、海洋船舶工业和海洋渔业为主，2012 年海洋生产总值 15440 亿元，占全国的30.8%。未来发展定位为：我国参与经济全球化的重要区域、亚太地区重要的国际门户、具有全球影响力的先进制造业基地和现代服务业基地。

珠三角经济圈。以珠三角城市群为引领，涵盖福建沿海地区、珠江口及两翼、广西北部湾地区、海南岛地区，海洋产业以滨海旅游业、海洋交通运输业、海洋化工业、海洋油气业和海洋渔业为主，2012 年海洋生产总值 10028 亿元，占全国的 20.0%。未来发展定位为：我国对外开放和参与经济全球化的重要区域，是具有全球影响力的先进制造业基地和现代服务业基地，也是我国保护开发南海资源、维护国家海洋权益的重要基地（表 4 - 4）。

表 4 - 4　　　　　2003 ~ 2012 年三大海洋经济圈海洋生产总值及占比

年份	环渤海地区		长江三角洲地区		珠江三角洲地区		合计（%）
	总值	占全国比重（%）	总值	占全国比重（%）	总值	占全国比重（%）	
2003	2779	27.6	3399	33.7	2112	21.0	82.3
2004	4116	32.1	4169	32.5	2417	18.8	83.4
2005	5510	32.4	5860	34.5	3000	17.7	84.6
2006	6906	33.0	6869	33.0	3998	19.1	85.1
2007	9542	38.3	7748	31.1	4755	19.1	88.5
2008	10706	36.1	9584	32.3	5825	19.6	88.0
2009	12015	37.6	9466	29.6	6614	20.7	87.9
2010	13271	34.5	12059	31.4	8291	21.6	87.5
2011	16442	36.1	13721	30.1	9807	21.5	87.7
2012	18078	36.1	15440	30.8	10028	20.0	86.9

资料来源：2003 ~ 2012 年全国海洋经济统计公报。

"十区"。即在三圈的基础上，根据海洋要素状况及行政管辖状况，总体上形成了辽东半岛、渤海湾、山东半岛、江苏、上海、浙江、福建、珠三角、广西北部湾、海南岛 10 个沿岸及海域，这些区域在国家战略区域规划的引导和支持下，海洋经济发展迅速，沿海和陆域经济联系、协调性进一步增强（表 4 - 5）。

表4-5　　　　　　　　　　　　　"十区"发展定位

序号	十区	发展定位
1	辽东半岛	东北地区对外开放的重要平台、东北亚重要的国际航运中心、全国先进装备制造业和新型原材料基地、重要的科技创新与技术研发基地、生态环境优美和人民生活富足的宜居区
2	渤海湾	我国北方对外开放的重要门户、全国科技创新与技术研发基地，以及全国现代服务业、先进制造业、高新技术产业和战略性新兴产业基地
3	山东半岛	具有较强国际竞争力的现代海洋产业集聚区、具有世界先进水平的海洋科技教育核心区、国家海洋经济改革开放先行区、全国重要的海洋生态文明示范区
4	江苏	我国重要的综合交通枢纽，沿海新型的工业基地，重要的土地后备资源开发区，生态环境优美、人民生活富足的宜居区
5	上海	国际经济、金融、贸易、航运中心
6	浙江	我国重要的大宗商品国际物流中心、海洋海岛开发开放改革示范区、现代海洋产业发展示范区、海陆协调发展示范区、海洋生态文明和清洁能源示范区
7	福建	两岸交流合作先行先试区域、服务周边地区发展新的对外开放综合通道、东部沿海地区先进制造业的重要基地、我国重要的自然和文化旅游中心
8	珠江口及其两翼	提升我国海洋经济国际竞争力的核心区、促进海洋科技创新和成果高效转化的集聚区、加强海洋生态文明建设的示范区、推进海洋综合管理的先行区
9	广西北部湾	中国—东盟开放合作的物流、商贸、先进制造业基地和信息交流中心、重要的国际区域经济合作区
10	海南岛	我国旅游业改革创新的试验区、世界一流的海岛休闲度假旅游目的地、全国生态文明建设示范区、国际经济合作和文化交流的重要平台、南海资源开发和服务基地、国家热带现代农业基地

资料来源：《全国海洋经济发展"十二五"规划》。

二、各地临港产业发展迅速，产业陆海双向转移初现

（一）以石化、钢铁、电力为代表的临港产业发展迅速

金融危机后，国务院陆续出台了"十大"产业振兴规划，这些规划对沿海地区在项目安排、资金投放等方面进一步加大了力度。沿海地区以石化、钢铁、电力为代表的临港产业发展迅速。

《石化产业调整和振兴规划》中提出"长三角、珠三角、环渤海地区

产业集聚度进一步提高，建成 3~4 个 2000 万吨级炼油、200 万吨级乙烯生产基地"，目前，沿海地区从大连、营口、天津、青岛、连云港、上海、宁波、漳州，到广东的惠州、茂名、湛江，再到广西北海、钦州都有大型炼油、化工项目，遍布了渤海、黄海、东海和南海岸线。

在《钢铁产业调整和振兴规划》中提出"按照沿海、沿江、内陆科学合理布局和与资源环境相适应的要求，调整优化产业布局"，并提出了首钢搬迁工程、曹妃甸钢铁精品基地、广州钢铁搬迁，适时建设湛江、防城港沿海钢铁精品基地，结合济钢、莱钢、青钢压缩产能和搬迁，推动日照钢铁精品基地建设，结合杭钢搬迁以及宝钢跨地区重组，论证宁波钢铁续建项目。

沿海地区电力发展迅速，特别是在火电方面，沿海地区依托港口和进口煤炭资源，近年来上马了大量火电项目，2010 年，沿海 11 省份的火电装机容量占到全国的近 80%。与此同时沿海地区的核电也发展非常迅速，辽宁红沿河、福建宁德和福清、广东阳江、浙江方家山和三门、山东海阳等核电项目加快规划建设。

（二）东部沿海地区向中西部地区产业转移步伐加快

受土地、劳动力等要素约束，东部地区产业向中西部地区转移态势明显，据区域间投入产出表测算显示，2007~2010 年，东部地区向中部地区的产业转移额为 8186 亿元，向西部地区的转移额为 7143.6 亿元。其中长三角和珠三角地区是产业转移的主要转出地，近年来长三角和珠三角工业总产值增速明显低于全国平均水平，2005~2010 年，长三角和珠三角工业总产值年均增速分别为 17.8% 和 17.9%，低于同期全国平均增速（20.0%），长三角和珠三角工业总产值占全国的比重也相应下降，2010 年分别比 2005 年下降了 3.6 个和 2.0 个百分点。

在沿海地区产业向中西部地区转移的过程中，邻近地区是主要的产业转入地，2007~2010 年，珠三角地区产业转出主要集中在广西、贵州、重庆、四川等，净转移分别达到 591 亿元、252 亿元、280 亿元和 94 亿元；而长三角地区转出主要集中在安徽、江西、山东、湖北、河南等，净转移分别达到 872 亿元、304 亿元、325 亿元、343 亿元和 443 亿元。

调查显示，近年来珠三角地区转出的产业主要为五金、玩具、纺织服装、制鞋、塑料加工等行业，其主要原因是由于东部地区生产要素成本以及环境治理成本逐步上升，这些企业开始向要素成本较低的中西部地区转移，也在一定程度上加速了中西部地区的发展。

（三）技术、资本密集型产业仍向东部沿海地区集聚

根据国家统计局数据，2005～2010年，全国技术密集型产业80%以上的增量集中在东部沿海地区，根据投入产出表测算，东部沿海地区仍是技术密集型产业净转入地区，中部地区和西部地区均是净转出地区。2007～2010年，东部地区技术密集型产业净转入3589亿元，而中部地区和西部地区则分别净转出1116亿元和2473亿元。

从产业链的角度看，附加值高的研发、销售等环节仍向东部沿海地区集中，这些环节对劳动力素质要求较高，而东部沿海地区高素质人才相对丰富、研发创新资源也较为充沛，因此也成为高附加值环节的集聚地区。此外，近年来我国的资本密集型行业，如钢铁、石化等呈现出向综合运输条件好、靠近市场地的东部沿海地区转移和集聚的态势。

随着中国（上海）自贸区的设立，沿海地区对全球高端要素的集聚能力进一步提升，在转型升级和制度创新中的优势将会趋于强化，沿海地区申报自贸区的热情高涨，可以预见，新一轮深化开放将为沿海地区发展增添新的动力，技术、资本密集型产业及高附加值产业在一定时期内仍将呈现出向沿海地区集聚的态势。

（四）沿海地区内部也出现了"北上"特征

沿海地区内部也存在着很大规模的产业转移，其中最主要的特征是长三角地区向京津冀鲁地区转移。2007～2010年，江苏分别向河北、山东转移了548亿元和399亿元工业增加值，浙江分别向河北、山东转移了365亿元和429亿元的工业增加值。在2007～2010年，长三角和珠三角工业总产值在东部沿海地区的比重从41.93%和20.62%下降到40.61%和20.08%，而京津冀鲁地区的工业总产值比重却从2007年的32.40%上升到2010年的33.86%。这与近几年环渤海地区天津滨海新区、河北曹妃甸新区、山东半岛蓝色经济区等建设密不可分，这些地区的基础设施和产业发展环境得到了显著改善，对产业的吸引力不断增强，造成江苏、浙

江、上海等地产业开始向山东、河北、天津等地转移，沿海地区产业发展正在从"南强北弱"向"均衡发展"转变。

三、沿海新城新区建设加快，趋海发展特征更加显著

（一）人口和产业向沿海地区集聚是一种全球趋势

人口和产业向沿海地区集聚是一种全球趋势，2009年世界银行发展报告显示，全球约60%以上的人口和70%以上的GDP集中在距海岸线500公里以内的地区。在国家层面，澳大利亚人3/4生活在悉尼、墨尔本和布里斯班；加拿大人2/3生活在多伦多、蒙特利尔和温哥华；美国的东西海岸、五大湖区的经济产出强度要远远高于其他地区；日本的经济活动主要集中在东京、名古屋、大阪3个都市圈；韩国的经济活动主要集中在首尔、釜山和大邱3个城市；在欧洲，西欧的经济产出强度要远远高于东欧。巴西的里约热内卢和圣保罗的生产总值占全国国内生产总值的52%以上，其土地面积却不及全国土地面积的15%；大开罗区以区区0.5%的土地面积，贡献了埃及生产总值的一半；比如阿根廷、沙特阿拉伯、斯洛文尼亚、赞比亚，都是用5%的土地生产出1/3以上的GDP（表4－6）。

表4－6　　　　　　世界各地区距海不同距离范围内人口分布

地区	人口比重（%）					百万以上人口城市数		
	小于50公里	50~200公里	200~500公里	500~1000公里	大于1000公里	海港城市	距海50公里以内城市	内陆城市
欧洲	29.1	25.8	30.3	11.9	2.9	15	4	30
亚洲	27.1	20.2	21.9	19.9	10.9	25	10	34
非洲	18.1	27.0	18.6	23.5	12.8	5	—	4
北美洲	31.5	19.8	20.1	18.5	10.1	14	6	16
南美洲	24.4	38.4	27.9	9.0	0.3	7	3	8
澳洲、大洋洲	79.0	15.2	4.9	0.8	—	2	—	—
全球	27.6	22.7	23.5	17.7	8.6	68	23	92

资料来源：高汝熹、罗明义．城市圈域经济论［M］．云南大学出版社，1998，P. 170.

（二）沿海省份十分注重依托海洋加快发展

当前，国家面临由浅海向深海、由传统海洋产业向新兴海洋产业、由粗放用海向集约用海的战略转型。沿海地区纷纷打出"海洋牌"，更好地利用港口资源、海洋资源、海外资源，加快自身转型发展步伐。

首先，国家层面非常注重沿海地区发展，出台了多项国家层面的区域规划和政策文件，安排了一批重大项目，促进能源、重化工业向沿海地区集聚，滨海城镇和交通、能源等基础设施在沿海布局，各类海洋工程建设规模不断扩大，海洋新兴产业发展迅速，建设用海需求旺盛。

其次，国家选出了一批海洋经济发展试点省和试点市，如山东、浙江、福建、广东及舟山等，这些地区海洋经济具有较好的基础，通过试点，鼓励在有关政策上先行先试，进一步挖掘海洋经济发展潜力，区域发展得到了新的动力，海洋经济对区域发展的贡献不断提高。

最后，沿海各省市也结合自身实际，推出海洋发展战略，如河北省的"环渤海"战略，天津市的"海上天津"，山东省的"半岛蓝色经济区"，浙江省的"海上浙江"，福建省的"海峡西岸经济区"，广西的"环北部湾经济区"，海南省的"国际旅游岛"等。

在此背景下，重大海洋基础设施建设取得突破性进展。2010年，沿海港口千吨级以上泊位通过能力超过55亿吨，深水泊位1774个，比2005年分别新增30亿吨和661个，港口设施大型化、规模化、专业化和航道深水化水平大幅提升。青岛海湾大桥、杭州湾跨海大桥、舟山跨海大桥、平潭海峡大桥、厦漳跨海大桥、南澳跨海大桥、港珠澳大桥、青岛胶州湾海底隧道、崇明长江隧道、厦门翔安海底隧道等一批跨海桥梁和海底隧道相继建成或开工建设。重大海洋基础设施的不断完善，加快了生产要素流动与区域经济融合，促进和支撑了沿海地区转型发展。

专栏4-1：沿海各地依托海洋加快发展概况

辽宁省。2009年国务院通过《辽宁沿海经济带发展规划》，其中确定了辽宁"五点一线"沿海经济带发展战略。《辽宁海洋经济发展"十二五"规划》进一步确定了辽宁海洋经济围绕沿海"五点一线"发展的战略，为老工业基地的振兴以及全省经济社会又好又快发展起到重要的推动与支撑作用。

河北省。以沧州海洋化工业、唐山临港重化工业、秦皇岛滨海旅游为主导特点的区域海洋经济布局已逐步形成。曹妃甸新区作为环渤海重要核心发展区，明确提出建设世界级重化工基地的定位。

天津市。"十一五"期间，天津市海洋生产总值占地区生产总值的比重均达到30%以上，明显高于其他沿海省（自治区、直辖市）。天津市的海洋油气业在国内具有领先优势。2010年，天津市海洋原油产量2916.46万吨，居全国沿海地区首位。

山东省。山东省的海洋渔业、海洋盐业、海洋化工业居全国领先地位。2010年山东省的海水养殖产量396.3万吨、海盐产量2273.05万吨、海洋化工产品产量634.9万吨，均居全国首位。山东省海洋生物医药技术领先，中国海洋大学的"海洋特征寡糖的制备技术与应用开发"获得2009年度国家技术发明一等奖，该技术为中国海洋制药业的兴起与发展奠定了坚实的基础。

江苏省。海洋船舶工业、海洋风电展突飞猛进，2010年，江苏省造船完工量2300万综合吨，占全国的35.1%，稳居全国榜首。2010年，海洋风能发电装机容量达150万千瓦，风力发电机、高速齿轮箱等关键部件产量约占全国的50%。

上海市。海洋船舶工业和交通运输业在全国领先，2010年上海完成全国年造船完工量和货运量的1/4，完成全国集装箱运量的60%，吞吐量的25%左右。

浙江省。海洋捕捞、海洋矿业、滨海旅游在国内领先，2010年，浙江省海洋捕捞产量282万吨、海洋矿业产量4001.53万吨、沿海城市国内旅游人数16879万人次，在全国沿海地区中均居第一位。海洋交通运输业发达，宁波—舟山港跻身全球第二大综合港、第八大集装箱港。海水淡化运行规模9.35万吨/日，居全国首位。

福建省。海岸线总长3324千米，居全国第二。沿海面积大于

500 平方米的岛屿 1546 个，居全国第二。海洋资源丰富，拥有"渔、港、景、油、能"五大优势资源，发展潜力巨大。

广东省。海洋经济总量保持全国领先，2010 年广东省实现海洋生产总值 8291 亿元，占全国的 21.6%，连续 16 年居全国首位。广东省在海洋天然气、海洋交通运输业等多个产业领域处于国内优势地位。2010 年，广东省海洋天然气产量 61.24 亿立方米、沿海港口货物吞吐量 10.53 亿吨、旅客吞吐量 2109 万人次，在全国沿海地区处于首位。

广西壮族自治区。海洋资源丰富，海洋生态环境好，拥有国内少有的能达到一类海水质量标准的近海海域，港口资源、旅游资源、滩涂资源和海洋生物资源等有很大的开发潜力。

海南省。是中国海洋面积最大的省份，海域总面积达到 200 万平方千米。海洋油气资源总量居全国之首，海洋旅游资源开发潜力大，海洋生态环境优良。海南"国际旅游岛"上升为国家战略以来，滨海旅游业发展较快。

（三）沿海地区城市和产业加快向海推进

海洋是联结世界的纽带，在高度全球化的世界，许多沿海国家都已经出现了工业向沿海地区转移的趋势，利用海洋的纽带作用和海运优势，在沿海地区发展冶金、化工、钢铁等用水量大、燃料需求大、原料和产品运量大的产业部门，形成了众多的滨海工业区、临港工业区等。近年来沿海地区城镇和产业发展呈现出显著的"向海推进"态势。一是沿海地区发展受到国家层面重视，出台了多项国家层面的区域规划，几乎涵盖了整个沿海地区。2009 年出台了《广西北部湾经济区发展规划》，为第一个沿海地区的国家规划，也是此轮第一个国家战略的区域规划，此后陆续出台了珠三角、长三角、海西、江苏沿海、浙江沿海、辽宁沿海、山东半岛、河北沿海、海南国际旅游到等多项国家战略的区域规划。二是重大项目向沿海地区转移集聚的态势显著。在上述区域规划的基础上，一批钢铁、石化、盐化工、造船、装备制造等大型项目临港、沿海布局。三是沿海城市的向海发展态势显著，多个滨海新区加快建设。53 个沿海地级以上城市中，有47 个设立了更为靠海的新区，其中上升为国家、省战略的占50%以上（表4－7）。

表4－7　　　　　　　我国沿海城市的滨海新区建设情况

省份	新区名称
辽宁	大连金普新区**、丹东国门湾新区、锦州滨海新区*、营口北海新区*、盘锦辽东湾新区*、葫芦岛龙湾新区
天津	天津滨海新区**
河北	秦皇岛北戴河新区**、唐山曹妃甸新区**、沧州渤海新区**
山东	东营滨海新区、滨州北海新区、潍坊滨海新区**、烟台东部新区、威海南海新区**、青岛西海岸经济新区**、日照国际海洋城**
江苏	连云港徐圩新区**、盐城新城区**、南通滨海新区
上海	上海浦东新区
浙江	舟山群岛新区**、宁波杭州湾新区**、温州瓯江口新区**、嘉兴滨海新区、绍兴滨海新城、台州东部新区
福建	莆田湄洲湾新区、泉州泉州湾新区、漳州南太武滨海新区*、宁德滨海新区*
广东	广州南沙新区**、深圳前海地区**、珠海横琴新区**、汕头海湾新区、江门滨江新区、湛江海东新区*、茂名滨海新区*、惠州环大亚湾新区*、阳江城南新区、东莞长安新区*、中山翠亨新区**、潮州滨海新区
广西	北海铁山新区、防城港城南新区、钦州滨海新区
海南	海口西海岸新区

资料来源：根据国家相关规划、各省相关规划文件、各市政府工作报告整理；
注：** 为国家级规划或文件中述及，* 为省级规划或文件中述及。

四、多元陆海通道逐步完善，陆海相连开放框架初现

（一）海上航道安全的重要性日益突出

随着经济全球化的日益深入和我国对外开放程度的不断提高，我国在要素市场和产品市场对国际的双重依赖不断强化，国际航道安全的重要性也日益凸显。然而，当前我国海洋权益不断受到部分国家威胁，我国与海上八个邻国均存在海上领土争端，钓鱼岛和南沙问题持续升温，同时，重要的国际水域和航道面临着不安全因素，海上运输航线安全受到威胁，美

国重返亚太战略也增加了亚太地区的紧张气氛，发生局部冲突的可能性大幅提升，在此背景下，如何突破能源资源等的"马六甲困境"，以及红海印度洋航线上日益猖獗的索马里海盗等，都对我国海上航运安全提出了挑战。我国也开始更加重视海上航道安全问题，派出护航编队常年参与索马里附近海域护航，积极推进海洋领域国际合作，根据《联合国海洋法公约》等国际法规，同世界各国积极合作应对全球变化，推动海洋各领域合作与发展。

专栏 4-2：我国的海上贸易航线和石油运输线

四条贸易航线。中国—日本—北美的东向航线；中国—印度洋—地中海—欧洲的西向航线；中国—东南亚—澳大利亚的南向航线；中国—日本海—俄罗斯远东的北向航线。

五条石油运输线。波斯湾—霍尔木兹海峡—马六甲海峡—台湾海峡—中国大陆的中东航线；西非—好望角—印度洋—马六甲海峡—台湾海峡—中国大陆的西非航线；北非—直布罗陀海峡—地中海—苏伊士运河—红海—亚丁湾—印度洋—马六甲海峡—台湾海峡—中国大陆的北非航线；马六甲海峡—台湾海峡—中国大陆的东南亚航线；南美东海岸—墨西哥湾—巴拿马运河—琉球群岛—中国大陆的南美航线。

（二）沿海开放与内陆开放的互动更为重视

在经济全球化、区域经济一体化不断推进大背景下，加快内陆和沿边地区开放已变得日益紧迫。十八大报告提出的"创新开放模式，促进沿海内陆沿边开放优势互补，形成引领国际经济合作和竞争的开放区域"，在我国对外开放的新布局中，更加重视沿海开放、沿边开放、内陆开放的互动，促进开放空间从沿海向沿边延伸，从而优化开放空间布局、促进区域协调发展、打造东西呼应、海陆并进的空间开放格局。沿海开放不断深化，沿海地区开放先导地位得到巩固，沿海开放型经济不断转型升级，努力从全球加工装配基地向研发、先进制造和现代服务业基地转化；内陆开放不断扩大，外向型加工制造业向内陆地区转移加快，正在培育发展加工制造基地和外向型产业集群；沿边地区不断推动基础设施与周边国家互联互通，重点口岸、边境城市面向周边市场的优势特色产业发展迅速。

目前已经基本形成了"环渤海—二连浩特—俄罗斯"、"环渤海—东北地区—俄罗斯远东"、"连云港—陇海线—兰新线—哈萨克斯坦—欧洲"、"长三角—长江黄金水道—云南—东南亚、南亚"、"珠三角—长沙—武汉（长江）"等陆海相通相连的开放格局。沿海向内地延伸辐射不断深化，沿海内地的互动能力得到提升，与此同时内陆地区依托各类海关特殊监管区域，与沿海港口建立协议，重庆、成都、武汉、郑州等内陆城市的开放水平不断提升。

第二节　我国陆海统筹空间布局存在的问题

一、区域海洋经济发展不平衡

由于人口、历史、社会经济发展以及区位优势、资源禀赋不同，沿海地区海洋经济发展差异较大。在单位海岸海洋经济密度、海洋产业结构、海洋全员劳动力等方面存在显著差异。

单位岸线海洋经济密度差异显著。单位岸线海洋经济密度是地区海洋生产总值与地区岸线的比值，主要表征单位岸线上海洋产出效益，一般以每千米海洋生产总值来表示。2008～2010年数据表明，一是我国沿海单位岸线海洋经济密度总体上呈现上升趋势，从2008年的1.13亿元/公里，提高到2010年的2.10亿元/公里。二是各地都有大幅提高，其中，江苏、广东提高较快，2010年分别为2008年的2.76倍和2.01倍。三是区域非常显著，最高的上海为30.32亿元/公里，是全国平均水平的15倍，是最低的海南省的86.7倍（表4-8）。

表 4 - 8　　　2008 ~ 2010 年中国沿海地区单位岸线海洋经济密度变化情况

地区	海岸线长度（公里）	2008 年			2009 年			2010 年		
		海洋生产总值（亿元）	经济密度（亿元/公里）	排名	海洋生产总值（亿元）	经济密度（亿元/公里）	排名	海洋生产总值（亿元）	经济密度（亿元/公里）	排名
上海	172.31	3988.2	23.15	1	4204.5	24.40	1	5224.5	30.32	1
天津	153	1369	8.95	2	2158.1	14.11	2	3021.5	19.75	2
河北	487	1092.1	2.24	3	922.9	1.90	6	1152.9	2.37	5
江苏	953.9	1287	1.35	4	2717.4	2.85	3	3550.9	3.72	3 **
山东	3024.4	3679.3	1.21	6	5820	1.92	4	7074.5	2.33	6
广东	3368.1	4113.9	1.22	5	6661	1.98	5	8253.7	2.45	4 **
浙江	2200	1856.5	0.84	7	3392.6	1.54	7	3883.5	1.77	7
辽宁	2178	1478.9	0.68	8	2281.2	1.05	9	2619.6	1.20	8
福建	3051	1743.1	0.57	9	3202.9	1.05	8	3682.9	1.21	9
海南	1617.8	311.6	0.19	10	473.3	0.29	10	560	0.35	10
广西	1595	300.7	0.19	11	443.8	0.28	11	548.7	0.34	11
全国合计	18800.5	21220.3	1.13	—	32277.7	1.72	—	39572.7	2.10	—

资料来源：《中国海洋统计年鉴》（2009、2010、2011）。

注：** 为变化比较显著的省份。

海洋产业结构呈现出阶段性差异。2010 年，我国海洋产业结果呈现出"三二一"的格局，三次产业比重为5.8:46.4:47.8。其中海洋第一产业比重最高是海南省，达23%，最低的是天津，为0.2%；海洋第二产业比重最高的是天津，为65.5%，最低的是海南省，为20.8%；第三产业比重最高的是上海，达60.5%，最低的是天津，为34.3%。但从三次产业结构动态变化上看，2006 ~ 2010 年，我国沿海地区并没有表现出期望的那样第一产业比重下降、第二和第三产业比重上升态势，相反，第三产业比重下降了0.6 个百分点，而第一产业和第二产业分别提高了0.4 个和0.2 个百分点。在区域上亦呈现出显著的特征，多数省份第二产业比重上升、第三产业比重下降，显示出当前我国沿海省份海洋经济发展受到工业化阶段的显著影响，特别是近年来沿海地区重化工化态势，对海洋产业结构变动产生了显著影响，海洋第二产业发展速度远远超过了第一、第三产业，这在河北、江苏、浙江、福建、广东 5 省表现得尤为突出。只有辽宁、天津、上海、海南 4 个省份海洋第三产业比重有所提高，显示出这些省份在发展海洋经济上与其他省份在发展阶段上的差异性或发展思路上的差异性（表4-9）。

表4-9 中国沿海地区海洋三次产业结构

地区	2010年海洋经济			2006年海洋经济			2006~2010年变化		
	第一产业	第二产业	第三产业	第一产业	第二产业	第三产业	第一产业	第二产业	第三产业
辽宁	14.5	43.1	42.4	9.9	53.5	36.6	4.6	-10.4	5.8
河北	4	54.5	41.4	2.3	50.7	47	1.7	3.8	-5.6
天津	0.2	61.6	38.2	0.3	65.8	33.9	-0.1	-4.2	4.3
山东	7	49.7	43.3	8.3	48.6	43.1	-1.3	1.1	0.2
江苏	6.2	51.6	42.1	5.1	42.5	52.4	1.1	9.1	-10.3
上海	0.1	39.5	60.4	0.1	48.2	51.7	0	-8.7	8.7
浙江	7	46	47	7.4	39.7	52.9	-0.4	6.3	-5.9
福建	8.5	44	47.5	9.7	40.2	50.1	-1.2	3.8	-2.6
广东	2.8	44.6	52.6	4.4	39.9	55.7	-1.6	4.7	-3.1
广西	21.2	37.7	41.1	15.2	43.1	41.7	6	-5.4	-0.6
海南	24.5	21.8	53.7	18.3	29.2	52.5	6.2	-7.4	1.2
全国	5.8	46.4	47.8	5.4	46.2	48.4	0.4	0.2	-0.6

资料来源：《中国海洋统计年鉴》（2011）。

全员劳动生产率不平衡。全员劳动生产率反应单位劳动力创造的海洋经济价值。根据2010年数据分析，我国沿海省份中，上海、广东、天津、山东海洋产业全员劳动生产率较高，而广西、海南较低，最高的上海市为最低的海南省的5倍多，显示出沿海省份海洋经济产出效率的严重不平衡（图4-5）。

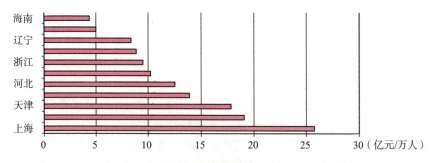

图4-5 2010年中国沿海省份海洋产业全员劳动生产率

资料来源：《中国海洋统计年鉴》（2011）。

　　海洋科技创新能力北京独大。选取通过对海洋科技人才、海洋科研经费投入、海洋相关论文和著作、海洋科技专利等指标来反映各地区海洋科技创新能力状况，可以发现：一是我国沿海 11 个省份海洋科技力量及成果只占全国的一半左右，其中博士学位以上海洋科技人员占全国的39.92%，尚低于北京是近 4 个百分点，出版海洋科技专著占全国的37.80%，尚低于北京市近 10 个百分点，海洋科技专利拥有总数占全国的45.57%，尚低于北京市 6 个百分点，显示出我国海洋科技要素分布的不均衡性，北京作为首都，集聚了接近一半的海洋科技创新力量和成果。二是沿海省份内部也不平衡，上海、山东、广东、江苏处于第一方阵，海洋科技创新能力较强，浙江、福建、辽宁、天津处于第二方阵，而河北、广西、海南则处于末位，海洋创新能力较弱（表 4 - 10）。

表 4 - 10　　　　　　沿海各省份海洋科技主要指标情况

地区	海洋科技人员（博士）	海洋科技人员（高级职称）	海洋科研机构经费总额（万元）	发表海洋科技论文	出版海洋科技专著	海洋科研机构科技专利（拥有专利总数）
天津	97	625	1597189	668	13	74
河北	21	196	110173	90	1	7
辽宁	90	566	862859	316	2	930
上海	408	958	2262120	1032	7	1052
江苏	252	772	1320846	1070	18	71
浙江	91	450	856514	452	5	36
福建	77	270	436869	349	13	72
山东	564	1049	1889731	1651	25	254
广东	549	864	1532153	1685	12	580
广西	10	58	76308	105	0	0
海南	4	17	41810	36	0	0
沿海地区合计	2163	5825	10986572	7454	96	3076
全国	5418	11079	19550823	14296	254	6750
沿海占全国比重（%）	39.92	52.98	56.19	52.14	37.80	45.57
北京占全国比重（%）	52.77	42.82	39.96	39.35	57.87	51.61

　　资料来源：《中国海洋统计年鉴》（2011）。

二、沿海产业同构现象严重

海洋产业存在着较为明显的同构现象。运用集中度指数和 H－I 指数分析和评价海洋产业布局的集中度和均衡度。其计算公式为：

$$CR_n = \frac{\sum\limits_{i=1}^{n} X_i}{\sum\limits_{i=1}^{N} X_i}$$

其中 CR_n 为海洋产业中规模最大的前 n 个产业的市场集中度；X_i 为海洋产业第 i 个产业的总产值。N 为全部海洋产业个数，$\sum\limits_{i=1}^{n} X_i$ 表示 n 个海洋产业的总产值之和。测算我国沿海地区海洋产业产值前两位和前四位产业在该地区海洋产业中的集中程度如表 4－11 所示。

表 4－11　　　　　　　沿海地区主要海洋产业集中度

地区	CR2	CR4	主要海洋产业
天津	0.536	0.874	海洋油气业、滨海旅游业、海洋交通运输业、海洋化工业
河北	0.426	0.733	滨海旅游业、海洋渔业、海洋工程建筑业、海洋交通运输业
辽宁	0.697		海洋渔业、滨海旅游业
上海	0.890		滨海旅游业、海洋交通运输业
江苏	0.518	0.793	海洋渔业、海洋船舶工业、滨海旅游业、海洋电力业
浙江	0.474	0.752	海洋渔业、滨海旅游业、海洋电力业、海洋交通运输业
福建	0.779		海洋渔业、海洋交通运输业、滨海旅游业
山东	0.691		海洋渔业、滨海旅游业、海洋交通运输业
广东	0.512	0.841	滨海旅游业、海洋渔业、海洋电力业、海洋油气业
广西	0.923		海洋渔业、滨海旅游业
海南	0.866		海洋渔业、滨海旅游业

沿海地区产业结构雷同。海洋渔业、滨海旅游业及海洋交通运输业在大多数省份都占据主导地位，各地区海洋产业的同构化严重，未来还需因地制宜，积极培育地方特色的海洋产业。分行业来看，海洋渔业的空间分布最为均衡，滨海旅游业、海洋船舶工业和海洋交通运输业的发展也较为

均衡，在大多数省份都有发展。但海水利用业、海洋电力业、海洋油气业的均衡度较低，海水利用业主要集中在辽宁、天津等省份，海洋电力业主要集中在浙江、广东等省份，海洋油气业主要集中在河北、浙江、广东等省份。海洋产业的区域 H－I 指数如表 4－12 所示。

表 4－12　　　　　　　　　海洋产业的区域 H－I 指数分析

主要海洋产业	H－I 指数
海洋渔业	0.1704
海洋油气业	0.4501
海滨砂矿业	0.4174
海洋盐业	0.3965
海洋化工业	0.2656
海洋生物制药业	0.2747
海洋电力业	0.4963
海水利用业	0.5120
海洋船舶工业	0.1710
海洋工程建筑业	0.2491
海洋交通运输业	0.1860
滨海旅游业	0.1777

资料来源：何广顺，王晓惠，朱凌等.沿海区域经济和产业布局研究 ［M］.北京：海洋出版社，2010.

临港产业严重同构。几乎所有沿海城市都以钢铁、石化、物流为主导产业，几乎所有沿海城市都有 1000 万吨钢铁产能和 100 万吨乙烯产能，部分城市产业结构非常单一，以环渤海地区为例，各地都在积极发展石化产业。天津的滨海化工区、临港产业区正在加快石化、钢铁基地建设，河北唐山曹妃甸将建设以钢铁、石化为主的新工业区，黄骅港也将建设大型石化基地，辽宁营口鲅鱼圈也将建设新的钢铁基地，盘锦也将建设大型石油化工基地，正是这种重大项目缺少通盘规划，各地竞相上马的现象，导致这些行业的产能过剩，在国际大宗商品市场下行背景下，城市经济和财政收入放缓，产业的结构性风险不容忽视。一些城市不顾城市产业发展阶段和产业结构变化，片面追求港口吞吐量的提高，追求港口规模扩张，导致城市岸线资源紧张，部分城市已经出现岸线功能调整和转型升级的巨大压力。总体上看，可以分为两种类型，一类如广州南沙，过去由于远离城区，定位为港区和产业区，而随着广州市城市空间的巨大需求，现在定位为新城区，但是既有的航运、工业等占据了大量土地和岸线资源，且与城市建设不相协调，空间功能调整和转型的任务繁重。另一类如青岛四方，原来布局了大量工业岸线，随着城市拓展已不相适应，需要土地利用的功能提升，钢铁、装备制造、化工等工业企业向胶州湾西岸的黄岛区搬迁，青岛港的发展重心也逐步从胶州湾的东岸向西岸转移。这两类现象或多或少地在沿海城市存在，甚至是同时存在，导致当前沿海城市空间布局上普遍处在阵痛期，呈现出阶段性的混乱。此外，在我国港口间竞争的格局基本稳定的背景下，部分城市不顾市场现状，盲目上马大型港口，在金融危机后贸易量增长放缓的情况下，也面临着一定的运营压力。

三、海岸带开发利用无序失控

沿海地区工业化、城镇化进程加快。能源、重化工业向沿海地区集聚，滨海城镇和交通、能源等基础设施在沿海布局，各类海洋工程建设规模不断扩大，海洋新兴产业迅速发展，建设用海需求旺盛。在此背景下，海岸带开发利用不够规范，突出表现在以下几个方面：

围填海现象严重。近十年来，我国沿海掀起了以满足城建、港口、工业建设需要的新一轮填海造地高潮，从1990~2008年，我国围填海总面积从8241平方公里增至13380平方公里，平均每年新增围填海面积285平方公里。这一轮填海造地的特点是从零散围填海作业转向"集中集约用海"名义下的大规模连片填海造地，规模大、速度快，主要用于大型化工、钢铁、港口等沿海产业及城镇建设，项目审批缺乏生态环境意识。围填海使我国滨海湿地面积锐减了57%，许多湿地鸟类栖息地和觅食地消失，海洋和滨海湿地生态服务价值大幅降低。根据国合会测算，我国围填海所造成的海洋和海岸带生态服务功能损失达到每年1888亿元，约相当于目前国家海洋生产总值的6%。国家海洋局曾提出，未来我国35%的海岸线要保持自然状态。但调查显示，渤海湾地区超过70%的岸线已被围垦。而世界自然基金会（WWF）的报告指出，尽管我国海洋功能区划提出全国11%的近岸海域应建立保护区，并且要求2020年保护区总面积要达到中国领海面积的5%，但这一数字目前尚不到1%。围填海的势头不仅没有得到有效遏制，并且仍然在持续，国务院批复的山东、福建、浙江、江苏、辽宁、河北、天津、广东、广西、海南、上海的海洋功能区划中，批准的围填海规模上限分别为3.45万公顷、3.335万公顷、5.06万公顷、2.645万公顷、2.53万公顷、1.495万公顷、0.92万公顷、2.3万公顷、1.61万公顷、1.115万公顷、0.23万公顷，合计达2469平方公里。我国大部分围填海工程均位于海湾内部，其直接后果就是，海岸线经截弯取直后长度大大缩短。历史遥感图像对比表明，围海、填海活动导致山东省的海岸线比20年前减少了500多公里。

岸线利用无序。海岸和近岸海域开发密度高、强度大，可供开发的海岸线和近岸海域后备资源不足；工业和城镇建设围填海规模增长较快，海岸人工化趋势明显，部分围填海区域利用粗放；陆地与海洋开发衔接不够，沿海局部地区开发布局与海洋资源环境承载能力不相适应；近岸部分海域污染依然严重，滨海湿地退化形势严峻，海洋生态服务功能退化，赤潮、绿潮等海洋生态灾害频发，溢油、化学危险品泄漏等重大海洋污染事故时有发生。一些先发地区，岸线资源的粗放使用使大部分海岸线生态、景观价值已严重损耗，亟须推进海岸带更新工程。而在一些后发地区，则岸线低效利用现象较为明显，许多临港产业园区动辄50平方公里，土地浪费比较严重。在一些生态地区，岸线保护投入不足，生态质量严重下降。在一些渔业、养殖区域，受城市排污和港口运输影响，水质严重下降，生产能力降低。对海岛资源的保护和开发缺乏系统规划；海洋资源承载力面临突破边缘，海洋生态赤字总体呈上升趋势。

过度开发与开发不足并存。我国岸线资源的总体开发强度不高，但在一些发达城市的城区岸线则过度拥挤，开发强度过高，这种过度开发与开发不足并存的现象应引起足够重视，在政策上也要进行适当区分。沿海城市市区如大连、青岛、厦门、深圳等地市区的近海海域开发程度较高，岸线资源利用比较充分，部分地区的岸段和海域甚至出现了养殖、旅游、港口景象争夺的现象，过度开发形势严重，而近海海域由于缺少离岛支撑，开发利用的广度和深度不够，主要以养殖和港口用海为主，其他用海形式较少，一些后发地区的海岸线仍以未利用地为主，尚有较大的开发潜力。此外，由于各地海洋意识的觉醒，在一些行政单元比较密集的岸线和海域，不同行政单元之间的竞相开发、重复建设等问题也较为突出，如在山东潍坊，北部沿海地区目前分属于四个不同的行政单元，掠夺式的无序开发导致卤水资源严重破坏，而在山东威海，则在规划中将海洋开发资金分别投向下辖三个县级市单元，一定程度上也可能导致投入过于分散和重复建设问题。

四、海陆功能区划衔接不足

2012 年出台的《全国海洋功能区划》是我国海洋空间开发、控制和综合管理的整体性、基础性、约束性文件，是编制地方各级海洋功能区划及各级各类涉海政策、规划，开展海域管理、海洋环境保护等海洋管理工作的重要依据。然而，由于《全国主体功能区规划》中没有涉及海洋开发与保护的相关内容，这导致《海洋功能区规划》中也未能与主体功能区规划有效衔接，特别是沿海省份在编制该省的主体功能区规划和海洋功能区规划时，仍然呈现出相互脱节的状态，在规划层面制约了陆海统筹发展。

从开发和保护的关系角度看，《全国主体功能区规划》不仅明确了生态功能区、农产品主产区、城市化地区等功能定位，而且根据开发强度和开发潜力，划分了优化开发、重点开发、限制开发和禁止开发四类地区，从功能和强度两个层面进行引导，而《全国海洋功能区划》则仅明确了将我国全部管辖海域划分为农渔业、港口航运、工业与城镇用海、矿产与能源、旅游休闲娱乐、海洋保护、特殊利用、保留八类海洋功能区，并未从开发强度层面进行系统表述和规定，特别是未对我国海域范围内的生态保护区占比、全部岸线中的生态岸线占比等进行强制性规定。

以山东省为例，在《山东省主体功能区规划》中，将山东半岛列为国家级优化开发区，对优化开发区的空间引导方向是"减少工矿建设空间和农村生活空间，适当扩大服务业、交通、城市居住、公共设施空间，扩大绿色生态空间。控制城市蔓延扩张、工业遍地开花和开发区过度分散"。而在《山东省海洋功能区划》中，在半岛区域分别设置了 79 个港口重点区域、66 个航道区、16 个固体矿区、3 个潮汐能区等，其发展导向与主体功能区规划存在一定的不协调。

第三节　我国陆海统筹空间布局优化的基本思路

一、陆海统筹的空间解析

（一）陆海统筹视角下的三类国土空间

从陆海统筹的角度看，可以将国土空间划分为海洋、沿海、内陆。并且，由于人类活动所引致的人口、产业、生态、资源等流动，使这三类空间产生相互影响。其中，沿海可以分别与内陆、海洋发生联系，而内陆与海洋间的联系，则需要通过沿海作为中介才能发生。

（二）陆海统筹的空间核心是沿海地区

沿海地区是"陆"影响"海"的前沿，也是"海"影响"陆"的前沿，因此其在陆海统筹的空间内涵中处于核心地位，由于沿海地区的特殊区位，其空间布局的优化，不仅决定着其与海洋的关系、其与内陆的关系，而且也决定着内陆和海洋的关系。

> **专栏 4-3：全国主体功能区规划中关于陆海统筹的表述**
>
> 要根据陆地国土空间与海洋国土空间的统一性，以及海洋系统的相对独立性进行开发，促进陆地与海洋国土空间协调开发。
>
> ——海洋主体功能区的划分要充分考虑维护我国海洋权益、海洋资源环境承载能力、海洋开发内容及开发现状，并与陆地国土空间的主体功能区相协调。
>
> ——沿海地区集聚人口和经济的规模要与海洋环境承载能力相适应，统筹考虑海洋环境保护与陆源污染防治。

　　——严格保护海岸线资源，合理划分海岸线功能，做到分段明确，相对集中，互不干扰。港口建设和涉海工业要集约利用岸线资源和近岸海域。

　　——各类开发活动都要以保护好海洋自然生态为前提，尽可能避免改变海域的自然属性。控制围填海造地规模，统筹海岛保护、开发与建设。

　　——保护河口湿地，合理开发利用沿海滩涂，保护和恢复红树林、珊瑚礁、海草床等，修复受损的海洋生态系统。

（三）陆海统筹的空间重点是三大关系

　　一是沿海与海洋的关系，其空间表现为岸线利用问题，包括岸线开发的功能、岸线开发的强度等。二是沿海和内陆的关系，其空间表现为要素流动问题，包括产业转移、人口转移等。三是沿海地区内部的关系，其空间表达为"港、园、城"的空间协调。

专栏4-4：三大关系中的政府和市场作用

　　尽管三大关系的处理都需要政府和市场的共同作用，但政府和市场在三大关系中承担角色不同。

　　在沿海和内陆的关系中，更多地需要发挥市场机制的引导作用，通过市场力量引导人口和产业在沿海和内陆间自由、高效流动。

　　在沿海和海洋的关系中，则更多需要发挥政府作用，通过对岸线的开发功能、开发强度的科学规划和有效管制，减少无序开发导致的公地悲剧，促进沿海与海洋协调。

　　在沿海地区内部关系中，港、园、城之间的统筹协调则更多地需要政府和市场机制的共同作用。

二、陆海统筹空间布局优化的认识

（一）空间布局优化是推进陆海统筹战略的重要抓手

在推进陆海统筹的过程中，无论是产业统筹、生态环境统筹还是基础设施统筹等，都离不开空间作为支撑，而从操作层面，则需要通过政府对空间的管制和调整，如对特定地区的优化开发、限制开发或加强开发，从而引导人口、产业、生态等在陆海空间上的合理布局，来推进陆海统筹战略的实施。

（二）空间布局优化需要国家层面政策的调整和支持

无论是对开发强度过大的地区的限制，还是对开发不足地区的加快开发，地方政府要么很难以摆脱在发展诱惑、要么缺少财政能力，都很难推进，因此需要在国家层面来统筹资源要素配置，通过在部分影响大、具有典型性、示范性区域的率先突破，来带动全国形成陆海统筹发展的理念和风气。

（三）空间布局优化有问题导向和目标导向两种路径

所谓问题导向，即着重针对当前发展中陆海关系出现的不协调、不可持续等突出问题，通过空间优化来使这些问题得到解决，从而促进了陆海关系统筹协调发展。而目标导向，则是面向建设海洋强国，跳出"陆地"视野，谋划未来在海洋得到长足发展之后的陆海关系在空间上的状态。

（四）空间布局优化具有阶段性、开放性和层次性

阶段性，即在近期、远期不同阶段空间优化的重点可能不同，政策也会相应不同。开放性，即陆海统筹的空间不仅包括海岸带和沿海地区，理论上也包括与沿海经济社会联系密切的内陆地区和作为市场地和原料地的海外地区，因此要有所侧重。层次性，即在国家、区域和地方层面，陆海统筹的重点也不相同。

三、陆海统筹空间布局优化的思路

按照"国家—区域—地方"的层次，从宏观着眼，从微观着手，突出国家层面的安全营建，突出区域层面的格局塑造，突出地方层面的模式创新，正确处理海洋国土开发和陆地国土开发、海洋经济发展和陆域经济发展的关系，正确处理海洋、沿海、内陆的关系，以空间开发管控、基础设施建设、产业联动发展为途径，全面提升海陆空间开发的协调度、海陆基础设施的通达度、海陆产业发展融合度，促进海洋经济与陆地经济深度融合，促进海洋、沿海与内陆协调发展。

（一）在国家层面上统筹海陆国土空间开发

树立全新的国土观，将海洋开发纳入国家国土资源开发体系，并将资源开发的战略布局重点逐步向海洋倾斜。坚持海陆资源开发联动，加快推进陆域资源开发技术向海域延伸，通过科学开发和高效利用海洋资源，提升资源开发的关联度、延伸性和带动力，增强海陆之间资源的互补性，实现海陆资源的优化整合和资源优势向经济优势的转化。

（二）在区域层面上统筹海陆基础设施建设

区域层面是指沿海地区内部的不同经济地域。在海陆基础设施建设方面，要发挥海洋的"板桥"作用和港口的"窗口"功能，统筹规划沿海港、航、路系统，完善重点港口之间、城市之间、沿海与内地之间的交通网络，逐步建立起各种运输方式相衔接、布局结构合理、功能较为完善的海陆联动交通运输体系。

（三）在沿海地区层面上统筹海陆产业发展

坚持海陆产业联动，打破海陆分割的二元结构，促进陆域产业技术经济优势向海域延伸，在加快开发海洋资源开发和产业发展的同时，充分利用临海的区位优势、海洋的开放性和海洋产业的技术经济扩散效应，带动海洋相关产业的发展，促进适宜临海发展的产业向沿海引聚，实现海陆双向的产业链条衍伸，建立海陆复合型产业体系。要坚持以海定陆，合理开发岸线资源，加强岸线和近海海洋环境保护，正确处理港口、滩涂资源开发与滨海城市发展、产业园区建设的关系，加快港城互动型滨海经济中心发展，优化海陆复合型临海产业园区空间布局。

第四节　我国陆海统筹空间布局优化的重点

紧密围绕"海洋—沿海—内陆"关系，结合"国家—区域—地方"尺度，以沿海地区为重点，以城市群、港—城—园、海洋经济区等为抓手，推进空间布局、海岸带、海域开发、生态环境等重点领域的空间优化，形成海陆一体、互促、和谐的统筹开发格局。

一、以"三纵四横"为骨架，构建陆海双向开放的综合格局

充分遵循已有的《全国主体功能区规划》、《全国海洋经济发展规划》、《全国海洋功能区规划》，以及正在编制的"健康城镇化发展规划"和"全国国土规划纲要"等有关规划及政策文件的相关表述，论证提出今后一段时期我国陆海统筹空间布局应以"三纵四横"为骨架，以沿海开放与沿边开放互动为抓手，打造陆海双向开放的综合格局。

（一）三纵

三纵是指，一是沿海发展轴，依托沿海综合交通通道，以长三角、珠三角、京津冀、辽中南、山东半岛、海峡西岸、北部湾等城市群地区为支撑，充分发挥门户和前沿作用，建设成为我国陆海统筹的核心地区，海洋开发和保护的重要基地，对外开放的主要平台，带动内陆发展的引擎。二是京广发展轴，依托京广铁路、京广高速铁路、京港澳高速公路等交通通道，以京津冀城市群、中原城市群、武汉都市圈、长株潭、珠三角等城市群为支撑，发挥衔接沿海和内陆的区位优势，建设成为沿海地区产业转移的重要承接地，沿海地区农产品和生产要素的保障基地，在陆海统筹中发挥重要衔接和支持作用。三是包昆发展轴，依托包头至昆明的综合交通通道，以沿黄城市城市群、关中城市群、成渝城市群及滇中城市群

为支撑，发挥在西部地区的先发优势和带动作用，建设成为我国沿海向内陆延伸互动的主要拓展地区，沿海开放与内陆沿边开放互动的主要支撑区。

（二）四横

四横是指，一是大连经哈尔滨至满洲里的发展轴线，依托哈大综合交通走廊，以辽中南城市群为龙头，以长吉、黑西南城市群为支撑，构建形成我国沿海向东北地区延伸拓展辐射的主要轴线，加快以满洲里、图们江等沿边口岸开发开放，形成沿海沿边开放互动格局。二是天津至二连浩特、秦皇岛至榆林、黄骅至神木的发展轴线，以京津冀城市群为依托，以蒙西陕北能源基地、二连浩特等沿边口岸为支撑，构建成为沿海向华北北部、西北北部地区延伸拓展辐射的主要轴线，形成西煤东运、产业西移的主要通道。三是陇海—兰新发展轴线，依托第二欧亚大陆桥，以山东半岛、江苏北部沿海为龙头，以中原城市群、关中城市群、天山北坡城市群等为支撑，构建我国沿海向华北南部、关中地区、新疆等延伸辐射拓展的主要轴线，借助丝绸之路经济带建设机遇，加快承接沿海地区产业转移，将该轴线建设成为我国沿海沿边开放互动的重点轴线。四是长江发展轴线，依托长江黄金水道和综合运输通道，以长江经济带建设为契机，加快上中下游衔接互动，形成以长三角为龙头，长江中游城市群为重点、川渝、滇中、黔中等地区为支撑的我国沿海地区向华中、西南地区延伸拓展辐射的主要轴线，加快建设云南向东南亚、南亚的国际大通道，形成"两头开放"的示范区。

（三）陆海双向开放

陆海双向开放是指，以"三纵四横"为纽带，将以沿海城市群和港口为重点的沿海开放与以沿边口岸为重点的沿边开放相衔接，统筹沿海内陆及沿边地区发展，形成沿海沿边开放互动的开放型国土开发框架。具体而言，有十个方向的开放放射轴线：一是海上至日韩方向的放射轴线，是我国对日韩开放的主要贸易通道；二是经太平洋至北美方向的放射轴线，是我国对美国、加拿大、墨西哥等北美地区开放的主要贸易通道；三是经南海向大洋洲方向的放射轴线，是我国对澳大利亚、新西兰等大洋洲地区开放的主要贸易通道；四是南海经马六甲海峡通向印度洋、大西洋的放射轴线，是我国与东盟、南亚、西亚、非洲、欧洲的主要贸易通道；五是满洲里至俄罗斯远东的放射轴线，我国向俄罗斯远东地区的主要通道；六是二连浩特至欧亚大陆桥的放射轴线，是我国经俄罗斯至欧洲的传统贸易通道；七是新疆阿拉山口经哈萨克斯坦、俄罗斯至欧洲的第二欧亚大陆桥放射轴线，是中欧陆上贸易的新兴通道；八是新疆喀什至巴基斯坦瓜达尔港的放射轴线，是我国能源进口的主要战略通道，我国向南亚、中东辐射的主要轴线；九是云南腾冲至印度、孟加拉国吉大港及南亚地区的放射轴线，是我国向南亚地区辐射及贸易往来的主要通道；十是云南至缅甸皎漂港、泰国等东南亚地区的放射轴线，是我国能源进口的主要通道，也是我国与东南亚乃至中东、非洲、欧洲贸易往来的主要备用通道，具有重要的战略意义。

二、以城市群为依托，优化沿海地区布局

沿海经济带从北向南依次串联了辽中南、京津冀、山东半岛、长三角、海峡西岸、珠三角六大城市群。如何发挥沿海城市群的龙头带动作用，增强向内陆地区的辐射带动能力，既是优化沿海地区布局的重要抓手，也是陆海统筹的重点。

（一）发挥珠三角、长三角、京津冀三大城市群的带动作用

珠三角、长三角、京津冀三大沿海城市群对全国发挥着核心带动作用。2010 年，沿海三大城市群的经济总量、一般预算收入分别占全国的43.9% 和 46.4%，出口总额、实际利用外资分别占到全国的 77.3% 和87.7%，三大城市群拉动 GDP 增长 4.5 个百分点，对全国的支撑作用十分明显。应充分发挥三大城市群在产业转型升级、海洋开发保护中的中心作用。应进一步加快与内陆地区的要素互动，积极引导劳动力密集、土地需求大的产业向内陆发展条件较好的地区转移，推进内部人才、资金、技术、信息等生产要素以及各种有形商品在沿海和内地间高效流动，正确协调重大基础设施布局与区域发展的关系。妥善处理空间开发建设与生态环境保护的关系，建设成为我国海洋环境保护的重要基地。充分发挥海洋科

技和人才优势，积极发展海洋产业，引领海洋产业转型升级，建设成为我国海洋产业发展的龙头。长三角城市群应努力建设成为有全球影响力的先进制造业基地和现代服务业基地、世界级城市群、全国科技创新与技术研发基地、全国经济发展的重要引擎，在辐射带动长江流域发展中发挥龙头作用。珠三角城市群应努力构建有全球影响力的先进制造业基地和现代服务业基地，南方地区对外开放的门户、我国参与经济全球化的主体区域、全国科技创新与技术研发基地、全国经济发展的重要引擎、在辐射带动华南、中南和西南地区发展中发挥龙头作用。京津冀城市群应努力构建全国科技创新与技术研发基地，全国现代服务业、先进制造业、高新技术产业和战略性新兴产业基地，在辐射带动"三北"地区中发挥枢纽作用和出海通道作用。

（二）加快辽中南、山东半岛、海峡西岸城市群发展

辽中南、山东半岛、海峡西岸三个城市群发展基础较好，海洋资源优势明显，海洋科技水平较高，近年来在国家战略的支撑下，发展明显加快，开始逐步成长为各自区域的经济增长点。未来应在加快自身发展的同时，进一步增强辐射带动能力，使之成为在产业链层面衔接三大城市群和内陆地区的重要环节，依托比较优势积极承接三大城市群产业转移，同时根据自身实际积极推进产业向内陆地区转移，形成双向互动的良性格局。辽中南城市群应构建全国先进装备制造业和新型原材料基地，重要的科技创新与技术研发基地，在辐射带动东北地区发展中发挥龙头作用，成为东北地区对外开放的重要门户和陆海交通走廊，大连建设成为东北亚国际航运中心和国际物流中心。山东半岛城市群应加快建设全国重要的先进制造业、高新技术产业基地，全国重要的蓝色经济区，应加快建设黄河三角洲高效生态经济示范区和山东半岛蓝色经济区，在辐射带动黄河中下游地区经济发展中发挥龙头作用，成为黄河中下游地区对外开放的重要门户和陆海交通走廊。海峡西岸城市群应加快建设成为我国东部沿海地区先进制造业的重要基地，我国重要的自然和文化旅游中心，加强沿海港湾、近海岛屿保护，加强入海河流小流域综合整治和近岸海域污染防治，建设成为两岸人民交流合作先行先试区域，成为带动闽西北、赣东南地区经济发展和对外开放的重要门户和陆海交通走廊。

（三）加快沿海省份落后地区发展

在我国沿海省份，仍然存在一些发展相对落后的地区，如河北的张家口、承德，山东的菏泽、聊城，江苏北部，浙江的丽水，福建西北部，粤北，桂北等，已经成为我国陆海统筹发展中的重要断裂带。加快这些地区发展对于增强沿海地区向内陆的辐射带动能力至关重要，未来应以沿海省份内部的区域合作为主要思路，通过在飞地型园区建设等多种渠道，增强这些欠发达地区发展，进一步支撑沿海地区发展，并增强沿海地区向内陆的辐射带动能力。十大城市群未来人口趋势预测如表4－13所示。

表4－13　　　　　　十大城市群未来人口趋势预测

城市群名称	2011年GDP占全国比重（％）	2030年城市群人口数量（万人）	2030年城市群城市人口数量（万人）
京津冀城市群	9.85	11847.47	9477.98
辽中南城市群	4.41	5169.46	4135.57
山东半岛城市群	7.43	8770.89	7016.71
长三角城市群	17.61	16206.82	12965.46
海峡西岸城市群	2.91	4066.01	3252.80
珠三角城市群	9.44	6589.90	5271.92
合计	51.65	52650.55	42120.44

三、以港城园为重点，优化海岸带布局

目前我国陆海关系中，沿海地区内部微观层面是冲突最为集中的，也是问题最为突出的，其核心在于工业化、城镇化过程中人口和产业的合理布局，本报告认为，今后应以"港口—园区—城市"为重点，按照港口组群发展、产业集聚发展、城镇特色发展的总思路，积极发展滨海新城，不断优化港口体系，大力规范临海园区。促进"港—城—园"协调发展，为陆海统筹发展打下扎实基础。

（一）优化港口体系

根据不同地区的经济发展状况及特点、区域内港口现状及港口间运输关系和主要货类运输的经济合理性，综合考虑港口自然地理条件、腹地竞

争、价格竞争、航线竞争等，将全国沿海港口划分为环渤海、长江三角洲、东南沿海、珠江三角洲和西南沿海5个港口群。完善港口基础设施，国家在港口建设费政策上给予倾斜，建设一批连接港口和腹地的交通走廊，支持港航物流服务体系建设和航运支持保障系统建设与维护，增强港口集疏运能力。

环渤海地区港口群。由辽宁、津冀和山东沿海港口组成，服务于我国北方沿海和内陆地区的社会经济发展。其中，辽宁沿海港口以大连东北亚国际航运中心和营口港为主，包括丹东、锦州等港口组成，主要服务于东北三省和内蒙古东部地区。津冀沿海港口以天津北方国际航运中心和秦皇岛港为主，包括唐山、黄骅等港口组成，主要服务于京津、华北及其西向延伸的西北北部地区（特别是蒙西陕北能源基地）。山东沿海港口以青岛、烟台、日照港为主及威海等港口组成，主要服务于山东半岛及其西向延伸的黄河中下游地区。

长江三角洲地区港口群。依托上海国际航运中心，以上海、宁波、连云港为主，充分发挥舟山、温州、南京、镇江、南通、苏州等沿海和长江下游港口的作用，充分发挥长江黄金水道优势，加强沿海港口与沿江港口联合发展，共同服务于长江流域及长江经济带经济社会发展。

东南沿海地区港口群。以厦门、福州港为主，包括泉州、莆田、漳州等港口组成，加强鹰厦等疏港铁路运力，服务于福建省和江西等内陆省份部分地区的经济社会发展和对台"三通"的需要。

珠江三角洲地区港口群。由粤东和珠江三角洲地区港口组成。该地区港口群依托香港经济、贸易、金融、信息和国际航运中心的优势，在巩固香港国际航运中心地位的同时，以广州、深圳、珠海、汕头港为主，相应发展汕尾、惠州、虎门、茂名、阳江等港口，服务于华南、西南部分地区，加强广东省和内陆地区与港澳地区的交流。

西南沿海地区港口群。由粤西、广西沿海和海南省的港口组成。该地区港口的布局以湛江、防城、海口港为主，相应发展北海、钦州、洋浦、八所、三亚等港口，加强北部湾至昆明铁路建设，增强运力，服务于大西南地区发展，为海南省扩大与岛外的物资交流提供运输保障。

（二）发展滨海新城

"把最好的岸线留给人"。当前沿海地区在发展过程中内部出现了

"重产业轻人居"的现象,大量岸线地区被规划为工业园区,对人们生活发展的空间需求考虑不足,产业空间与人们生活的空间在近期和远期都呈现出一定的冲突状态。陆海统筹要从根本上解决这一问题,需要强化以人为本的理念,把最好的岸线留给人,留给子孙后代,促进沿海地区的可持续发展。

把发展滨海新城作为沿海地区城镇发展的重要战略。具体而言,应进一步加强沿海地区的战略规划,以发展滨海新城为切入点,结合当前全国上下正在紧锣密鼓推进的新型城镇化,在沿海地区筛选确定一批滨海新城,进一步明确滨海新城的功能定位和发展规模,从国家层面加强对滨海新城新区的空间管控和规划指导,在基础设施建设、重大项目安排、生态环境保护等方面给予通盘考虑和适度倾斜。

统筹规划发展一批滨海新城。支持大连金普、锦州滨海、营口北海、天津中新生态城、秦皇岛北戴河、唐山曹妃甸、沧州渤海、潍坊滨海、威海南海、青岛西海岸、日照国际海洋城、连云港徐圩、盐城新城区、宁波杭州湾、温州瓯江口、莆田湄洲湾、泉州泉州湾、漳州南太武、宁德滨海、汕头海湾、惠州环大亚湾、东莞长安、广州南沙、珠海横琴、茂名滨海、阳江城南、中山翠亨、北海铁山、防城港城南、钦州滨海、海口西海岸等新城新区建设,完善基础设施和服务功能,提高人居环境质量,打造形成各具特色、人口规模在50万~100万人左右的滨海新城,增强人口承载能力,提升对周边区域的辐射带动能力,使之成为我国推进新型城镇化的重点承载地区。滨海新城的发展规模如表4-14所示。

表4-14　　　　　　　　滨海新城的发展规模

规划人口规模	发展定位
100万~200万人	大连金普、天津中新生态城、青岛西海岸、宁波杭州湾、广州南沙
50万~100万人	锦州滨海、营口北海、秦皇岛北戴河、唐山曹妃甸、沧州渤海、潍坊滨海、威海南海、日照国际海洋城、连云港徐圩、盐城新城区、温州瓯江口、莆田湄洲湾、泉州泉州湾、漳州南太武、宁德滨海、汕头海湾、惠州环大亚湾、东莞长安、珠海横琴、茂名滨海、阳江城南、中山翠亨、北海铁山、防城港城南、钦州滨海、海口西海岸

规范沿海县城发展。未来沿海地区除省级以上层面提出的滨海新城

外，不支持县级层面跳出现有县城向海建设新城区。适度控制沿海县城产业门类和规模，原则上不支持在规范后的临海产业园区之外发展大规模的石化、钢铁、建材、造纸、有色等传统的能耗高、占地多、产能严重过剩的产业，制止过度竞争、重复建设、开发无序的状况。鼓励沿海县城围绕中心城市、临海园区、滨海新城配套发展。

（三）规范临海园区

因地制宜、分类指导，促进各类国家级经开区和高新区、报税港区、海关特殊监管区等相互支撑，打造形成分工有序、规模适度、布局合理的"2 + 5 + 14"的临海产业园区体系。

发挥 2 个高端服务业集聚区的创新示范作用。支持上海外高桥、深圳前海等在各自领域的改革创新试验，建设成为新时期、新背景下我国沿海地区发展的新型引擎，为打造"沿海经济升级版"提供动力和经验。

增强 5 个重点新区产业集聚区的引领作用。支持天津滨海新区、广州南沙新区、大连金普新区、青岛西海岸新区、宁波杭州湾新区加快产业发展，重点发展新型装备制造、电子信息、新材料等战略性新兴产业和战略性海洋新兴产业，保障合理建设用地用海需求，提高产业集聚规模和水平，建设成为我国沿海地区的产业高地。

增强 14 个现代钢铁化工基地的支撑作用。支持营口、唐山、沧州、东营、日照、连云港、宁波、泉州、漳州、惠州、茂名、湛江、防城港、钦州等建设现代钢铁化工基地，增强我国产业发展的基础支撑能力，促进内陆相关产能向该地区转移。增强港口等基础设施功能，增强原料和产品的集疏运能力。

（四）引导"港—园—城"协调发展

我国的陆海关系中微观问题要比宏观问题多，而微观问题集中表现为"港—园—城"在空间上的关系问题，如三者的区位关系、开发强度、相互联系等，促进"港—园—城"协调发展是推进陆海统筹空间优化的重要内容。

强化港—城协调发展。合理规划岸线分工，确保港口岸线与城市生活岸线功能相互分离、互不干扰。在城区分布的港口，要逐步实施功能调整和港区物流运输功能外移，腾退岸线功能向公共活动岸线转化，远离城区的港口，需根据发展需求，合理安排土地供应，结合港口物流运输，积极发展临港产业，提高港口周边生活配套与公共服务水平，加强港口与城区之间的绿化隔离。加强对部分城市跨海、跨湾发展的论证和规划引导。

强化园—城协调发展。按照产城协调的理念，促进临港产业园区向产业新城升级，完善与园区配套的基础设施和公共服务设施，增强园区就业人口生活服务的就地解决能力。加强临港园区与母城的交通联系能力，对于规模较大、就业人口较多的临港园区应逐步建设联系母城的城市轨道交通。加强园区与城市之间的绿化隔离带建设，确保城市环境安全。增强母城在金融保险、商务会展、中介服务等方面对园区产业发展的支撑能力。以母城为枢纽，增强园区与内陆产业之间的联系，促进各类要素高效流动，有序引导海陆产业双向转移。

（五）推进海岸带修复与整治

整体推进海岸带综合整治，重点对辽东半岛沿海、渤海湾沿海、山东半岛沿海、苏北沿海、长江三角洲沿海、浙中南沿海等近海海域进行修复和整治（表4－15）。

表4－15　　　　　　　全国海岸线重点修复整治内容

地区	重点修复整治内容
辽宁	加强海岸侵蚀和湿地退化与破坏防治、修复，严格保护滨海景观
天津	注重海岸带盐碱化综合防治
河北	加强海岸侵蚀治理和修复
山东	部署海岸侵蚀、海水入侵和土壤盐渍化综合工程
江苏	进行河口及闸下清淤，对海岸侵蚀和湿地破坏问题进行针对性综合防治，加强沿海化工园区污染排放管制和治理
上海	防治咸潮入侵、海岸侵蚀，恢复湿地
浙江	加强海湾清淤，构建咸潮防治体系，调整养殖规模，采取措施防止沙滩泥化和地面下降
福建	加强海湾清淤，恢复岸线景观，防止海岸侵蚀，调整和优化养殖产业结构，科学部署各类开发工程。恢复湿地
广东	加强海湾清淤，部署工程防止海岸侵蚀，恢复湿地破坏，科学确定挖沙规模和布局

地区	重点修复整治内容
广西	科学确定围填海规模和布局，进行海岸侵蚀和河口—海湾退化防治，加强生物海岸保护，逐步恢复岸线景观破坏
海南	加强海岸侵蚀综合防治，恢复湿地，进行海湾清淤，对部分海域污染采取针对性治理措施。严格管制砂矿开采

四、以经济区为形态，优化海域开发格局

根据自然和资源条件、经济发展水平和行政区划，把我国海岸带及邻近海域划分为 9 个综合经济区，以经济区为形态，通过发挥区域比较优势，形成各具特色的海洋经济区域。

（一）渤海海区

渤海海域实施最严格的围填海管理与控制政策，限制大规模围填海活动，降低环渤海区域经济增长对海域资源的过度消耗，节约集约利用海岸线和海域资源。实施最严格的环境保护政策，坚持陆海统筹、河海兼顾，有效控制陆海污染源，实施重点海域污染物排海总量控制制度，严格限制对渔业资源影响较大的涉渔用海工程的开工建设，修复渤海生态系统，逐步恢复双台子河口湿地生态功能，改善黄河、辽河等河口海域和近岸海域生态环境。严格控制新建高污染、高能耗、高生态风险和资源消耗型项目用海，加强海上油气勘探、开采的环境管理，防治海上溢油、赤潮等重大海洋环境灾害和突发事件，建立渤海海洋环境预警机制和突发事件应对机制。维护渤海海峡区域航运水道交通安全，开展渤海海峡跨海通道研究。

辽东半岛海洋经济区：本区东起丹东市鸭绿江口，西至营口市盖州角，锦州市小凌河口，东部为基岩海岸、吸部位淤泥质海岸，岸线长1600 公里，滩涂面积约 1700 平方公里。优势海洋资源是港口资源、旅游资源、渔业资源。东部海洋开发基础好，是海洋经济较发达的地区之一，西部基础较为薄弱。主要发展方向为：以大连港为枢纽，营口、丹东港为补充，建设多功能、区域性物流中心；提高海洋船舶制造的自动化水平和产品层次；建设辽河油田的临海油气田，勘探开发笔架岭、太阳岛等油气区；加快锦州港建设，为辽西、内蒙古东部地区物资运输服务；建设大

连、旅顺、丹东滨海旅游带；重点发展海珍品养殖；保障复州湾、金州湾盐业生产基地的持续发展；培植海水利用产业，提高大连市的海水利用程度，发展营口、锦州盐业生产基地。

渤海湾海洋经济区：本区北起锦州市小凌河口，南至烟台市虎头崖，为沙砾质海岸和淤泥质海岸，岸线长1400公里，滩涂面积约3970平方公里。优势海洋资源是滨海旅游资源、港口资源、油气资源。海洋经济发展具有一定基础，主要发展方向为：发展北戴河、南戴河、山海关、兴城旅游业；继续保持秦皇岛港煤炭输出大港的地位，加快绥中、秦皇岛、歧口、渤中、南堡、曹妃甸海区的油气田，重点建设蓬莱、渤海油气田群；勘探开发赵东、马东东、新港滩海油气区；继续发展海水淡化和综合利用产业，天津要建成海水淡化利用示范市。调整区内海盐生产能力，发展海洋化工产业。

山东半岛海洋经济区：本区西起烟台市虎头崖，南至鲁苏交界的绣针河口，为基岩海岸，岸线长3000公里，滩涂面积约2400平方公里。优势海洋资源是渔业资源、旅游资源和港口资源。海洋开发基础好，海洋经济比较发达。主要发展方向为：发展海水养殖业和远洋捕捞业，搞好水产品精加工；强化青岛集装箱干线港的地位，提高烟台、日照等港口综合发展水平；以海洋综合科技为先导，大力发展海洋生物工程、海洋药物开发和海洋精细化工制品；开发建设以青岛、烟台、威海为重点的滨海及海岛特色旅游带；积极发展青岛等缺水城市的海水利用。

（二）黄海海区

黄海海岸线北起鲁苏交界的绣针河口，南至江苏启东角，大陆海岸线长约4000公里。沿海地区包括辽宁省（部分）、山东省（部分）和江苏省。黄海为半封闭的大陆架浅海，自然海域面积约38万平方公里。沿海优良基岩港湾众多，海岸地貌景观多样，沙滩绵长，是我国北方滨海旅游休闲与城镇宜居主要区域。淤涨型滩涂辽阔，海洋生态系统多样，生物区系独特，是国际优先保护的海洋生态区之一。黄海海域要优化利用深水港湾资源，建设国际、国内航运交通枢纽，发挥成山头等重要水道功能，保障海洋交通安全。稳定近岸海域、长山群岛海域传统养殖用海面积，加强重要渔业资源养护，建设现代化海洋牧场，积极开展增殖放流，加强生态保护。合理规划江苏沿岸围垦用海，高效利用淤涨型滩涂资源。科学论证与规划海上风电布局。

江苏沿海海洋经济区：本区北起绣针河口，南抵长江口，绝大部分为淤泥质海岸，岸线长 954 公里，滩涂面积约 5100 平方公里。优势海洋资源是渔业资源、滩涂资源。南部、北部地区海洋开发程度较高。主要发展方向为：建设海珍品和鱼类养殖出口创汇基地；转变滩涂开发利用方式，发展特色水产品和经济作物；重点建设连云港主枢纽港，发挥新欧亚大陆桥桥头堡作用，开发南通港的外港区；结合沿海工业布局，积极引导海水利用；挖掘滨海旅游资源，形成独特的滨海旅游景区。

（三）东海及台湾海峡地区

东海海岸线北起江苏启东角，南至福建诏安铁炉港，大陆海岸线长约 5700 公里。沿海地区包括江苏省部分地区、上海市、浙江省和福建省。自然海域面积约 77 万平方公里。东海面向太平洋，战略地位重要，海岸曲折，港湾、岛屿众多，沿岸径流发达，滨海湿地资源丰富，生态系统多样性显著，是我国海洋生产力最高的海域。东海海域要充分发挥长江口和海峡西岸区域港湾、深水岸线、航道资源优势，重点发展国际化大型港口和临港产业，强化国际航运中心区位优势，保障海上交通安全。加强海湾、海岛及周边海域的保护，限制湾内填海和填海连岛。加强重要渔场和水产种质资源保护，发展远洋捕捞，促进渔业与海洋生态保护的协调发展。加强东海大陆架油气矿产资源的勘探开发。协调海底管线用海与航运、渔业等用海的关系，确保海底管线安全。

长江口及浙江沿岸海洋经济区：本区北起江苏启东角，南抵浙闽交界的沙埕湾，绝大部分为淤泥质海岸，岸线长 2012 公里，滩涂面积约 3300 平方公里。优势海洋资源是港口资源、旅游资源和渔业资源。长江口及杭州湾地区海洋开发基础好、程度高，是我国海洋经济发展最具潜力的地区之一。主要发展方向为：建设上海国际航运中心，加强宁波北仑深水港和杭州湾外港区建设；发展海洋油气和海洋化工深加工；优化资源配置、调整布局结构，发展海洋船舶工业，提高国际竞争力；完善杭州、宁波和舟山群岛旅游景区，建设浙北——上海海滨海岛旅游带；调整渔区经济结构，发展远洋捕捞，搞好浙南海水养殖基地建设；加强海水资源综合利用技术的研究与开发。

福建沿海海洋经济区：本区北起沙埕湾，南至漳州市诏安湾，主要为基岩海岸，岸线长 3324 公里，滩涂面积约 1500 平方公里。优势海洋资源是渔业资源、港口资源和旅游资源。海洋经济发展基础较好。主要发展方向为：调整海洋渔业结构，抓好海水养殖基地建设；强化厦门港集装箱干线港的建设，相应发展福州、泉州、漳州等港口；搞好厦门港、福州港的对台海运直航试点，为恢复对台直接通航做好准备；构筑海峡西岸有特色的滨海、海岛旅游带；加强海洋可再生能源、海洋生物工程技术的研究与发展。

（四）南海海区

南海大陆海岸线北起福建诏安铁炉港，南至广西北仑河口，大陆海岸线长 5800 多公里。沿海地区包括广东、广西和海南三省。自然海域面积约 350 万平方公里。南海具有丰富的海洋油气矿产资源、滨海和海岛旅游资源、海洋能资源、港口航运资源、独特的热带亚热带生物资源，同时也是我国最重要的海岛和珊瑚礁、红树林、海草床等热带生态系统分布区。南海北部沿岸海域，特别是河口、海湾海域，是传统经济鱼类的重要产卵场和索饵场。南海海域要加强海洋资源保护，严格控制北部沿岸海域特别是河口、海湾海域围填海规模，加快以海岛和珊瑚礁为保护对象的保护区建设，加强水生野生动物保护区和水产种质资源保护区建设。加强重要海岛基础设施建设，推进南海渔业发展，开发旅游资源。开展海洋生物、油气矿产资源调查和深海科学技术研究，推进南海海洋资源的开发和利用。开展琼州海峡跨海通道研究。

广东沿海海洋经济区：本区东起诏安湾，西至湛江市尾角，以基岩海岸为主，岸线长 3204 公里。优势海洋资源主要有港口资源、油气资源、旅游资源和渔业资源。珠江口周边地区海洋开发基础好、程度高，是我国海洋经济发展最具潜力的地区之一。主要发展方向为：逐步形成珠江三角洲港口集装箱运输体系，搞好区内港口的优化配置，发挥广州、汕头、湛江等区域性枢纽港作用；加大珠江口油气资源综合利用，发展海洋油气和海洋化工深加工；发展滨海、海岛休闲旅游和港、澳、粤大三角城市观光、购物旅游；鼓励发展外海捕捞，重点发展海湾养殖业。

广西北部湾海洋经济区：本区东起湛江市尾角，西到防城港市北仑河口，海岸类型多样，海岸线长 1547 公里。优势海洋资源是港口资源、渔业资源和油气资源。海洋经济处于发展阶段。主要发展方向为：优化港口布局，搞好防城港、北海港、钦州港资源配置；发展珍珠等特色海产品养殖；大力开发北部湾口的渔业资源；大力开发海洋生态旅游和跨境旅游，重点发展北海滨海度假旅游。

海南岛海洋经济区：本区海南岛本岛海岸线长 1618 公里，滩涂面积约 490 平方公里。优势海洋资源是热带海洋生物资源、海岛及海洋旅游资源和油气资源。海洋经济基础较薄弱。主要发展方向为：发展海岛休闲度假旅游、热带风光旅游、海洋生态旅游；发展海洋天然气资源加工利用；完善海口、洋浦和八所港口功能，加强与内陆连接的运输能力；抓好苗种繁育和养殖基地建设，鼓励发展外海捕捞。

专栏 4 - 5：南海海域的生态环境保护

南海北部海域。位于广东、广西、海南毗邻海域以南，至北纬 18 度附近的海域，水深 100～1000 米，是我国重要的油气资源分布区。区域主要功能为矿产与能源开发、渔业、海洋保护，区域重点加强珠江口盆地、琼东南盆地、莺歌海盆地、北部湾盆地油气资源勘探开发，加强渔业资源利用和养护，加强水产种质资源保护区建设，保护重要海洋生态系统和海域生态环境。

南海中部海域。南海中部海域是我国重要的传统渔业资源利用区，珊瑚礁、海草床生态系统发育。区域重点加强渔业资源利用和养护、油气资源的勘探开发，加强水产种质资源保护区建设，开展海岛旅游、交通、渔业等基础设施建设，开发建设永兴岛—七连屿珊瑚礁旅游区，合理开发海岛旅游资源，加强海岛、珊瑚礁、海草床等生态系统保护，建设西沙群岛珊瑚礁自然保护区。

南海南部海域。南海南部海域重点开展海洋渔业资源利用和养护，扶持发展热带岛礁渔业养殖，以三沙建市为机遇，加强珍稀濒危野生动植物自然保护区和水产种质资源保护区建设，保护珊瑚礁等海岛生态系统。

五、以通道为重点，完善陆海安全格局

通道在陆海统筹中发挥重要纽带作用，应强化长江通道、陆桥通道等已有通道的骨干作用，加快建设、升级和完善一批沿海港口、城市向内陆拓展延伸的新兴通道，加强对外通道的战略作用。

（一）强化已有通道的骨干作用

围绕沿海和内陆的要素流动和产业关联，进一步发挥已有通道的骨干作用，增强沿海对内陆的辐射和带动作用，促进各地区间比较优势的充分发挥。发挥长江通道作用，增强长三角地区对皖江城市带、环鄱阳湖地区、长株潭地区、武汉都市圈、成渝地区等的带动作用，加快建设沪渝高铁等一批重大基础设施项目，加快实施三峡船闸扩建，增强通过能力，加快长江上游等级航道建设，以重庆为节点，加快建设向昆明、贵阳等地延伸辐射的快速交通运输体系。发挥欧亚路桥作用，加快实施内陆开放，在物流体系、通关体系等领域加快推进，增强欧亚路桥对内陆开放的带动和支撑作用。增强西煤东运通道的运输能力，增强海铁衔接联运能力，进一步带动蒙西陕北能源基地发展。增强沪昆综合通道在带动中南华南地区及大西南地区发展中的辐射带动作用，推进沪昆高速铁路建设。

（二）拓展延伸一批新兴通道

依托哈大综合运输走廊的骨干作用，增强长春、哈尔滨等省会城市与图们江、绥芬河、满洲里等陆路口岸地区的交通能力，进一步促进东北地区及东北亚地区开发开放。依托青银高速公路，加快打通青岛—银川铁路，增强山东半岛港口群体对黄河中下游地区的辐射带动作用，增加河北南部、山西南部、山西中北部、甘肃东部及宁夏的出海选择。加快推进沪昆高速铁路建设，成为长三角及浙江沿海向中南华南地区、大西南地区等潜力板块延伸辐射的重要通道。增强福建沿海对浙西南、江西等地的辐射能力，增强鹰厦铁路运输能力，研究推进南昌至厦门的高速铁路建设。加快推进京九深圳至南昌高铁建设，增强珠三角向赣中南地区的辐射带动能力。加快发展西江航运，完善铁路运输体系，推进广州至昆明高速铁路研究论证，

建设西江经济带，形成珠三角、北部湾地区向大西南延伸辐射的新兴通道。

（三）加强对外战略通道建设

从我国国土空间开发战略及国家经济安全的角度，应加快打通海陆互补的战略通道。一是加快与俄罗斯、朝鲜谈判合作，打通图们江出海通道，增强东北地区开放能力。二是以瓜达尔港建设为契机，加快中巴国际通道建设，增强我国与西亚、中东地区的联系能力。三是加快建设云南至缅甸皎漂港的铁路、公路通道建设，增强我国直通印度洋的能力。四是加强云南经缅甸、印度至孟加拉国吉大港的国际通道建设，增强与南亚地区的联系能力。五是以昆曼高铁建设为契机，加强我国向中南半岛的国际通道建设，加强大湄公河国际次区域合作，增强我国与东盟国家的联系能力，推进克拉地峡等前期工作。六是推进海上丝绸之路通道建设，以此为契机，搭建跨国合作平台，增强我国与东盟、西亚的交流与联系。

在全球视野，我国还需在一些重要的航运节点或是战略要冲增加投入，增强应急处置能力，一是黄海北部地区，扩大与朝鲜、韩国在海上渔业、运输等领域的合作，保障渔民安全。二是加强南海地区的运输安全保护，确保南海海域航运安全。三是加强西太平洋航道保障能力，保障我国与北美、澳洲等地贸易运输的安全与稳定。四是马六甲海峡，积极参与加强巡逻能力，有效地控制和减少海盗以及恐怖袭击事件。五是地中海—苏伊士运河—红海区域，依托护航机制，确保我过往船只安全，进一步增强地区影响力。六是南非好望角附近海域，随着远洋船舶大型化，欧洲和非洲西海岸的船只大部分需绕道好望角，未来应加强对这一海域运输安全的关注。七是南美麦哲伦海峡附近海域，保障我国与巴西、阿根廷等南美国家的海上贸易安全。八是积极参与北极航道相关谈判，加强相关研究和论证工作。

第五节　我国陆海统筹空间布局优化的对策建议

一、加强陆海空间规划协调

针对海洋规划管理与陆域规划管理衔接困难的问题，建议从以下两个方面加以统筹协调。一是加强海岸带及近岸海域生态环境承载能力、开发现状及开发潜力的研究，制定完善重点开发、优化开发、限制开发及禁止开发的区域范围和导向，并与陆域层面的全国主体功能区规划的相关规定进行统筹协调，流域开发规划、水利资源规划、环境保护规划要与海洋功能区划相衔接。二是加强海域有关规划与陆域有关规划的衔接，在土地利用总体规划中，应将海洋国土纳入沿海城市的市域土地利用总体规划范围，通过经纬度在海域上设置固定的规划外边界，并设置"围填海土地"、"海域"等相应的地类（或子类），实现沿海地区国土（含海域）面积总量稳定，解决目前由于围填海造成的总面积动态扩大、总量无法平衡、图数难以一致等管理困难。在主体功能区规划中，应将海洋国土纳入沿海地区主体功能区规划的规划范围，实现海陆"一张图"。三是加强海洋部门与其他部门的会商与衔接，建议沿海各市成立海洋委，并下设环境保护、国土开发、规划建设、产业发展等专项委员会，全面增强沿海地区海洋部门与其他管理部门的衔接和配合，以流域为抓手加强陆源污染防治和环境管理，通盘考虑海洋的渔业、能源、矿产、旅游资源与陆地的土地空间、产业基础、人力资源，将海洋环境承载力和陆海污染排放总量作为经济、产业布局的重要依据和硬约束条件。

二、控制港口建设过度超前

当前许多地方港口在规划建设时，按照腹地区域测算吞吐能力，但在实际运行中，只是承当了地方服务功能甚至仅仅是企业服务功能，特别是对腹地区域的重叠计算导致了许多港口建设超前、吞吐能力过剩、竞争日趋激烈。未来在港口的规划建设上，应坚持港陆联动原则，突出港口的外部性特征，发挥港口在资金、技术、信息等方面的辐射和传递作用，促进港口腹地区域市场与国际市场的联系交流，有序推动腹地区域开放和发展，避免港口属性的地方化、内部化。在港口发展上，应不强软件短板，增强货物组织、贸易服务和航运管理能力，缩短运输周期，降低运输成本，同时应以集疏运体系建设为抓手，积极拓展港口腹地，特别是要增强港口与中心城市、临近省会城市、主要工业城市的铁路联系能力。按照市场机制，通过港口的整合与兼并重组，增强区域内港口之间的分工与协作，共同拓展航线、共同开拓市场、共同享受收益，避免无序竞争，提高整体竞争力。

三、创新和加强围填海管理

加快编制全国围填海计划。按照适度从紧、集约利用、保护生态、海陆统筹的原则，经综合平衡后形成全国围填海计划草案，征求有关部门意见后按程序纳入国民经济和社会发展年度计划。围填海计划指标实行指令性管理，不得擅自突破。建立围填海计划台账管理制度，对围填海计划指标使用情况进行及时登记和统计，加强围填海计划执行情况的评估和考核。

加强对集中连片围填海的管理。对于连片开发、需要整体围填用于建设或农业开发的海域，省级海洋行政主管部门要指导市、县级人民政府组织编制区域用海规划，经省级人民政府审核同意后，报国家海洋局审批。区域用海规划应当依据海洋功能区划编制。要加强区域用海整体规划、整体论证、整体审批和整体围填海管理。

加强围填海项目审批。围填海项目的审批权在国务院和沿海各省、自治区、直辖市人民政府，规范围填海项目海域使用论证和环境影响评价工作，严禁规避法定审批权限，将单个建设项目用海化整为零、拆分审批。加强对围填海项目选址、平面设计的审查。禁止在经济生物的自然产卵场、繁殖场、索饵场和鸟类栖息地进行围填海活动。引导围填海向离岸、人工岛式发展，限制顺岸式围填海，严格控制内湾和重点滨海湿地围填海。围填海项目尽量不占用、少占用岸线，保护自然岸线，延长人工岸线，保留公共通道，打造亲水岸线。建设项目同时涉及占用陆域和海域的，国土资源主管部门和海洋主管部门应相互征求意见，核定用地和用海规模。加强围填海动态监测，完善竣工验收制度，严格禁止违法违规围填海。

四、加强岸线、海岛资源保护与合理利用

创新海岸带开发模式。坚持陆海统筹，合理规划开发岸线和保留岸线，通过海岸带更新、改造和整理，按照"陆域配套＋产业＋自然岸线"的模式，构建新型的海岸线空间。处理好岸线开发与陆域城区开发的关

系，彻底改变传统的海岸带高密度开发模式，提升岸线作为经济、生态、景观、人文资源的价值，实现岸线的永续利用，满足城市发展需求。

出台项目用海进出政策。一是出台海洋产业的准入政策，开展海洋经济对全市经济社会的影响及其效应的研究与评估，对海洋新兴产业予以跟踪研究，将新兴产业动态信息及时向社会披露。二是出台用海项目退出政策，启动填海工程及入驻项目的后评价机制，对在用海过程中不符合产业政策、环境政策的项目实行产业退出。

加强海岛保护。根据各海岛的自然条件，科学规划、合理利用海岛及周边海域资源，着力建设各具特色的综合开发岛、港口物流岛、临港工业岛、海洋旅游岛、海洋科教岛、现代渔业岛、清洁能源岛、海洋生态岛等，发展成为我国海岛开发开放的先导地区。在充分认识海岛资源的稀缺性和不可再生性基础上，制定海岛开发、利用、保护方案，合理利用海岛资源。加强生态型海岛保护，科学规划旅游型海岛的发展模式，对填海工程、连岛工程进行全面评估，总结经验、汲取教训，尽可能减少海岛开发利用产生的负面影响。

开发若干新型海岛。海岛是我国海洋经济发展中的特殊区域，在国防、权益和资源等方面有着很强的特殊性和重要性。海岛及邻近海域的资源优势主要是渔业、旅游、港址和海洋可再生能源。总体经济基础薄弱，生态系统脆弱。发展海岛经济要因岛制宜，建设与保护并重，军民兼顾与平战结合，实现经济发展、资源环境保护和国防安全的统一，开发舟山本岛、岱山、平潭、横琴等若干海岛。

专栏4-6：重要海岛开发利用导向

综合开发岛。陆域面积大、城镇依托好，开发利用较为综合的海岛。

港口物流岛。具有优越区位条件、深水岸线和一定陆域空间，以港口物流功能为主的海岛。

临港工业岛。具有较好建港条件和较大腹地空间，适合临港工业发展的海岛。

滨海旅游岛。具有优美自然景观、良好生态环境等旅游资源的海岛。

现代渔业岛。具有良好海域生态环境，渔业资源丰富，以现代渔业为主功能的海岛。

清洁能源岛。具有优越的风能、海洋能等能源资源，具备良好基础设施接入条件的海岛。

海洋科教岛。海岛或其附近海域具有较高科研价值，或高等院校、科研院所所在海岛。

海洋生态岛。具有较高海洋生态环境保护价值的海岛。

五、促进以海洋科技为重点的区域合作

我国海洋科技创新能力很不平衡，同时我国海洋经济发展进入了依靠科技带动才能加快发展的新阶段，因此要特别注重促进海洋科技创新能力的外溢，实施科技兴海战略。

发挥好北京的龙头作用。北京集聚了全国一半左右的海洋科技人才、海洋科技资源和海洋科技成果，是我国海洋科技创新的总策源地。应加强北京与沿海省份在海洋基础理论、海洋战略管理、海洋技术工艺等领域的研发实用合作。

加强上海、杭州、青岛、大连、广州、厦门等海洋科技创新能力较强的城市的辐射带动作用。提高海洋科技成果转化水平，通过改造传统海洋产业、培育战略性新兴海洋产业，利用海洋先进技术对渔业、盐业等传统海洋产业继续拧技术改造，促进传统海洋产业向规模化、集约化方向发展，提高产业的生产能力和经济效益，积极培育可以深化海洋资源综合利用的高技术产业，促进深海采矿、海水综合利用、海洋能发电等潜在海洋产业的形成和发展，促进沿海地区产业升级和跨越发展，建设科技发达的海洋强国。

参考文献：

1. 国家发展改革委，全国主体功能区规划（2011－2020）.

2. 国家海洋局，全国海洋功能区划（2011－2020）.

3. 国家海洋局，中国海洋统计年鉴（2011，2012）.

4. 鲍婕，吴殿廷等．基于地理学视角的"十二五"期间我国陆海统筹方略［J］.中国软科学，2011（5）.

5. 李文荣．海陆经济互动发展的机制探索［M］.北京：海洋出版社，2010.

6. 王江涛．海洋功能区划理论和方法初探［M］.北京：海洋出版社，2012.

7. 姜东明．港口经济推动沿海地区经济发展的分析［J］.中国人口资源与环境，2010（6）.

8. 李军．山东半岛蓝色经济区海陆资源开发战略研究［J］.中国人口资源与环境，2010（12）.

9. 孙加韬．中国海陆一体化发展的产业政策研究——基于海陆产业关联度影响因素的分析，博士学位论文，2011.

10. 曹忠祥．区域海洋经济发展的结构性演进特征分析［J］.人文地理，2005（12）.

11. 殷克东等主编．中国海洋经济发展报告（2012）［M］.社会科学文献出版社，2013.

12. 薛占林等主编．融入全球产业链的山东沿海经济带发展战略研究［M］.山东大学出版社，2007.

13. 何广顺，王小惠等．沿海区域经济和产业布局研究［M］.北京：海洋出版社，2010.

14. 姜朝旭，张继华．中国海洋经济演化研究（1949－2009）［M］.北京：经济科学出版社，2012.

第五章 统筹陆海资源开发

占地球表面积71%的海洋是人类赖以生存和发展的重要空间。自古以来，海洋就为人类提供了丰富的食物，"兴鱼盐之利"反映人类早期对海洋资源的利用；海洋还为人类提供了舟楫之利，"海上丝绸之路"曾为促进东西方文化交融和经济活跃作出了重要贡献。随着科学技术进步和陆地可利用资源日渐减少，新的海洋资源被不断发现，海洋价值观也随之发生变化，海洋对于人类生存和发展的战略地位日益凸显。从历史经验看，谁能最早、最好、最充分地开发利用海洋资源，谁就能从中获取最大利益、就可能成为真正的大国和强国。我国是一个陆海兼备的大国，除拥有960万平方公里的陆域国土外，还拥有300万平方公里管辖海域；在国际海底区域还拥有7.5万平方公里的多金属结核区。我国已成为世界上第二经济大国，随着经济快速发展和城镇化水平的提高，资源环境瓶颈约束日益突出。海洋是资源宝库，海洋资源开发对保障国家安全、缓解资源和环境瓶颈制约、拓展发展空间，将起到十分重要的作用。应从国家战略高度统筹陆海资源开发，实现陆海一体化发展。

第一节 国内陆海资源利用面临的形势

我国正处在工业化、城镇化快速发展时期，也是资源需求刚性增长阶段。随着经济规模的扩大和人民生活水平的提高，对资源需求量持续增加。陆地资源经过多年的高强度开发，面临可利用资源量日趋减少、开发难度不断加大的局面；蓝色海洋将成为提供战略资源和拓展发展空间的重要载体。

一、陆地资源禀赋相对较差，供需矛盾日益突出

（一）陆地资源人均占有量不足，资源利用方式较为粗放

由于人口众多，陆地资源人均占有量远低于世界平均水平且质量较差。石油、天然气、淡水、耕地、铁矿石等战略性资源的人均占有量分别只有世界平均水平的7%、7%、28%、43%和17%；铜、铝、镍、金等重要矿产人均占有量分别为世界平均水平的23%、15%、20%和19%，并且矿产资源总体品位偏低、贫矿多，难选冶矿多。土地资源中难利用土地多、可利用后备土地资源少；水土资源空间匹配较差，资源富集区与生态脆弱区多有重叠。与此同时，资源利用方式较为粗放，利用效率不高。据统计，2011年，我国国内生产总值占世界的比例不到10%，但能源消费量占世界的比例超过20%，单位国内生产总值能耗是美国的2.3倍、日本的4.9倍、欧盟的4.3倍；矿产资源总体回收率只有30%，比发达国家低近20个百分点；单位国内生产总值水耗约为世界平均水平的3倍。我国仍处于工业化中期，工业化、城镇化和农业现代化对土地、能源、淡水和矿产资源需求持续上升，粗放型的发展方式使得本来就很紧张的资源约束不断加剧，资源供需矛盾日益尖锐。

（二）能源对外依存度持续增大

进入21世纪以来，我国能源需求量快速增加。预计在今后较长一段时期仍将维持在较高水平，将面临能源供需矛盾突出的严峻挑战。据统计，2000～2011年，全国能源消费总量由14.6亿吨标准煤增加到34.8亿吨标准煤（见图5-1），年均增长8.2%，照此估算，到2020年我国能源消费总量将超过60亿吨，陆地资源显然难以满足需求。

自2002年以来，我国经济进入了高增长周期，能源需求量迅速增加，国内资源不能满足需求，迫使从国际市场大量进口能源。据统计，2000～2010年全国石油净进口量年均增长12.8%（见图5-2），高于同期国内生产总值年均增长10.4%的速度。2011年石油对外依存度达到56.7%，天然气进口量300亿立方米，煤炭进口量为1.8亿吨。石油进口量快速增

加，加剧国际市场供求矛盾，引起石油价格大幅波动。受国际油价暴涨的影响，我国为此付出了高昂的代价，经济可持续发展能力被削弱，能源安全风险犹存。随着经济总量增加和消费结构升级，能源需求总量将继续增加，石油、天然气等能源矿产的对外依存度将居高不下。

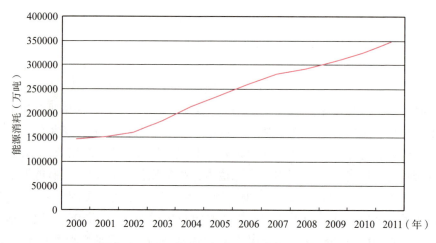

图 5 - 1　2000~2011 年我国能源消费总量变化

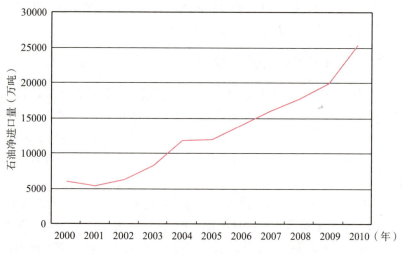

图 5 - 2　2000~2010 年我国石油净进口量变化

（三）重要矿产资源供需矛盾日趋突出

随着经济的高速发展对矿产资源需求量持续攀升，矿产资源消费量增长异常迅猛。据统计，2001～2011 年能源消费量增长 118%，粗钢消费量增长 300%，铜消费量增长 394%，钾盐消费量增长 50%，均高于同期世界平均增速的 0.5～1 倍，主要矿产资源产量增长速度明显低于消费增长速度。加之矿产勘查工作滞后，可供开发的矿产后备基地严重不足，相当一批资源可供性下降。据有关部门预测，在 41 种主要非能源固体矿产中，近一半矿种查明资源储量不能满足 2020 年需求，特别是铁、锰、铜、钾盐等大宗矿产供需缺口持续扩大，后备储量严重不足。曾经为经济建设做出重要贡献的一大批老矿山可采储量和矿石品位急剧下降，急需寻找接替资源。由于国内资源无法满足需求，矿产资源的对外依存度不断攀升，2011 年铁矿石、铜、铝、钾等大宗矿产的对外依存度分别达到 56.4%、71%、52.9% 和 52.4%，均超过 50% 的警戒线。如果没有新的接续基地发现和资源利用方式发生重大转变，主要矿产资源供需矛盾将更加突出，资源短缺可能从部分矿种向全面短缺演变，资源供应风险明显增加。

（四）淡水资源供需缺口增加

淡水资源是人类生存和发展不可缺少的基础性资源，是经济社会发展的战略性资源。世界上 97% 的水是海水，可供人类使用的淡水资源量仅占地球水资源量的 0.008%。我国淡水资源总量为 2.84 万亿立方米，占全球的 5%，居第六位；但人均水资源占有量不到 2100 立方米，为世界平均水平的 28%，是 13 个贫水国家之一。水资源时空变化大、分布不均，且与生产力布局不匹配，北方地区国土面积、人口、耕地面积和地区生产总值分别占全国的 64%、46%、60% 和 45%，但其水资源量仅占全国的 19%。其中黄河、淮河、海河水资源总量仅占全国的 7%，人均水资源占有量只有 460 立方米，是我国水资源供需矛盾最为突出的地区。由于人均水资源占有量少，年内年际变化大，增大了水资源利用难度，水资源供需矛盾已成为制约经济发展的瓶颈。据有关部门对全国水资源供需分析研究成果，正常年份在不超采地下水的前提下，全国缺水率为 6.3%，其中农业缺水约占缺水总量的 70%；北方地区现状缺水量为 337 亿立方米，占全国缺水总量的 83.4%，大部分地区缺水率在 10% 以上，部分地区甚至超过 20%。全国 653 个城市中有 2/3 的城市存在不同程度缺水，缺水量约 70 亿立方米，其中华北、东北、西北和沿海地区城市缺水较为明显。多年来，北方地区经济社会发展用水主要是靠超采地下水和挤占生态用水弥补不足。据《全国水资源综合规划》，全国地下水超采区面积近 19 万平方公里，地下水累计超采量已超过 2000 亿立方米，主要分布在北方水资源短缺地区。目前地下水年均超采量为 215 亿立方米，其中浅层地下水超采 141 亿立方米，深层承压水开采量为 74 亿立方米。由于地下水超采引发了地面沉降、地裂缝、海水入侵等环境地质问题，全国地面沉降总面积超过 9 万平方公里，海水入侵面积超过 1500 平方公里，渤海滨海平原地区海水入侵严重，海水入侵距离距岸达 10～30 公里。随着全球气候变化影响加大，我国水资源供需形势将更趋严峻，经济社会发展将受到供水不足的严重制约。

（五）土地资源面临多重压力

土地既是人类的生产资料和劳动对象，也是人类生存和生活空间。全国已利用土地 690 万平方公里，占陆地面积的 72%。上海、北京、天津、辽宁、浙江、江苏、福建等人口密集、经济发达的省市土地利用率更高。到 2011 年年底，全国耕地面积 121.7 万平方公里，占陆地面积的 12.8%；森林面积占 20.4%，低于世界平均水平。我国土地资源利用面临既要支撑经济发展、又要严格保护耕地确保国家粮食安全的双重压力。首先是由于人口总量增加而引起的人均耕地占有量减少的趋势难以逆转；其次是基础设施建设和推进城镇化不可避免要占用一定数量的耕地；再次是生态工程建设也会使耕地总量减少；还有农业结构调整和自然灾害毁损等也会减少耕地；国家一系列区域规划和区域政策的实施，建设用地供求矛盾将进一步增大。

二、海洋资源种类齐全，与陆地资源有较好的互补性

在我国主张管辖的 300 万平方公里的海域中，蕴藏着丰富的生物资源、能源资源、矿产资源、化学资源和空间资源，多数资源可以弥补陆地

可利用资源的不足。

（一）海洋生物资源

海洋生物资源包括天然海洋生物资源（捕捞资源）、养殖水生动植物资源、海洋医药资源和深海基因资源等。我国海域地跨温带、亚热带和热带三个气候带，海洋生物资源品种繁多。管辖海域内已鉴定的海洋生物资源有2万余种，约占世界海洋生物总种数的1/10，其中鱼类3048种，甲壳类中有虾类300余种、磷虾类42种、蟹类600余种，头足类91种，软体动物约有2500余种。据专家估算，海洋生物净生产能力达28亿吨，主要用于食品、药物、新材料、新能源等领域。浅海滩涂可养殖面积242万公顷，目前滩涂利用率只有20%左右；20米等深线以内的浅海利用率不到1%，扩大海水增养殖面积的潜力可观。目前我国水产蛋白消费量占人均动物蛋白消费量的1/3[①]，随着人们生活水平的提高，对水产蛋白的需求量呈上升趋势。海洋生物资源的开发可为国家提供粮食补充，在解决食物安全方面将起到举足轻重的作用。

（二）海洋能源资源

海洋能源主要包括海洋石油、天然气，海上风能、潮汐能等海洋可再生能源，天然气水合物等新能源。我国海域有沉积盆地130多万平方公里，已经发现20多个含油气盆地、120多个含油气构造，石油资源探明储量246亿吨，天然气资源探明储量16万亿立方米，分别占全国油气资源总量的23%和30%[②]。海洋还是可再生能源的潜在资源库，潮汐能、波浪能、温差能、海流能、盐差能等可开发资源4.41亿千瓦；近海10米水深的海上风能资源约1亿千瓦，近海30米水深的风能资源约4.9亿千瓦，是陆地风能资源的2倍。2007年5月，我国在南海北部首次钻获天然气水合物实物样品"可燃冰"，成为继美国、日本和印度之后第四个通过国家级研发计划采集到天然气水合物实物样品的国家，也是世界上第24个采到天然气水合物实物样品的地区。经初步估算，仅南海北部天然

---

①　海洋资源战略研究课题组.海洋资源战略研究报告，2010年10月。

②　《中华人民共和国国民经济和社会发展第十二个五年规划纲要》辅导读本，人民出版社，2011年4月。

气水合物储量达 194 亿立方米。"可燃冰"燃烧几乎无污染，能量是煤炭、石油、天然气的 10 余倍，被称为后石油时代的战略资源。随着能源开发技术的成熟，海洋有望为国民经济发展提供更多的能源份额。

（三）海洋矿产资源

海洋矿产主要包括海滨砂矿和海底矿产，我国的海滨和海底蕴藏着较为丰富的矿产资源。据统计，全国已查明的海滨砂矿 13 种，累计探明储量 15.3 亿吨，主要包括锆石、钛铁矿、独居石、磷钇矿、金红石、磁铁矿、砂锡矿和石英砂等。在南海的中沙群岛南部和东沙群岛东南部还发现富集的锰结核。据初步估算，在我国拥有的 7.5 万平方公里国际海底区域内，约有 4.2 亿吨干结核量，其中锰 1.1 亿吨，铜 406 万吨，镍 514 万吨，钴 98 万吨。随着深海采矿和选冶技术的突破，海洋将为国民经济发展提供持续的矿产资源支撑。

（四）海水资源

海洋水体是重要的海洋资源。海水中含有 80 种天然元素，其中含量较高的有氧、氢、氯、钠、镁、硫、钙和钾等。我国管辖海域海水中所赋存的化学元素氧、氢、氯、钠的含量分别为：2111 万亿吨、252 万亿吨、45 万亿吨和 25 万亿吨。海水利用包括海水直接利用、从海水中提取淡水、从海水中提取化工产品等，即通常说的海水直接利用、海水淡化和海水综合利用。我国已初步建成具有自主知识产权的千吨级和万吨级海水淡化示范工程，具备规模化应用和产业化发展的基本条件，海水可望成为沿海缺水城市的"第二水源"和缺水海岛的首选水源。

（五）海洋空间资源

海洋空间资源是指与海洋开发利用有关的海岸、海滩、海域、海上空间，包括港口港址、海上运输通道、旅游景观、海洋捕捞与养殖用海、海洋生态保护用海等。海洋空间占地球表面积的 80% 左右，是继陆地空间之后人类赖以生存和发展的重要载体，发达国家利用海洋空间资源已经有了比较成熟的技术。随着我国经济发展和科技水平的提高，海洋空间资源开发潜力可观。目前，大规模围海造地、人工岛、海上风能、海上桥梁、海上公园、海上浮动平台，海底隧道、管道、电缆、仓库等海洋工程以及海洋各类保护区、海上倾废场等都在快速发展。随着沿海地区经济发展和城市化水平的提高，拓展海洋空间已成为一种必然的选择，随着有关开发技术的提升，海洋空间资源在可持续发展中的优势将更加明显。

三、海洋资源利用前景广阔，可为有效缓解陆地资源瓶颈制约提供保障

在陆地资源供需矛盾日益突出的形势下，海洋丰富的资源和广袤的空间将成为国家经济安全和社会稳定的重要保障。海洋是一个巨大的资源宝库，海洋生物资源在为人类提供食物方面起着不可或缺的作用；近海丰富的油气资源及海底蕴藏的矿产资源，要比陆域丰富得多；水体通过水流、潮汐、波浪的密度和热能梯度作用，在提供新能源方面有着巨大潜能。据统计，世界上所消费的蛋白质有 12% 来自海洋鱼类，海洋渔业占到全球渔业产量的 90%；海洋石油产量约占世界石油总产量的 34%，海洋天然气产量约占世界天然气总产量的 26%[1]。随着科学技术的进步和海洋综合开发能力的提升，海洋资源为经济社会发展提供食物、能源、矿产、水、空间等，为缓解资源环境瓶颈制约发挥强大的支撑作用。

（一）海洋生物资源开发可为国家粮食安全提供重要补充

我国有海洋生物 2 万多种，其中海洋鱼类 3000 多种，全国海洋水产品年产量超过 2900 万吨，海产品产出蛋白质 410 万吨，相当于全国肉蛋产出蛋白质的 36%，已经成为我国重要的优质食物资源。海洋还是吸收太阳能并转化为生物资源的场所，是人类蛋白质的重要来源基地。据专家研究，在浅海两公顷海面的生产能力超过一公顷良田。我国 30 米等深线以内海域面积有 1.33 亿公顷，如果充分利用其生物生产力，就相当于增加 6667 万公顷农田；一公顷高产水面的经济收入，相当于 10 公顷农田的收入。我国浅海滩涂资源尚有较大的开发潜力，在耕地资源不断减少、保障国家粮食安全压力增大的形势下，积极发展海水增养殖业、建设海上牧

---

① 参见"坚持陆海统筹　科学开发利用蓝色国土空间"，中国网，2012 年 12 月 7 日。

场,可提供60%左右的水产品和海洋功能食品,有利于增加优质蛋白,改善居民食物结构。另外,海洋在保障沿海地区建设用地方面也发挥重要作用。据统计,"十一五"期间,全国累计围填海535平方公里,相当于同期沿海省(市)农业用地转为建设用地总面积的16%;近年来我国每年围填海120~150平方公里,在支持沿海地区经济发展、保护耕地和缓解建设用地紧张,拓展发展空间等方面发挥了重要作用。

(二) 海洋能源开发可为国家能源安全提供重要保障

我国是世界上石油生产大国,更是石油消费大国。从1993年开始,我国由石油净出口国成为石油净进口国,此后石油对外依存度逐年攀升,2011年达到56.7%。我国石油供应对国际市场的高度依赖,导致经济发展的潜在风险增大,受国际石油市场,乃至国际政治的影响比较明显。另外,我国石油进口来源较为单一,来自中东地区的石油占50%以上,进口石油主要通过苏伊士运河—印度洋—马六甲海峡,存在一定的通道安全风险。国内陆上石油增产潜力十分有限,而在200多万平方公里的大陆架海域中,有近70万平方公里的含油气盆地,蕴藏石油资源量240多亿吨,天然气资源量16万亿立方米,约占全国石油和天然气资源总量的1/3~1/4,有良好的勘探开发前景。除海上油气资源外,近海潮汐能、波浪能、海流能、温差能和盐差能、海上风能等海洋可再生能源种类齐全,全国海洋可再生能源理论蕴藏量6.3亿千瓦。另外,天然气水合物将是一种开发潜力可观的新型能源,主要分布在200~600米的洋底。在我国东海陆坡、南海北部陆坡、台湾省东北和东南海域均有天然气水合物形成的良好地质条件。迄今已在南海140平方公里的海域内圈定了11块天然气水合物矿区,探明储量达194亿吨油当量。随着海洋科学技术的进步,沿海各国大陆架油气勘探开发十分活跃,海上石油钻井深至3000米,海洋石油、天然气产量分别占世界总产量的30%和20%,为我国海洋油气资源开发提供了可供借鉴的经验。随着我国海洋能源开发步伐的加快,海洋能源对保障国家能源安全将起着越来越重要的作用。

(三) 海洋矿产利用可弥补陆地资源的不足

我国大陆海岸线一半以上是砂质海岸,尤其是在近岸河口浅滩和沿岸线浅海海域蕴藏丰富的砂矿资源，包括石英矿、磁铁矿、钛铁矿、锆石、铬铁矿、金红石等，滨海砂矿资源储量 31 亿吨。海洋矿产资源调查评价成果表明，我国海底矿产资源有着较大的开发潜力。业已发现的锰结核、钴结核和热液矿床等海底矿产资源不仅能弥补陆上锰、铜、钴、镍等金属矿产的不足，而且在国防、航空航天方面有重要应用前景，同时其开发活动在维护国家海洋权益中具有重要作用。在 2000～6000 米深的海底区域，蕴藏着包括大洋锰结核、海底多金属结核、多金属软泥、钴结核等矿产资源，有望形成大规模的深海采矿业。我国作为世界上第一人口大国，随着资源对外依赖种类增多、程度越来越高，以及国际上资源垄断、控制与贸易摩擦日益增多，利用境外资源的风险明显增大。重要大宗矿产资源长期受制于人，势必影响到国家经济安全，而海洋矿产资源的开发利用可以在一定程度上弥补陆地矿产资源的不足。

（四）海水利用是保障国家水资源安全的重要途径

水是生命之源，海水淡化是开源之举，是淡水资源的重要补充。海洋是巨大的液体矿，人类将越来越多地直接利用海水或进行海水淡化，以解决淡水资源不足的矛盾。我国海水淡化能力近 70 万吨/日，年直接用海水量约 500 亿立方米，淡化海水在北方沿海城市成为淡水的重要补充，在岛屿成为重要水源，海水利用已成为缓解沿海工业和大生活用水压力的重要途径。从长远发展看，庞大的人口总量及经济快速发展对水资源的需求，决定了大规模利用海水将是未来沿海地区发展的必然选择，是保障国家水资源安全的重要途径。

（五）海洋运输是发展外向型经济重要载体

在经济全球化时代，海洋充分发挥了"蓝色大动脉"的作用，海运是促进全球贸易发展的重要支撑力量，海运航道已成为具有全球意义的战略资源。我国有深水岸线 400 多公里，深水港址 60 多处，已建成亿吨级港口 12 个，在世界十大集装箱港口中，上海、深圳、广州、宁波—舟山、青岛位列其中，上海港集装箱吞吐量已超过新加坡港，跃居全球首位。我国拥有全球最大的集装箱运输船队，商船队遍布世界 1200多个港口，全国港口货物和集装箱吞吐量连续多年居世界首位，经过改革开放 30 多年的发展，我国已经建立起高度依赖海洋的开放型经济，外贸依存度超过 60% 。对外贸易运输量 90% 是通过海上运输完成，贸易的持续增长推动了海洋货物运输量和沿海港口吞吐量的大幅度增加，海上运输成为发展外向型经济的重要载体。海洋已成为国家经济安全的战略前沿，保障海洋通道安全对维护我国在周边及世界重要海峡的通航利益至关重要。

第二节　我国海洋资源开发现状评价

我国拥有广袤的海域，是潜力巨大的资源宝库，也是支撑未来发展的战略空间。按照《联合国海洋法公约》的有关规定和我国主张，我国管辖海域面积接近陆地面积的三分之一，其中与陆地领土具有同等法律地位的领海和内水面积为 38 万平方公里。海岸线南北长 18000 公里，居世界第四位；拥有面积大于 500 平方米的岛屿 7300 多个，海岛岸线长 14000 公里。我国是世界上最早研究、开发和利用海洋的国家之一，未来发展必将越来越多地依赖海洋。

一、海洋资源全面开发格局初步形成

进入 21 世纪以来，我国海洋资源开发步伐明显加快，利用规模迅速扩大。海洋水产品、海盐等海产品产量稳居世界首位，海洋石油、海水利用和海洋能源开发快速发展，已形成了由海洋渔业、海洋交通运输、海洋油气资源开发、海盐、滨海旅游、海水利用等全面发展的海洋资源开发利用格局。

（一）传统海洋资源开发利用规模居世界前列

海洋渔业资源开发实现了"养捕兼举"向"以养为主"的方向转变，促进了海水养殖朝着多品种、多模式、工厂化和集约化方向发展。据统计，全国海洋水产品产量由 2000 年的 2539 万吨增加到 2011 年的 2908 万吨，其中海洋捕捞量由 1477 万吨减少到 1357 万吨，海水养殖产量由 1061

万吨增加到 1551 万吨、连续 20 年稳居世界首位，养殖规模较大的品种有海带、紫菜、贻贝、牡蛎、蛏、蛤、蚶、对虾、鱼类等。

沿海规模以上港口完成货物吞吐量由 2000 年的 12.6 亿吨增加到 2011 年的 61.6 亿吨，2011 年沿海集装箱吞吐量 13145 万标准箱，沿海港口货物吞吐量和集装箱吞吐量已连续多年居世界第一，上海港货物吞吐量连续多年居全球首位。

食盐是海水中提取量最多的化学物质。2010 年海盐产量 3286 万吨，占全国原盐产量的 46.7%，海盐产量连续多年保持世界第一。

（二）新兴海洋资源开发快速发展

近 20 年来，我国石油产量增长的一半以上来自海洋，海洋石油已成为我国原油增量的主要来源，为保障全国石油供给做出了重要贡献。据统计，2010 年，全国海洋石油产量 4710 万吨，占全国石油总产量的 23.2%；海洋天然气产量 111 亿立方米，占全国天然气产量的 11.7%。预计到 2015 年，海洋能为国民经济解决 1/10 左右的油气需求量。

在国家政策的支持下，海水利用技术和产业快速发展，海水淡化规模大幅度增加。据不完全统计，到 2011 年年底，全国已建成海水淡化装置的产水能力达 66 万吨/日，在建淡化装置水产能 26 万吨/日，海水直接利用量达 488 亿立方米。从发展趋势看，随着海水利用技术的成熟，海水利用（特别是海水淡化）规模将迅速扩大，海水淡化在沿海缺水城市将成为淡水供应的重要来源，可极大缓解沿海城市和岛屿的用水压力。据有关部门预测，到 2020 年海水利用对解决沿海地区缺水的贡献率将达到 26% ~ 37%。

在海洋生物制药方面，自 1985 年首个海洋药物藻酸双酯钠研制成功，从"九五"开始，国家将海洋药物研究列入国家高技术研究计划，取得了较为丰硕的研究成果，迄今已有藻酸双酯钠（PSS）、甘糖酯（PGMS）、海力特和海洋中药岩藻糖硫酸酯（FPS）等 7 个海洋药物获国家批准生产，获省级批准生产的海洋药物 10 多个，全国海洋药物生产企业 20 多家。

我国海洋可再生能源开发始于潮汐能开发利用，潮汐能发电技术处于世界先进水平。从 1955 年至今，先后建成小型潮汐能电站 76 座，其中长期运行发电的 8 座，目前仍在发电的有 2 座，潮汐电站装机容量4150 千瓦。江厦电站是我国最大的潮汐电站，迄今已正常运行 20 多年，年发电量 600 万度。经过江厦电站的研建和规划论证，在潮汐电站规划选址、设计论证、设备制造安装、土建施工和电站运行管理等方面，积累了较为丰富的经验，具备了开发中型潮汐电站的技术条件。全国首座万千瓦级潮汐电站于 2010 年在浙江三门县开工建设，规划装机容量为 2 万千瓦。

海上风力发电发展迅速。全国首个海上风电场——上海东海大桥 10万千瓦海上风电场于 2007 年开工建设，2010 年 100 兆瓦海上风电场并网发电。迄今全国已建成沿海风力发电厂 20 多个，其中南澳风力发电场、大连横山风电场等实现并网发电，海上风能年发电能力达到 470 万千瓦。2012 年，我国自主研发设计制造的 6 兆瓦海上风力发电机组在江苏连云港下线，成为国内单机功率最大的海上风力发电机组。

依托丰富的海岸带、海岛和海洋景观资源发展滨海旅游业，使其成为海洋经济的重要组成部分。滨海旅游业增加值由 2001 年的 1072 亿元增加到 2011 年的 6258 亿元。

二、海洋资源开发总体上滞后于陆地资源利用

海洋与陆地是一个不可分割的整体，二者相互依存、相互影响。由于长期以来重陆地、轻海洋的观念，加之海洋资源开发对经济实力和科技水平要求颇高，在过去很长一段时期内，我国陆海资源开发呈现"海陆二元"特征，海洋资源开发明显滞后于陆地资源利用，陆域经济和海洋经济发展不协调。全国海洋资源综合开发利用率不到 4%，不仅低于发达国家 14% ~17% 的水平，也低于 5% 的世界平均水平。据初步估算，我国已开发利用的海洋资源在各种资源中的比例分别为：油气资源为 5%，旅游资源 30%，砂矿 5%，浅海滩涂为 2%，其中可养殖的滩涂利用率不足60%，15 米水深以内浅海利用率不足 2%，海水利用率更低。相比之下，陆地资源利用率却高得多，土地资源利用率为 73%，淡水资源利用率为21%，石油探明资源利用率为 64%，天然气探明资源利用率为 22%，煤炭查明资源利用率为 42%。

三、海洋资源总体开发不足与局部过度开发并存

我国是世界上最早开发海洋的国家之一，海洋水产等资源开发已居世界沿海国家前列。但从总体上看，海洋资源开发规模和利用水平同经济发展规模和世界海洋开发总体水平相比还显得落后。近岸海域过度开发与无序竞争、深远海资源开发严重不足。在海洋资源开发中，仍然存在"三重三轻"问题，重近岸开发，轻深远海资源利用；重空间开发，轻海洋生态效益；重眼前利益，轻长远谋划。在海洋开发活动比较集中、开发程度较高的滩涂、河口、海湾等近岸区域和近海，资源过度开发，不同产业用海之间冲突和资源退化问题愈演愈烈。近海海域因过度捕捞引起渔业资源急剧衰退，传统鱼类已形不成渔汛，部分水域几乎无鱼可捕，海洋水产资源总量明显减少，大量水生生物栖息地遭到破坏；水产养殖、海盐、农垦、围垦争占滩涂，盐业、渔业、石油开发、海港和航道建设相互影响等。另一方面，深远海区域特别是专属经济区和大陆架的海底油气、金属矿产、能源等资源开发严重不足，多数区域甚至尚未开展资源调查评价。海洋石油和天然气资源的平均探明率分别只有12.3%和10.9%，远远低于世界73%和60.5%的平均水平，而且近年来已开发的十几个海上油气田中产量位居前六位均在渤海，东海、南海海域开发缓慢，特别在占中国主张管辖面积3/4的南海海域，油气资源非常丰富，有"第二个波斯湾"之称，但油气开发几乎空白，为数不多的几口油井都集中在离陆地和海南岛不远的区域。全国滨海旅游资源利用率不到1/3，15米水深以内浅海利用率不到2%，海洋能开发和海水综合利用尚处于起步阶段。

四、海洋科技难以支撑海洋资源深度开发的需要

近年来，随着国家对海洋科技支持力度不断加大，在近海资源和环境基础研究以及海洋渔业、海洋卫星遥感、海洋环境预报、深海资源调查等领域取得了较为显著的成效。但从总体上说，我国海洋科技和世界先进水平相比，还存在很大差距，海洋科技支撑能力不强，海洋科技成果转化率不足20%，海洋科技进步贡献率约为30%，难以支撑建设海洋强国的

需要。

从海洋科学研究看：（1）调查研究海域主要在近海。无论是物理海洋学、海洋地质研究，还是海洋生物学、海洋化学研究，主要限于近海和河口，尚没有形成对深海大洋和极地的综合研究能力。（2）调查装备相对落后。国内海洋调查装备自主研发能力不强，已有装备大多数从国外引进。由于受国外技术封锁的影响，很多研究需要的调查装备短缺，缺乏现场长期观测、恶劣环境观测、底边界层观测等方面的设备。与此同时，已有的大型海洋装备设施，如海洋调查船共享机制还没有建立，导致海洋装备利用效率又不高。（3）海洋数据集成度、网络化及信息化程度不高，还没有统一的海洋基础信息管理系统。

从海洋技术有研发看：（1）部分先进水声装备研究开发尚处于初步阶段，离实现产业化尚有一定距离。水声技术滞后在一定程度上限制了对海洋环境的调查。（2）海洋观测与海洋预报系统建设处于起步阶段，在海洋数据同化技术和数值预报技术、环境立体化监测技术、计算机数据处理技术等还比较落后，海洋观测与海洋预报能力还不能完全满足日益增长的海洋资源深度开发的需要。（3）天然气水合物勘探技术也刚刚起步。对天然气水合物成藏动力学、成藏体系技术研究还不够，特别是对烃源研究不多；对天然气水合物沉积层岩石物理技术研究几乎没有涉及；对天然气水合物勘探技术的研究仍然不深入、不系统。（4）深海矿产资源勘探开发技术储备不足，对多金属结核以外的其他深海资源的研究深度、技术储备、潜在资源的占有能力明显落后于发达国家，甚至还不如印度、韩国；深海高新技术发展与储备也明显滞后，其中深海运载平台技术更为薄弱。（5）海水淡化技术中低温多效技术的核心部件、材料等基础研究不足，缺乏大规模海水淡化装置设计、加工制造、安装调试及运行维护的工程实践，需要通过规模示范等途径形成成套技术。反渗透膜组件、能量回收、高压泵等关键部件和材料仍从国外进口为主，还没有自主的大规模反渗透海水淡化成套工程技术，急需高压泵、能量回收、膜组件等关键配件的自主技术和批量生产，需要通过规模示范形成成套技术，以应对国内市场被国外公司垄断的局面。我国核能海水淡化技术还停留在研究阶段，没有工程实践。

五、近岸海域海洋资源过度开发导致海洋生态环境恶化的趋势尚未得到有效遏制

大规模的近岸活动导致近岸海域污染严重，海水质量下降，海洋生态环境加速恶化。近10年来，我国近岸海域污染范围扩大了近一倍。据统计，2012年全国劣四类海水海域面积6.8万平方公里，较上年增加了2.4万平方公里。大中城市毗邻海域和部分海湾污染较为严重，河流入海口海域污染未能得到有效遏制，造成近岸海域生境恶化，赤潮等海洋灾害频繁发生，生态系统健康严重受损，服务功能急剧衰退。由于盲目开发和陆源污染物大量排海，致使沿岸红树林、滨海湿地以及珊瑚礁等典型海洋生态系统受到严重破坏，部分海岸、海滩受到海水侵蚀、海水倒灌；一些海洋珍稀物种濒临灭绝；大部分沿海城市临近海域受到不同程度的污染。2012年沿海发生赤潮73次，累计面积7971平方公里，赤潮发生次数是2008以来最多的一年。9个重要海湾中，仅黄河口水质为优，北部湾水质良好，辽东湾、胶州湾和闽江口水质差，渤海湾、长江口、杭州湾和珠江口水质极差。

随着海上油气资源开发力度的加大，海上溢油事件也有愈演愈烈之势。2011年康菲公司在蓬莱19-3油田B平台发生海上重大溢油事故，污染面积超过840平方公里，给我们敲响了警钟。

第三节　国外海洋资源开发趋势

人类开发利用海洋资源历史悠久。早期由于受生产条件和技术水平的限制，对海洋资源的开发局限在近海鱼虾捕捞、晒海盐，以及海上运输等方式。17世纪20年代后，海底煤矿、海滨砂矿和海底石油开发逐渐涌现。20世纪60年代后，随着科学技术进步和人类对矿产、能源需求量的迅速增加，海洋资源开发利用进入新的发展阶段。大量开发海底石油、天然气和固体矿产；海洋生物资源利用从单纯的捕捞向养殖发展；建立潮汐发电站和海水淡化厂；利用海上空间建设海上机场、海底隧道、海上工

厂、海底军事基地等。1994 年《联合国海洋法公约》正式生效以来，包括美国、欧盟、日本、加拿大、澳大利亚及俄罗斯在内的沿海国家（地区）纷纷出台国家层面的海洋开发政策来推动海洋资源开发及其沿海经济发展。

一、主要海洋大国海洋资源开发

21 世纪是海洋世纪，统筹陆海资源开发，加快海洋资源利用已成为海洋大国发展战略的重要选择。

（一）美国

美国是海洋大国，也是世界上海洋资源开发利用最早、开发程度最高的国家。早在 1920 年，美国就开始对其沿海的油气田进行商业性开采。20 世纪 70 年代以来，美国政府认识到海洋的新价值，对发展海洋产业非常重视，相继发展海上油气、海底采矿、海水养殖、海水淡化等海洋新兴产业。90 年代以来，美国为保持其世界经济的领先地位，加强了对海洋资源开发战略的调整，加大海洋资源开发的投入，使海洋产业特别是新兴海洋产业迅速发展。美国约 18% 的石油和 27% 的天然气是由外大陆架生产；90% 以上的国际贸易由海路运输承担；每年约 1.8 亿人次到海滨旅游；美国 11% 的就业与海洋有关。美国的海洋工程技术、海洋生物技术、海水淡化技术、海洋能发电技术等高新技术居世界领先地位。

美国非常重视海上油气资源开发和控制。美国 56% 的石油需要从海外进口，其中近 1/4 的进口原油来自波斯湾。预计到 2020 年美国海外石油进口比例将超过 70%。长期居高不下的石油进口已成为危及美国经济安全的潜在风险。历届政府都十分重视石油安全，一方面巩固已有油田产量，开发其近海深部海底油气资源；另一方面，借助军事、外交、科技合作等途径，不断扩大对域外海洋油气资源的战略控制。在政府的支持下，美国的主要石油公司已介入全球主要海洋石油富集区。除继续在波斯湾等传统石油富集区争夺资源外，在里海、我国的南海地区已经掌握和控制了一批重要油气勘探开发区。

美国十分重视对海洋资源和生态环境保护。长期以来，美国政府在海洋资源开发与环境保护之间寻求平衡点。《21世纪美国海洋政策》提出，要把实现可持续发展、保护海洋生物多样性和以生态系统为基础的管理作为制定新的国家海洋政策的指导原则之一。美国政府制定了非常具体的海洋资源利用和保护政策，其中包括促进珊瑚礁和深水珊瑚礁保护，加强对海洋哺乳类、鲨鱼和海龟保护，推进外海水产养殖、保护和恢复海岸带生态环境、控制船舶污染，建立国家水质监测网络等。

（二）日本

日本是一个岛国，陆域国土面积小、陆地资源贫乏，海洋资源丰富，拥有3.5万公里的海岸线。日本政府从20世纪60年代开始，把经济发展重心从重工业、化学工业逐步向发展海洋产业转移，迅速形成了以海洋渔业、海洋交通运输业、海洋工程等高新技术产业为支柱的海洋产业。20世纪90年代初期，日本政府确定了"海洋立国"的综合战略，采取官产学结合，乃至军界共同参与海洋资源开发利用。2004年日本投入1400亿日元启动大陆架调查，旨在全面摸清大陆架资源状况。有日本学者预测，如果勘测到的大陆架划归日本，在此海域中所蕴藏的金、银、钴资源可供日本使用5000年、锰可用1000年、天然气可用100年。2007年4月，日本通过的《海洋基本法》，为强化海洋国家战略，解决与周边国家在领土主权、海域划界和资源争夺方面的争端提供了法律依据。由于陆域狭小，日本高度重视开发海洋空间资源，以海洋相关技术为先导，发挥地方优势，发展适合当地特点的海洋资源产业，并使海洋资源开发向纵深发展，形成近20个海洋产业，如沿海旅游业、港口及运输业、海洋渔业、海洋土木工程、船舶修造业、海底通讯电缆制造与铺设、海水淡化等，构筑新型的海洋高新技术产业体系。

（三）英国

英国地处西北欧，东、南隔北海、多佛尔海峡、英吉利海峡与欧洲大陆相望，全境由靠近欧洲大陆西北部海岸不列颠群岛的大部分岛屿组成，为欧洲最大的岛国，面积24.4万平方公里。海岸线曲折，总长约1.9万公里，其间良港密布，近岸海域油气、渔业等海洋资源丰富。丰富的海洋资源已成为英国的能量之源、立国之本。英国海洋产业占GDP的6.8%，海洋运输、造船和海洋渔业是传统产业，95%的国际贸易通过海洋运输；拥有渔业捕捞船7000多艘，总吨位居欧盟第二位；海洋水产养殖业产值占欧盟的17%；海洋装备制造业发达，60%以上产品出口海外；海洋石油和天然气开发是新兴海洋产业，在北海油田开发前，英国的石油和天然气主要依靠进口；北海油田开发后，英国由石油进口国成为石油输出国，海运、海洋油气开发、海洋可再生能源开发等主要海洋产业创造100多万个就业岗位。滨海旅游业是英国的第二大海洋产业。英国政府十分注重对海洋资源的保护，在海洋资源管理方面的重要手段是加强海洋立法，其法规主要有四大类，包括涉及200海里专属经济区的海洋权益法规、涉及海岸带资源开发利用的有关法规、地方性立法以及政府各部委发布的法规章程，为依法管理海洋提供了有力的保障。

（四）韩国

韩国是一个三面环海的半岛国家，北部与朝鲜接壤，拥有1.1万公里的海岸线，居世界第10位；拥有3200个大小岛屿。韩国高度重视海洋资源开发，走出了以海洋资源开发带动国民经济发展，以沿海经济开发引领区域均衡发展的道路。韩国政府高度关注国际海洋事务，通过国内立法调整海洋政策和管理，全力维护海洋权益。1952年1月发布了《关于毗邻海域主权的总统声明》；1977年12月颁布了《领海法》，宣布12海里领海宽度；1987年12月颁布实施《韩国海洋开发基本法》，旨在规定海洋和海洋资源的合理开发、利用与保护的基本政策和发展方向。该法还对政府职能进行了规定，规定政府必须制定海洋综合开发基本计划，并根据基本计划制定海洋开发实施计划。1996年1月，韩国批准了《联合国海洋法公约》，同年8月，韩国政府通过了《专属经济区》法，主张200海里专属经济区。韩国已建立了12海里领海、24海里毗连区、200海里专属经济区和大陆架。2000年，韩国出台了《海洋韩国21世纪》（Ocean Korea 21），旨在增强国家海洋权利，实现21世纪海洋强国的国家基本计划。韩国海洋资源开发要达到四化：一是世界化。把全球海洋作为海洋产业发展，积极参与分享国际海域海洋资源；二是未来化。为子孙后代建设舒适的海洋国土空间；三是实用化。以发展国家经济为先导开发海洋资源；四是地方化。保护海洋资源的地区特性。

二、沿海发达国家海洋资源开发利用态势

纵观当今沿海发达国家的海洋资源开发，主要呈现以下态势：一是海洋资源开发利用规模迅速扩大，开发方式由传统的单项开发向现代综合开发转变，海洋渔业、海洋交通运输业、滨海旅游业、海洋油气开采业迅猛发展；海洋化工、海水养殖、海水淡化等新兴海洋产业已形成一定规模；以高技术为依托的海洋生物医药、深海采矿、海洋能源利用等新兴海洋产业迅速发展。二是人口、经济继续向沿海聚集。三是发展海洋循环经济和促进海洋资源可持续利用成为自觉行动。

（一）依靠高科技提高海洋资源深度开发水平

以高技术为支撑的近海油气业、临港工业和生产性服务业迅速发展，成为现代海洋产业主体，带动其他海洋资源开发。20世纪80年代以来，美、英、法等传统海洋经济强国，以及日本、韩国、澳大利亚等国都制定了海洋科技发展规划，提出了优先发展海洋高科技的战略决策。韩国在"Ocean Korea 21"展望中提出，要通过"蓝色革命"维护韩国的海权，通过发展以科技知识为基础的海洋产业促进海洋资源的可持续发展。澳大利亚制定了《澳大利亚海洋科学技术发展计划》，通过出台一系列的促进海洋科学技术发展政策，激励和引导科学技术发展，保护海洋生态环境，提升海洋竞争力，保持其海洋科技的领先地位。

海洋科技创新发展使得海洋研究领域不断拓展，而海洋研究领域的拓展又提高海洋资源深度开发利用水平。尤其是深海勘测和开发技术的逐渐成熟，以及科学考察船、载人潜水器、遥控潜水器、深海拖拽系统、卫星等先进设备的使用，人们对海洋资源的开发从近海逐步转向深海，开发内容也由简单的资源利用向高、精、深加工领域拓展。高技术的应用使海洋资源开发中传统产业不断升级，同时又不断开发新的海洋资源和建立新的海洋产业。由于海洋生物、新材料、环境工程、资源管理技术等在苗种培育、生产和管理中得以应用，使海洋生物资源开发方式发生了根本性转变。海洋药物研究与开发已经成为世界各国，特别是一些沿海发达国家的热点。日本、美国等在研究和开发海洋药物方面走在世界前列，海洋生物

制药已成为相对成熟的学科。以海洋地质、地球物理、遥感技术为调查手段，以移动式钻探和开采平台技术为开发手段，使海洋油气业向深部海域拓展，海洋油气开发从 300 米以深的水域向 3000 米以深的超深水发展，世界深海油气田的钻采水深记录不断刷新，2010 年达到水下 2953 米。油气生产系统从水面向水下与海底转移，以克服浮式系统因水深加大所面临的极恶劣环境条件，主流深海和超深海油田越来越多采用能引领未来深海油田生产方式的"水下生产系统"。

（二）人口、经济继续向沿海聚集，河口海岸和岛屿成为海洋开发热点

海洋资源开发利用的一个重要趋势就是人口、经济、产业不断向沿海地区聚集，成为全球经济新的增长点，全球约 60% 的人口和 2/3 的大中城市集中在沿海地区。美国大西洋沿岸 11.5% 的国土面积，聚集了 15% 的人口、30% 以上制造业产值，成为美国经济发展的中心和世界经济的重要枢纽。日本东海道城市群 20% 的国土面积，聚集了全国的 61% 人口、2/3 的工业企业和就业人口、3/4 的工业产值和 2/3 的国民收入，是日本政治、经济、文化、交通的中枢。地处江海接合部的河口海岸和河口岛屿，其通江达海的区位条件使其拥有外通大洋、内连经济腹地的优势，已成为世界顶级城市和特大城市的聚集地，成为各国海洋经济发展的中心。

（三）海洋循环经济成为海洋资源开发的理想模式

随着近岸资源的日渐减少，海洋资源开发逐步由近海向深远海发展。海陆一体化开发，双向辐射、陆海优势互补的临海产业群发展，带动海洋资源深度开发。基于生态系统的海洋循环经济是未来发展趋势，是海洋资源可持续利用的理想模式，已有部分国家在海洋政策中明确提出以生态系统为基础的开发准则。美国是最早开展海洋循环经济相关理论和方法研究的国家之一，早在 2000 年 8 月美国通过的《2000 年海洋法》，在该法律的第九部分中，阐述了强有力的经费保障是实施新的国家海洋政策的关键，而国家财政拨款是海洋经济和海洋循环经济发展的重要经费来源。日本政府用于海洋循环经济发展的支持拨款主要有两个途径：一方面，国家加大力度支持与物质形态变化、化石燃料枯竭、信息共享等相适应的海洋

空间利用，并开发只有在深水和有冰海域才存在的石油和天然气，推进风力发电等无污染资源的利用以及废弃物的回收和利用等。另一方面，利用财政拨款强化和完善海洋监测系统，以便进一步加强海洋环境保护和海洋循环经济的发展。

（四）追求海洋资源可持续利用成为自觉行动

1994 年《联合国海洋法公约》生效后，确立了全球海洋权益的新格局。200 海里专属经济区的划定将占世界大洋 30% 的水域划归沿海国家管辖，随之而来的是海洋资源开发的竞争与合作成为发展趋势。人类对海洋的观念从过去的一味索取转变为开发与保护相协调，世界各海洋大国在开发海洋资源的同时，都十分注重对海洋环境的保护，以实现海洋资源的永续利用。澳大利亚政府在积极推进海洋资源开发的同时，为保护大堡礁优美的自然景观和动植物的多样性，早在 1975 年就颁发了《大堡礁海洋公园法》，1991 年制定了《2000 年海洋营救计划》，提出了保护海洋环境的具体办法和措施。美国国家海洋政策的指导原则是可持续性原则，提出"海洋政策的制定应确保海洋资源的可持续利用，确保未来子孙的利益不受到侵犯"。

第四节　统筹陆海资源开发的总体思路和重点领域

21 世纪是人类开发海洋资源、发展海洋经济的新世纪。随着陆地资源和空间压力与日俱增，人们已将发展重点逐步由陆域转向资源丰富、地域广袤的海洋，海洋成为经济社会活动的重要场所，未来的发展属于掌控海洋的国家。我国管辖海域蕴藏着丰富的资源可供开发，国际海域有众多资源可供全人类分享，在陆地资源瓶颈制约日益凸显，周边国家以争夺资源为核心的海洋权益斗争持续加剧的形势下，统筹陆海资源开发，就是要在推进陆地资源高效利用的同时，实行陆海资源统筹配置，加快海洋资源开发利用步伐。重点加大对海洋资源调查评价与开发、海洋科技的投入，着力提高海洋资源的控制能力和深度开发水平，加快推进我国由经济大国向经济强国的转变。

一、总体思路

充分发挥我国海陆兼备的优势，把陆地和海洋作为整体考虑，根据国内发展需要和国际海洋开发形势变化，协调陆地资源高效利用和海洋资源开发的关系，以维护国家权益和保障资源安全为出发点，以陆地资源开发技术和产业为依托，以创新海洋科技为动力，统筹陆海资源开发利用规划，统筹陆海资源开发利用强度与时序，统筹近海资源开发与深远海空间拓展，统筹管辖海域资源开发与国际海域资源利用，着力提高陆地资源节约集约利用水平，着力提高海洋资源掌控能力和综合开发能力。近期要控制陆地资源开发强度，重点提高管辖海域海洋生物资源、海洋能源、海洋矿产资源、海水资源、海岛保护与开发能力；中远期控制陆地资源开发规模，重点提高全球海洋资源掌控能力和海洋资源开发的科技支撑能力，逐步形成以陆促海、以海带陆、陆海资源统筹开发的格局，为把我国建设成为海洋强国奠定坚实的基础。

二、重点领域

围绕统筹陆海资源开发，实现海陆优势互补，全面提高海洋资源开发、控制和综合管理能力，缓解资源对经济社会发展瓶颈制约的总体目标，选择统筹近海和深远海生物资源开发、统筹陆海能源资源开发、统筹陆海矿产资源开发、统筹淡水节约和海水综合利用、统筹海岛保护与开发作为陆海资源统筹开发的重点领域。

（一）统筹近海和深远海生物资源开发

海洋生物资源既是人类食物的重要来源，又是重要的医药原料和工业原料。目前，水产蛋白消费量占人均动物蛋白消费量的 1/3 以上；随着人们生活水平的提高，对水产蛋白的需求呈快速增长的趋势，丰富的海洋生物资源是未来扩大食物来源的重要领域，对保障国家粮食安全和新药研发等将起到举足轻重的作用。坚持"生态优先、养捕结合"和"控制近海、拓展外海、发展远洋"的方针，统筹兼顾海洋生物资源需求、资源养护和生态环境保护，实现养殖、捕捞、深度加工协调发展。

严格控制近海生物资源捕捞强度、拓展远洋渔业作业海域。针对近海过度捕捞导致渔业资源严重衰退，部分海洋珍稀物种濒临灭绝等问题，切实保护近海天然生物资源，严格控制捕捞强度。优先开发黄海、东海、南海争议区渔业资源，在专属经济区形成生物资源开发和海产品生产基地。积极发展远洋和外海渔业，把"走出去"抢占国际水产品资源作为今后一段时期现代渔业发展的主攻方向，扩大远洋渔业作业海域，由近海拓展到中西太平洋、印度洋、西南大西洋的斐济、阿根廷等国家和地区，作业方式由单一的拖网拓展到金枪鱼延绳钓、围网船和鱿鱼钓等。中央和各级地方政府要加大对远洋渔业发展的支持力度，在太平洋、印度洋和大西洋岛国建设远洋渔业服务基地，为远洋渔船提供配套服务，形成大洋渔业、极地渔业和海外综合远洋基地全面发展的格局。

积极发展海水养殖。我国的海水养殖主要集中在海湾、滩涂和浅海，从而导致内湾近岸水域养殖密度过大，富营养化问题突出。扩大近海养殖，推广高效生态养殖技术，建立养殖清洁生产示范工程和专业化、工厂化养殖基地，逐步向海洋农牧化发展，到2020年，使我国近海海域成为稳定的海产食物开发区和海上农牧化基地。由于深海水质好、环境污染少，将养殖海区由20米等深线推进到水深40米，并在海南、辽宁等海域建立养殖基地，积极发展海外养殖基地。加强海洋生物技术开发研究，以海水养殖优良品种培育和健康苗种繁育为重点，培育优良品种及抗病抗逆品种，稳步提高海水养殖良种覆盖率，用高科技推进海水养殖业从"规模产量型"向"质量效益型"转变，使我国由海水养殖大国向海水养殖强国转变。以综合配套和工程化技术体系为支撑，发展综合养殖、生态养殖和健康养殖，建设具有特色的陆地基工厂化养殖与深海基地网箱养殖，提高设施养殖的经济效益和生态效益。

提高海洋水产品加工利用水平。以海洋捕捞低值鱼类的精深加工、海水养殖动物的高值化加工和副产物的综合利用为重点，提升海洋水产品加工和安全控制水平。加强海产品的深加工和综合利用技术研究，发展保活、保鲜技术，开发新型加工产品，提供更多营养、健康、优质的蛋白质，保证食物安全，开拓国内外市场。围绕实现高档资源高水平产出，打破以往就地销售远洋水产品的经营方式，将金枪鱼、鱿鱼等高值资源运回国内进行精深加工，提高产品附加值。

开发海洋药物和生物制品。瞄准海洋新药研究的发展前沿，针对严重危害人类健康的肿瘤、神经系统、代谢性以及感染性疾病，建立符合国际规范的海洋药物科技创新体系和功能完备的海洋创新药物研究开发技术平台，支持具有自主知识产权和市场开发前景的海洋药物研发。开发海洋生化制品，形成工业用酶、生物材料、化工原料，提高海洋生物技术产业的效益。支持海洋药物和生物制品的研发与产业化，促进海洋生物医药和生物制品业发展，争取到 2020 年使我国海洋药物和生物制品研发能力接近发达国家水平，并在国际主流市场占有一席之地。建立海洋生物和药物资源样品库，推进海洋生物产业公共服务及创新平台建设。

（二）统筹陆海能源资源开发

我国是能源生产和消费大国，能源消费总量超过 36 亿吨标准煤。随着经济发展和人民生活水平的提高，能源需求将持续增长。增加能源供应、保障能源安全、保护生态环境是一项长期的战略任务。考虑调整能源结构和保护环境的需求，煤炭在一次能源消费结构中的比重将持续下降，特别是东部沿海地区煤炭资源日趋枯竭，产量下降，煤炭资源开发加速向生态环境脆弱的西部地区转移。陆地石油增产潜力有限，陆地可再生能源主要分布在西部地区，远离消费市场。海洋石油、天然气、海上风能、地热资源、潮汐能、波浪能等海洋能源开发潜力大，开发利用水平低，沿海地区能源需求量大、供需矛盾日趋突出。调整陆地能源生产结构，加快海洋能源开发，有效增加清洁能源供应，缓解能源短缺和能源消费引起的环境污染。

调整陆地能源生产结构。提高陆地天然气产量，推进煤层气、页岩气等非常规油气资源开发利用。积极研究和开发太阳能、地热能、风能、核能以及生物质能等"绿色能源"的新技术和新工艺，实施一批具有突破性带动作用的示范项目，推进有序开发和商业化利用。加强对核能企业和项目运行的监管，有序发展核电。在做好生态保护和移民安置的前提下积极发展水电。加快分布式能源发展，将可再生能源纳入国家电网建设规划，提高电网对非化石能源和清洁能源发电的接纳能力和电网调度自动化水平。

第五章　统筹陆海资源开发

加快海洋油气资源调查评价。我国是环太平洋油气带主要分布区之一，海岸带和浅海大陆架蕴藏着丰富的油气资源，天然气水合物资源前景可观。但是，国内海洋地质调查工作严重滞后，远远落后于陆地基础地质调查评价，海域油气资源家底不清，开发后备储量明显不足，与世界发达国家相比总体落后20～30年，既不能满足国家经济建设、维护海洋主权权益和军事海防的需求，也与海洋大国的地位极不相称。根据"合作勘探开发与自主勘探开发"相结合的原则，加快开展小比例尺和重点海域中比例尺海洋区域地质调查，实现我国管辖海域区域地质调查全覆盖。尽快完成黄海、南海北部深水区油气资源调查评价，发现一批大中型油气田，加快深远海特别是专属经济区和大陆架海洋资源的勘探进程，为形成海上油气接续基地提供资源储备。

加快开发海洋石油、天然气资源。提高渤海、东海、珠江口、北部湾、莺歌海、琼东南等海域现有油气田采收率，配合海洋油气资源开发，在陆上港口附近建设若干海洋石油基地。逐步减少对渤海油气资源的开发，将渤海变成国家油气资源战略储备基地。根据"搁置争议、共同开发"的原则，加强我国与南海周边国家的合作，加快包括南沙群岛在内的南海区域油气资源开发步伐，加强后勤服务和保障基地建设。逐步推进海洋油气资源开发布局由近岸浅海向远海和深水转移，加快推进黄海、东海、南海争议海域油气资源开发，在大陆架区域形成油气资源开发基地。

科学开发海上风能、潮汐能等可再生能源。我国海上风能的量值是陆上风能的2倍，主要分布在东南沿海地区，具有广阔的开发前景。制定海上风电发展规划，完善配套基础设施，提高气象保障能力，加强电网并网技术研究。积极发展离岸风电项目，有序推进海上风电基地建设，提高产业集中度。加快建设近岸万千瓦级潮汐能电站、近岸兆瓦级潮流能电站、海岛多能互补独立电力系统等示范工程。在浙江、福建等海洋可再生能源丰富的省份建设海洋可再生能源规模化示范工程，推进国产海上风电装备大规模利用。

开展天然气水合物调查评价和关键技术研究。以天然气水合物开发及利用关键技术和中试示范为切入点，以钻探取芯、化学工程与热能工程为主要手段，开展天然气水合物开采和应用关键技术研究，形成具有自主知识产权的技术系列，以满足国内能源开发和占领国际技术市场的战略需求。

（三）统筹陆海矿产资源调查评价与开发

矿产资源是人类社会生产、生活的重要物质基础，是永恒的基础性资源。近年来，我国主要矿产资源产量增长速度明显低于消费增长速度，相当一批资源可供性下降，曾经为经济建设做出重要贡献的一大批老矿山可采储量和矿石品位急剧下降，可供开发的矿产后备基地严重不足，急需陆海并举寻找接续资源，提高资源综合利用水平。

推进实施陆地找矿突破战略行动计划。加快实现找矿突破，是促进矿产资源可持续利用的前提。充分发挥政府财政资金的引导作用，鼓励和引导社会资金投入矿产勘查，培育壮大商业性勘查市场主体，营造有利于商业性矿产资源勘查的环境，为实现找矿突破提供保障。切实加大中央和地方财政的地勘投入，以石油、天然气、铁、铜、铝、铅、锌等国家紧缺矿产为主攻方向，重点在天山—兴蒙—吉黑构造带、南方中上扬子海相盆地、青藏高原、重点海域等油气资源远景区，国家规划建设的神东、晋北等14个亿吨级煤炭基地，晋冀、辽东吉南、天山—北山等19个重要成矿区带，以及大中型矿山深部和外围开展矿产勘查，实现找矿重大突破，提供一批可供开发利用的矿产后备基地，为山西、鄂尔多斯盆地、蒙东、西南和新疆五大国家能源战略基地建设，铁、铜、铝、铅、锌等国家急缺矿种接替基地建设，提供资源保障。

推进陆地共、伴生矿产资源综合利用。成矿地质条件的复杂性造成我国共、伴生矿产多、单一矿产少，如有色金属矿85%以上是综合矿。由于共、伴生矿的复杂性，不仅导致很多共伴生矿难以开发或共伴生元素无法回收，也增加了开采、选冶成本。全国现有2000多座尾矿库，现存尾矿近150亿吨，每年新增矿山固体废弃物约15亿吨，尾矿平均利用率不到20%，矿产资源综合利用任务艰巨。究其原因：一是有些低品位、难选冶矿的综合利用技术亟待攻关；二是一些已经成熟的科研成果受资金、政策等方面的制约还没有转化为生产力。要整合矿产资源综合利用研发力量，形成协同攻关机制，重点支持一批矿产资源综合利用关键技术研发，实施协同技术攻关，推动科技进步与创新；对重大采选冶技术、矿产综合利用技术、循环利用技术等进行示范性研究与开发，最大限度地利用矿山尾矿。将矿产资源综合利用纳入矿产资源规划体系中，从矿产勘查、矿山设计和开发均需包括矿产资源综合利用内容。完善矿产资源综合利用的法规标准，健全财税配套政策，加强资源综合利用认定，提高矿产资源综合利用的法律地位，加快成熟技术的推广应用。

加快深海矿产勘查、开发技术的储备。深海矿产资源开发需要深海勘探、资源开采和加工利用技术的支撑。发达国家从 20 世纪 50 年代就开始把深海矿产资源开发技术作为国家战略储备技术，推动其研发、中试、海试直至产业化。我国从 1978 年启动深海矿产资源勘探工作，经过 30 多年的努力，在深海资源勘查、开采和选冶技术方面已经形成了一定储备，部分技术已经达到国际领先水平，但离实现产业化仍有一定距离。预计到 2020 年，我国将基本完成深海资源商业开发的物质准备和技术储备，可望形成部分深海产业。为促进深海矿产规模化开发，需要建设深海海洋勘探开发技术及设备平台，推进水下运载及作业装备的产品化和国产化，初步形成 4500 米水深级浮力材料、长效高密度电池、大直径耐高压钛合金球壳、水密接插件、水下电机、水下推进系统、液压系统、机械手等配套通用关键部件产业化基地。积极发展深海固体矿产、资源的勘探、开采、加工技术，推进技术体系及其设备制造的产业化进程，为适时建立深海产业提供关键技术装备，使我国在未来深海资源商业开发中占据主导地位。加快专属经济区和大陆架的资源勘探开发步伐，以达到掌控资源和宣示主权的双重目标。积极参与国际海域资源调查评价，加强深海基础科学和调查评价技术研发，参与国际海域事物，增强对国际海域事物的主导权。

（四）统筹淡水节约与海水综合利用

据《全国水资源综合规划》，全国水资源可利用量为 8140 亿立方米，水资源可利用率为 29%，其中北方地区水资源可利用量为 2540 亿立方米，水资源可利用率为 48%；南方地区为 5600 亿立方米，水资源可利用率为 25%。目前全国水资源开发利用率为 21%，其中北方地区为 50%，南方地区为 14%。虽然近 30 年来我国水资源利用效率有较大幅度的提高，但同发达国家相比还有较大的差距。全国工业用水重复利用率为 55%，万元国内生产总值用水量比世界平均水平高 3 倍，地下水超采区面积达 19 万平方公里，不少地方水资源开发已超出承载能力。水资源过度开发、粗放利用、水环境污染严重，水资源问题已成为制约可持续发展的瓶颈。随着工业化、城镇化进程加快，全球气候变化影响加大，我国水资源供需形势更趋严峻，坚持开源与节流并重的原则，把海水淡化水源纳入水资源配置体系，在强化淡水资源节约的同时加快海水利用步伐，保障国家水安全。

强化淡水资源节约。把节水贯穿到经济社会发展和群众生产生活全过程，优化调整产业布局，推动经济转型升级，大力发展节水灌溉，形成节水型产业结构、生产方式和消费模式。在水资源紧缺和供需矛盾突出的地区，合理调整产业结构和工业布局，优化配置水资源，严格控制发展高耗水项目和扩大灌溉面积，做到以水定需、量水而行、因水制宜。加快制定区域、行业和用水产品的用水效率指标体系，严格执行高耗水工业和服务业用水定额国家标准，强化用水定额和计划管理，实施重点用水企业监控。抓紧制定节水强制性标准，实行节水标识认证，建立节水产品市场准入制度，普及推广节水技术，促进工业和城镇生活节水。研究制定工业节水器具、设备认证制度，发布工业节水器具和设备目录，加快推进工业节水器具和设备认证，适时推进市场准入制度。对钢铁、纺织、造纸等重点用水行业新建企业（项目），应达到《重点工业行业取水指导指标》规定的新建企业（项目）取水指标。

扩大海水利用规模。海水利用包括海水淡化、海水直接利用和海水综合利用。目前我国海水淡化利用主要集中在电力、石油和化工、钢铁等沿海工业企业及部分市政供水，其中电力行业约占57%，石油和化工行业占22%，其余依次是市政、钢铁、港务等。由于海水淡化成本相对较高，缺乏市场竞争力，加之国家支持力度不够，海水利用发展缓慢。从全局高度充分认识海水利用的重要性，确立海水利用在国家水资源配置及沿海地区经济发展中的战略地位，将海水利用纳入国家水资源配置体系和区域水资源利用规划，明确全国海水利用中长期目标。在沿海缺水城市、地下水超采严重地区和海岛将海水利用作为约束性指标纳入经济社会发展中长期规划，积极推进利用海水作为工业冷却用水及城市冲厕用水，淡化海水作为城镇生活用水。根据海岛发展需求，建设规模适中的海水淡化工程，重点解决乡、镇以上行政建制、海岛上军民的淡水供应问题。因地制宜利用海上风能、太阳能、潮汐能，积极推进新能源与海水淡化耦合技术的推广与应用。制定扶持政策，拓宽海水利用领域，鼓励沿海缺水地区多利用海水，创建海水利用试点城市，城市新增用水优先使用淡化水，在保障公共饮用水安全的前提下将淡化水作为市政供水的组成部分，优化供水结构，推进海水淡化和综合利用在沿海地区的普及程度，减轻对淡水资源的压力。从保证水资源供给安全的战略高度，开展近海特大型缺水城市（如北京）利用淡化海水作为补充居民生活饮用水的可行性比选与论证。

加快海水利用关键技术及装备研发，提高成套装置集成水平。研究和开发海水淡化、海水直接利用和海水综合利用的关键新材料、新工艺和技术装备，并建立大型示范工程，提高产品国产化率，努力降低海水淡化成本。在海水淡化领域，重点开展反渗透高性能海水淡化膜和组器、能量回收装置及高压泵等关键技术和装备的研发，以及低温多效（LT－ME）海水淡化关键技术研究与应用，如：LT－ME 中的铝合金和钛管、热泵装置和大型多效装置等。在海水直接利用领域，重点开展海水冷却塔、热交换器和绿色水处理药剂等技术的产业化，海水烟气脱硫技术装备研发与应用，以及海水软化技术装备研发与应用。在海水提取化学元素领域，重点开展海水高效提钾、提溴、提镁、提锂、提铀，发展高端深加工产品。在海水集成技术领域，重点开展发电、供热、海水淡化与综合利用相结合，形成生态产业链的集成技术，海水利用大型化成套设备和大型工程成套技术等。

建设海水利用产业化基地。在天津、青岛等海水利用技术支撑力量强、产业化基础好的大城市，建设国家海水利用产业化基地，重点发展包括建立膜法海水淡化技术装备生产基地、发展海水利用设备制造业、海水化学资源综合利用产业等。

（五）统筹海岛保护与开发

我国是世界上海岛最多的国家之一，面积大于 500 平方米的海岛有7300 多个，其中距大陆岸线 10 公里以内的海岛占 70%；面积小于 500 平方米的岛礁数万个，海岛陆域总面积约 8 万平方公里，占全国陆地面积的0.8%[1]。海岛是一个非常特殊的区域，海岛及其周边海域蕴藏着丰富的

---

① 参见《全国海岛保护规划》，国家海洋局，2012 年 4 月。

水产、旅游、港口、生物和矿产资源以及风能、太阳能和潮汐能等可再生能源，在维护国家权益、保障国防安全、保护生态环境等方面具有十分重要的经济价值和战略地位，科学开发海岛是我国实现海洋强国战略的重要任务。由于受自然、交通和政策等因素的限制，我国海岛开发利用程度较低，开发秩序比较混乱，影响海岛资源可持续利用。按照《海岛保护法》和《全国海岛保护规划》的要求，实行逐岛定位、分类开发、科学保护。

定期开展海岛资源、环境综合调查评价。每十年开展一次"全国海岛资源和生态调查与评估"，全面掌握海岛数量、位置、面积、资源、生态、保护与利用的基本情况和变化情况，更新海岛资源基础信息，建立高精度、大比例尺、实用可靠的海岛管理信息系统，为海岛开发与保护提供可靠依据。适时开展"海岛地名普查"、"领海基点海岛保护情况调查"和"无居民海岛使用情况普查"等专项调查，定期发布海岛调查统计公报，公布有居民海岛名录和海岛对外开放名录。开展领海基点海岛保护状况评估，对部分受损严重的领海基点海岛进行修复；开展领海基点、自然保护区、国防等特殊用途海岛的标志设置；完善海岛上的助航导航、测量、气象观测、海洋监测和地震监测等公益性设施。

推进海岛合理开发。在海岛及其周边海域划定禁止开发和限制开发区域；严格执行建设项目环境影响评价，根据资源、环境承载力，合理控制岛上人口规模。根据《全国海岛保护规划》，以有居民海岛为重点，完善重要海岛配套基础设施建设。一是通路。加强岛上道路硬化，改善岛上居民出行条件；完善进出岛码头建设，畅通水路，为岛上居民及游客进出提供便利。二是通水。做好岛上淡水收集和海水淡化工作，因地制宜建设海岛水库、大陆引水工程，以适应岛上居民生产生活用水需求。三是通网。加强岛上 Internet 网、有线电视网等网络建设，畅通海岛信息渠道，提升海岛信息化水平。四是实施海岛防风、防浪、防潮工程，提升重要海岛应对自然灾害能力。

促进无居民海岛的开发与保护。规范无居民海岛开发利用秩序，由政府统一规划、统一安排，将部分无居民海岛出让或出租使用。对一些开发条件比较好的无居民海岛，由政府投资或引资建设码头和道路，解决岛上的水、电、路、通信等基础设施，再将要建设的地块或整岛出让。定期更新和发布边远海岛名录，编制无居民海岛保护与利用规划，重点扶持并建成 5~10 个边远海岛开发利用示范工程，鼓励边远海岛发展远洋捕捞、海水养殖、生态旅游、交通运输、中转贸易等特色产业，促进边远海岛开发、建设和保护。对事关国家利益的无居民海岛，国家出资在岛内建设码头、道路、供水、供电和通信等基础设施，鼓励居民在岛上生产和生活，维护国家权益。

第五节　统筹陆海资源开发的政策建议

随着海洋资源的深度开发，海陆关系日趋紧密，海陆间资源互补性、产业互补性和经济关联性进一步增强。海洋资源开发需要陆地经济和技术提供支撑，陆域经济发展需要海洋提供资源和空间保障，要从规划、科技等方面统筹陆海资源开发，加大对海洋资源开发的支持力度。

一、将海洋资源开发纳入国家和区域相关规划

统筹陆海资源开发就是要破除长期以来"重陆轻海"的传统观念，树立海洋国土意识，把利用海洋资源作为国土资源开发的重要组成部分，确立海陆整体发展的战略思维。正确处理海洋开发与陆地开发的关系，实现海陆资源优势互补和优化配置，加强海陆互动、联动和协调发展。

将海洋资源开发纳入国家和地区综合性规划。总揽全局，统筹陆海两大经济发展格局，将陆地和海洋视为整体发展空间，科学制定海洋大国战略规划和政策指南，维护和拓展海洋权益。综合考虑陆海资源特点，优化陆海的经济功能、生态功能和社会功能，以陆海协调为基础编制国家、区域综合发展规划和计划，充分发挥陆海互动、联动作用，促进陆海一体化。在国家、省（市）国民经济和社会发展中长期规划等综合性规划中充实海洋资源开发、利用与保护的内容，将海洋资源开发、利用和保护纳入《全国国土总体规划纲要》，协调《全国主体功能区规划》和《全国海洋功能区划》。

将海洋资源开发与保护纳入国家和地区相关专项规划。正确处理陆海资源开发与可持续发展之间的关系，将资源开发、治理和生态保护相结

合，实现陆海资源开发和谐一致、协调发展。将海洋资源开发和保护纳入国家和省（市）中长期专项规划、实施方案和具体项目中，如将海水利用纳入《全国水资源综合规划》和沿海省市水资源综合规划，将海洋矿产资源勘查和开发纳入《全国矿产资源规划》和《全国地质勘查规划》，将海洋环境保护纳入《全国环境保护规划》和沿海省市环境保护规划，将围填海和海岛开发纳入《全国土地利用总体规划纲要》和省市土地利用规划，等等。

二、提高海洋资源开发的科技支撑水平

科技是海洋资源开发的基础，科技创新是海洋经济发展的动力，科技人才是将海洋科技转化为生产力的载体。海洋资源开发对科学技术高度依赖，但是我国海洋科学研究和技术水平与当今国际发展趋势和我国建设海洋强国的需求相比极不适应。我国在海域权益维护中的被动局面在一定程度上与资源勘探开发能力有限、技术水平不高有关。海洋资源开发需要科技先行，加快推进海洋科技资源共享平台、技术创新平台、成果转化平台和深海科技平台的建设，强化海洋科技人才引进和培养，为抢占海洋科技制高点创造条件。

建立海洋科技资源共享平台。针对海洋科技资源比较分散、条块分割、重复建设，资金、人力、研究设施缺乏统筹协调、利用率不高等问题，以整合相关领域的存量资源为基础，优化增量资源配置，建立共享机制，提高海洋科技资源利用效率，增强自主创新和服务能力。整合、凝聚优势科技资源，运用联盟化、平台与孵化器相结合的模式，建立按市场化运作的海洋科技资源共享平台。一是加强科技文献资源共享服务平台的数字化关键技术研发，形成为用户提供网络化、集成化、个性化的文献信息服务能力。二是加快大型科学仪器和设备共享平台建设，建设大型科学仪器和设备共用网，整合大型科学仪器和设备资源共享服务体系。三是加快网络科技环境平台建设。整合各类海洋科技资源，形成科技创新网络环境，面向全国提供海洋科技服务。海洋科技资源共享平台坚持政府、部门、企业及相关单位共同参与，以"激活海洋科技资源，促进开放共享，服务企业需求，促进社会发展"为宗旨，通过盘活存量、优化增量，整

合海洋领域大型科研仪器设备、涉海大型科学数据库、种质资源库、科技人才数据库等优势科技资源，促进需求与供给对接，提高资源开放共享率，促进全国海洋科技资源开放共享。在不改变现有科技管理体制的前提下，对海洋科技资源的管理与运营进行改革，采用资产所有权与经营权分离的原则，实现开放科技资源的最大化利用。

完善海洋科技成果交流合作和转化平台。交流合作平台是科技交流与合作的重要载体，可以提供跨学科、跨地域、跨国界的科学研究和交流合作环境。交流合作平台主要包括各类展会、对外科技交流平台等。国家有关部门要定期发布海洋科技成果转化指导目录和海洋高技术产品目录，国家海洋管理部门定期组织召开海洋科技成果交流会，及时推广转化科技成果。继续发挥青岛蓝色经济发展国际高峰论坛的作用，把高峰论坛打造成为海洋科技合作和交流的国际平台。

重视海洋高端人才引进和培育。一是加快海洋高端人才引进。积极对接国家各项人才计划，加快引进一批海洋领域高端战略人才。二是积极打造面向未来的科技人才团队。建立优秀、精良的面向未来的科技人才梯队。分步培养与引进一批具有较高知识水平、业务素质与工作能力的优秀研究人员和专业技术人才；在各学科分别培养、造就若干具有较高学术造诣，在国内外具有较大影响力的学科带头人，形成系统的海洋科技人才梯队。三是建立海洋科技人才长效培养机制。依托各类涉海高校和研究机构，建立针对海洋科技各个领域的人才培养长效机制，建立包括高端研发人才、技术实用人才和综合管理人才在内的复合型人才培养体系。

三、加大海洋资源开发政策支持力度

海洋资源深度开发具有高投入、高风险的特征，需要国家加大支持力度。

（一）财税支持政策

研究和制定扶持海洋能源、海洋生物制药、深海资源开发、远洋捕捞的税收优惠政策，支持海陆一体化中海洋资源利用产业的优化与升级。加大中央财政对海洋资源调查评价和开发技术研究的投入力度；建立科技兴海多元化投入机制，促进海洋科技成果加快转化。在政府主导下，研究建立海洋资源勘探、开发市场化机制，鼓励和引导民间资本参与海洋资源勘探和开发，拓宽投融资渠道。

（二）出台扶持海水利用政策及标准

我国海水利用扶持政策明显不足，应加大扶持力度，促进海水利用产业健康、快速发展。国家扶持海水利用政策包括：为城镇生活供水的海水淡化（含输配水工程）项目比照同类水利供水工程的政策，建设资金由中央和地方财政给予补助，其用地、用电给予优惠；允许经批准为城镇生活供水的海水淡化项目的淡化水优先进入城市自来水管网，对淡化水与当地自来水的差价地方财政给予补贴；海水淡化涉及的管网纳入市政基础设施建设；为城镇供用水服务的海水利用相关企业参照同类企业给予税收减免，适时取消海水利用进口设备的税收优惠政策。建立健全海水利用标准体系。

（三）完善海岛保护与开发政策

海岛所处的地理环境特殊，离陆地较远、淡水资源缺乏、土地资源不足、基础设施较为薄弱、台风等自然灾害频发，加之海岛开发投入成本较高，单靠民营企业开发难以长久维系，需要政府政策扶持，维护开发者的利益，保障国有资源的有效利用。充分认识科学开发海岛资源与海岛保护的辩证统一关系，树立"在保护中开发、在开发中保护"的海岛管理理念。制定海岛建设的财政、土地、海域使用等相关优惠政策，促进海岛招商引资。在项目建设和管理上引入产业化运营模式，科学把握开发建设时序和规模，分阶段、分梯次、有重点推进海岛综合开发，提升海岛经济发展的质量和效益。在资金筹措上发挥市场机制作用，采取政府投入为引导、企业和社会投入为主体、其他投入为补充的多元化投入机制，支撑海岛经济发展。规范海岛开发审批程序，鼓励保护性开发和资源修复性开发，杜绝损害海岛及其周围海域资源环境的开发。制定海岛海陆统筹发展规划，做好与邻近陆地产业的结合，解决海岛开发分散、粗放、产业结构雷同、低水平重复建设等问题。

四、加强海洋资源开发的国际合作

海洋开发必须树立"以开发促开放、以开放促开发"的理念，实施"引进来"和"走出去"相结合的发展战略，主动参与国际海洋资源开发、国际海洋科技的合作，在经济全球化和世界海洋开发格局的整体框架下推进海洋资源深度开发。一是立足国内，继续将管辖海域海洋开发与空间拓展作为战略重点，提高控制、利用和综合管理能力，着力提高海洋资源综合开发实力与国际竞争力；二是放眼全球，高度重视利用公海和国际海底资源，积极参与海洋开发国际事务，通过自主勘探开发和主动参与国际合作，积极利用公海资源和国际海底资源，抢占资源开发技术制高点，最大限度地维护我国在国际海域的政治权益和经济利益，提高在公海及国际海底开发中的参与权和话语权，保障国家战略利益。三是高度重视利用全球海洋资源，借助军事、外交、经济、科技合作与交流等途径，扩大对域外海洋油气、生物资源的战略控制。建立国际海洋科技合作机制，积极参与国际海洋重大科学研究计划。

参考文献：

1. 曹忠祥. 我国海洋经济发展的战略思路 [J]，宏观经济管理，2013（1）.

2. 范恒山. 发展海洋经济要陆海统筹做大实业 [OL]，和讯网，2012－11－04.

3. 郭宝贵等. 我国海洋经济科技创新的思考 [J]，宏观经济管理，2012（5）.

4. 王敏旋. 发达国家海洋经济总体发展趋势 [J]，环球视野，2012（4）.

5. 汤坤贤等. 我国海岛开发开放政策探讨 [J]，海洋开发与管理，2012（3）.

6. 韩增林等. 陆海统筹的内涵与目标解析 [J]，海洋经济，2012（2）.

7. 曹忠祥. 我国海洋战略资源开发现状及利用前景 [J]，中国经贸导刊，2012（4）.

8. 王殿昌. 陆海统筹促进海洋经济发展 [J]，港口经济，2011（12）.

9. 刘锡贵. 开发利用海洋资源必须坚持五个用海 [J]，海洋开发与管理，2011（10）.

10. 水利部发展研究中心海水利用联合调研组. 关于积极发展我国海水利用的几点建议 [J]，水利发展研究 2011（9）.

11. 张燕燕等. 海洋的开发与利用 [J]，中国科技投资，2011（6）.

12. 鲍捷等. 基于地理视角的"十二五"期间我国海陆统筹方略 [J]，中国软科学，2011（5）.

13. 孙吉亭. 我国海洋经济发展中的陆海统筹机制 [J]，广东社会科学，2011（5）.

14. 王倩等．关于"海陆统筹"的理论初探［J］，中国渔业经济，2011（3）．

15. 李开孟．我国海洋资源的开发及可持续利用［J］，中国投资，2009（1）．

16. 国家海洋局海洋发展战略研究所课题组．中国海洋经济发展报告（2013）［M］．北京：经济科学出版社，2013．

第六章　统筹陆海生态环境保护

狭义的中国海包括渤海、黄海、东海和南海，属于半封闭海，易受陆地活动影响。与 20 世纪 80 年代初相比，中国海洋生态与环境问题在类型、规模、结构、性质等方面都发生了深刻的变化，环境、生态、灾害和资源四大生态环境问题共存，并且相互叠加、相互影响，呈现出异于发达国家传统的海洋生态环境问题特征，表现出明显的系统性、区域性和复合性。必须坚持以生态系统为基础、陆海统筹原则，加强陆海环境一体化治理，才能遏制目前不断恶化的海洋生态环境。

第一节　近海海洋生态环境现状及其
重大影响因素[①]

一、近海海洋生态环境现状

（一）近海环境状况

近年来，中国近岸海域总体污染程度依然较高，近海海域污染面积居高不下，2012 年污染海域面积与过去 10 年相比大致处于平均水平，但污染程度最重的劣四类海水海域面积达 4.4 万平方公里，显著高于过去 10

---

　　① 中国海洋可持续发展的生态环境问题与政策研究课题组. 中国海洋可持续发展的生态环境问题与政策研究 ［M］. 北京：中国环境出版社，2013.

年的平均水平。近岸海域各类水质海域面积中，第二类海水面积最大，占37.6%，其次是第一类海水面积。污染严重的海域集中在大型入海河口和海湾，包括辽东湾、渤海湾、莱州湾、胶州湾、象山港、长江口、杭州湾、珠江口等海域。这些区域大多为中国沿海经济发达地区，先污染后治理的发展之路使得这些地区背上了沉重的环境债务。目前海水中的主要污染物是无机氮、活性磷酸盐和石油类。

（二）海洋生态系统健康状况

2012 年监测结果表明：中国受监控近岸海洋生态系统处亚健康和不健康的占 80%。据初步估算，与 20 世纪 50 年代相比，中国累计丧失57% 天然滨海湿地、73% 红树林面积，珊瑚礁面积减少了 80%，2/3 以上海岸遭受侵蚀，沙质海岸侵蚀岸线已逾 2500km。外来物种入侵已产生危害，中国海洋生物多样性和珍稀濒危物种日趋减少[1][2]。其中，河口为河流与海洋相互作用的区域，2012 年监测的典型河口生态系统均呈亚健康状态。双台子河口、长江口和珠江口海水富营养化严重。污染、大规模围海造地、外来物种入侵，导致滨海湿地大量丧失和生物多样性降低，中国近岸海洋生态系统严重退化。

（三）海洋生态环境灾害

中国管辖海域的生态环境灾害主要包括赤潮、海岸侵蚀、海水入侵和溢油等。

与 20 世纪 90 年代相比，21 世纪以来，赤潮发生频测和影响海域面积都呈现上升态势。2001 ~ 2012 年，每年平均发生赤潮 79 次，赤潮面积达到 16300km²。赤潮发生次数和累计面积均为 20 世纪 90 年代的 3.4 倍[3]。从多年的趋势上看，赤潮发生有从局部海域向全部近岸海域扩展的趋势。2008 年和 2009 年连续两年发生浒苔绿潮，累计直接经济损失近 20 亿元。2008 年黄海的绿潮曾对奥运会帆船比赛产生严重干扰，引起全球关注。2012 年赤潮发现的次数为 2008 年以来最多，达到 73 次，但累计

---

[1] 国家海洋局. 中国海洋环境质量公报（2001 ~ 2012）［R］.
[2] 近岸海域指水深小于 10m 的海域.
[3] 国家海洋发展战略研究所. 中国海洋发展报告 2013［M］. 北京：海洋出版社，2010.

面积较 5 年平均值减少 2585 平方千米。

随着中国从石油出口国转为石油进口国，石油进口数量不断上升。目前，中国海上石油运量仅次于美国和日本，居世界第 3 位，中国港口石油吞吐量正以每年 1000 余万吨的速度增长。随着运输量和船舶密度的增加，中国发生灾难性船舶事故的风险逐渐增大，中国海域可能是未来船舶溢油事故的多发区和重灾区。同时，海上油气开采规模的扩大也增加了溢油生态灾害的风险，2011 年发生的渤海蓬莱 19 - 3 溢油事故，对渤海生态环境造成较大损害。受到溢油事故的影响，2012 年事故海域的海洋生物多样性指数低于背景值，鱼卵仔鱼数量仍较低。

（四）近海海洋渔业资源

中国近海渔业资源在 20 世纪 60 年代末进入全面开发利用期，之后海洋捕捞机动渔船的数量持续大量增加，由 60 年代末的 1 万余艘迅速增加至 90 年代中期的 20 余万艘[1][2]。随着捕捞船只数和马力数不断增大，加之渔具现代化，对近海渔业资源进行过度捕捞，导致资源衰退。捕捞对象也由 60 年代大型底层和近底层种类转变为目前以鳀鱼、黄鲫、鲐鲹类等小型中上层鱼类为主。传统渔业对象如大黄鱼绝迹，带鱼、小黄鱼等渔获量主要以幼鱼和 1 龄鱼为主，占渔获总量的 60% 以上，经济价值大幅度降低[3][4]，渔业资源已进入严重衰退期。

二、影响近海海洋生态环境的重大因素

（一）陆源入海污染严重

陆地上的人类活动产生的污染物质通过直接排放、河流携带和大气沉降等方式输送到海洋，已严重影响着海洋生态环境质量，成为中国海洋环

---

①　全国水产统计资料（1949~1985）.

②　农业部渔业局. 中国渔业年鉴 1998 ［M］. 北京：中国农业出版社，1998.

③　Tang Q S，Effects of long-term physical and biological perturbations on the contemporary biomass yields of the Yellow Sea ecosystem//Sherman K，Alexznder L M，Gold B O. Large Marine Ecosystem：Stress Mitigation，and sustainability ［J］. AAAS Press，Washington D. C.，USA 1993，79 - 93.

④　金显仕，赵宪勇，孟田湘等. 黄渤海生物资源与栖息环境 ［M］. 北京：科学出版社，2005.

境恶化的关键因素①。

近年来，随着点源污染治理取得成效，通过河流输入到海洋的陆源污染中，农业非点源污染所占的比重越来越大。全国第一次污染源普查结果表明，全国农业污染源2007年排放的化学需氧量达1324万吨，是工业源排放量的2.3倍（在重点流域，农业源更高达工业源的5倍）。来源于农业、农村的污染物通过径流输送，更影响到下游沿海地区水质和海洋环境。因此，农业污染源已经成为中国陆地和海洋水污染控制的突出问题，流域农村环境问题的治理已经刻不容缓。

2012年，经由全国72条主要河流入海的污染物分别为：化学需氧量1388万吨，营养盐270万吨，石油类9.3万吨，重金属类4.6万吨，砷3758万吨。其中，化学需氧量成降低趋势，营养盐呈上升趋势。

大气沉降是营养物质和重金属向海洋输送的重要途径之一。有研究表明，大气沉降是陆地溶解无机氮输入到黄海西部地区的主要途径②，黄海海域由大气沉降输入海洋的铵氮（NH_4+-N）甚至超过了河流的输入量③。

（二）大规模围填海加剧

作为向海洋拓展生存和发展空间的重要手段，自新中国成立至今，中国沿海已经历了4次围填海浪潮。特别是最近10年来以满足城建、港口、工业建设需要的新一轮填海造地高潮，1990~2008年，中国围填海总面积从8241平方公里增至13380平方公里，平均每年新增围填海面积285平方公里④。据不完全统计，随着新一轮沿海开放战略的实施，到2020年中国沿海地区发展还有超过5780平方公里的围填海需求，必将给沿海生态环境带来更为严峻的影响。

目前中国的围填海呈现出如下特点：①围填海的利用方式从过去的围

---

① 国家海洋发展战略研究所课题组. 中国海洋发展报告2010 ［M］. 北京：海洋出版社，2010.

② Zhang J，Chen S Z，Yu Z G，et al. . Wu QM. Factors influencing changes in rain water composition from urban versus remote regions of Yellow Sea ［J］. Journal of Geophysical Research，1999，104：1631 - 1644.

③ Chung C S，Hong G H，Kim S H. Shore based observation on wet deposition of inorganic nutrients in the Korean Yellow Sea Coast ［J］. The Yellow Sea，1998，4：30 - 39.

④ 付元宾，曹可，王飞等. 围填海强度与潜力定量评价方法初探 ［J］. 海洋开发与管理，2010，27（1）：27 - 30.

海晒盐、农业围垦、围海养殖转向了目前的港口、临港工业和城镇建设，围填海所发挥的经济效益在逐渐提高；②围填海规模持续扩大。1990～2008年，平均每年新增围填海面积285平方公里，2009～2020年的围填海需求甚至平均在每年500平方公里以上，明显呈现出规模持续扩大、速度不断加快的特点；③围填海集中于沿海大中城市临近的海湾和河口，对生态环境影响大；④项目规划与论证大多不够充分，审批周期短，项目实施快；⑤管理制度不完善，监管困难。2002年《海域法》实施以前，围填海基本处于"无序、无度、无偿"的局面；2002年1月《海域法》正式实施之后，围填海管理有所加强，但是由于地方政府巨大的填海需求以及管理制度的不完善，监管起来困难重重。

大规模填海造地对中国海洋生态环境造成了巨大损害，主要表现在：①滨海湿地减少和湿地生态服务功能下降；②海洋和滨海湿地碳储存功能减弱，增加全球气候变化对海岸带影响的风险；③鸟类栖息地和觅食地消失，湿地鸟类受到严重影响。④造成底栖生物多样性降低。⑤海岸带景观多样性受到破坏。⑥鱼类生境遭到破坏，渔业资源难以延续。⑦水体净化功能降低，导致附近海域环境污染加剧。⑧围填海速度过快，加剧沿海生态灾害风险。填海造地加大了新增土地的地面沉降风险，加重海岸侵蚀，削弱海岸防灾减灾能力，海洋灾害损失加剧。

（三）流域大型水利工程过热

中国大型水利工程数量高居世界第一，世界坝高15m以上的大型水库的50%以上在中国，绝大部分分布在长江和黄河流域[1]。大型水利工程导致河流入海径流和泥沙锐减，其中8条主要大河年均入海泥沙从1950～1970年的约20亿吨减至近10年的3亿～4亿吨，对河口及近海生态环境产生显著的负面效应，如曾是世界第一泥沙大河的黄河入海泥沙减少了87%，辽河、海河和滦河入海泥沙量实际上为零，而径流量下降

---

[1]　贾金生，袁玉兰，李铁洁.2003年中国及世界大坝情况［J］.中国水利，2004，14（13）：25～33.

90％以上①②③；淮河以南的南方主要河流入海径流总量虽然变化不大，但入海泥沙发生锐减，其中长江减少了67％。

流域入海物质通量变化导致河口三角洲侵蚀后退，土地与滨海湿地资源减少，作为世界最快造陆地区的河口，20世纪末以来却年均蚀退1.5平方公里；长江河口水下三角洲与部分潮滩湿地也已出现明显蚀退④⑤。发生在河口与近海的一系列生态环境恶化问题，如浮游生物组成及种群结构改变、生物多样性降低及初级生产力下降、有毒赤潮种类增加、鱼虾产卵场和孵化场的衰退或消失等，均不同程度上与大型水利工程的建设与运行密切相关。随着今后流域大型水利工程的持续增加，其对河口生态环境的负面效应将进一步凸显。

但是，如何将大型水利工程对河口及近海生态环境的影响与其他影响因素（如气候变化及其他人类活动）的影响分离并作出评价，是尚未解决的关键问题。

（四）海平面和近海水温持续升高

全球变化对海洋环境的影响包括诸多方面，其中，海平面上升、水温升高以及海洋酸化为已知的气候变化带来海洋环境变化的重要驱动因素⑥。预期上述影响将对海洋生态系统的健康和人文社会的可持续发展产生深远的作用。在海岸带与近海地区，由于其特殊的地理环境和与人类活动的重要关联，气候变化产生的后果可能会被放大。过去的数10年以来，气候变化引发的海平面上升、海洋酸化等因素对人类的可持续发展构成威胁；而未来全球的气候很可能继续变暖，由此导致的影响会更加严重。

近30年来，中国沿海地区的海平面总体上呈波动上升的特点，平均

---

① 戴仕宝，杨世伦，郜昂等．近50年来中国主要河流入海泥沙变化［J］．泥沙研究，2007（2）：49－58.

② 刘成，王兆印，隋觉义．中国主要入海河流水沙变化分析［J］．水利学报，2007（12）：1444－1452.

③ 杨作升，李国刚，王厚杰等．55年来黄河下游逐日水沙过程变化及其对干流建库的响应．海洋地质与第四纪地质，2008，28（6）：9－17.

④ Yang，S L，Li M，Dai S B，et al..Drastic decrease in sediment supply from the Yangtze River and its challenge to coastal wetland management. Geophysical Research Letters，2006，33，L06408，doi：10.1029/2005GL02550.

⑤ 李鹏，杨世伦，戴仕宝等．近10年长江口水下三角洲的冲淤变化——兼论三峡工程蓄水影响．地理学报，2007，62（7）：707－716.

⑥ IPCC.气候变化2007，［M］.2007.

上升速率为 2.6 毫米/年，高于全球海平面的平均上升速率[①]。根据预测，在未来的 30 年中，中国沿海地区海平面的平均升高幅度为 80～130 毫米[②]，其中长江三角洲、珠江三角洲、黄河三角洲、京津地区的沿岸等将是受海平面上升影响的主要脆弱区。海平面上升作为一种缓发性海洋灾害，其长期的累积效应将加剧风暴潮、海岸侵蚀、海水倒灌与土壤盐渍化、咸潮入侵等海洋灾害的致灾程度，进而对沿海地区人类的生存环境构成直接威胁。海平面上升对近岸生态系统最直接的影响是滨海盐沼湿地和热带珊瑚礁、红树林等生境的大面积丧失。此外，海平面上升的长期变化趋势将使中国东部的重要经济发达地区逐渐成为沿海的低地，发展空间变小，受来自于海洋和陆地的自然灾害的影响程度增加。

东部沿海是中国人口最稠密、经济活动最为活跃的地区。其中，长江三角洲、珠江三角洲、环渤海地区已成为三大都市经济区；沿海地区是中国的基础产业聚集区，沿海重点经济发展区域是中国经济发展的重要引擎。必须指出的是，沿海地区也是受气候变化影响的脆弱区。可以预测，未来由海平面上升、水温升高和海洋酸化等引发的各种海洋灾害的频率及强度将会有不同程度的加剧。

（五）沿海经济发展的进一步集中化

我国污染和生态破坏严重的地区主要集中在海湾和经济较为发达的城市临近海域，特别是如珠三角、长三角和环渤海经济区极为严重。随着新一轮国家沿海区域发展战略和振兴规划的实施，沿海重工业化和城市化趋势加剧，如不加以有效控制，可能就会造成开发一片，环境污染一片、生态破坏一片的局面，沿海新兴省级经济区发展将面临新的危机与挑战。

海岸带人工化趋势明显，大规模围填海可能导致近岸海域性变。目前中国绝大部分的海洋产业活动和开发利用活动发生在近岸海域。沿海地区人口平均密度约为 700 人/平方公里，岸线人工化指数达到 0.68，上海、天津、浙江、江苏和广东等的沿海地区已经处于高强度开发状态。由于海岸带开发强度的加大及开发规模的扩大，全国海岸带及近岸

[①]　Trenberth K E, Jones P D, Ambenje P, et al.. Observations: surface and atmospheric climate change [M] //Climate change 2007: the physical science basis. Cambridge, United Kingdom and New York, NY, USA: Cambridge University Press, 2007: 235–336.

[②]　国家海洋局. 2009 年中国海平面公报，[R]. 2010.

海域生态系统已经出现了不同程度的脆弱区。累积性环境问题更加凸显，进而引起近岸海域的性变，直接影响海洋生态安全和沿海区域经济社会发展安全。

第二节　陆海统筹保护生态环境的总体思路

海洋是中国经济社会可持续发展的宝贵财富和重要基础。中国海洋可持续发展面临多种生态环境问题的挑战，一是近海环境呈复合污染态势，危害加重，防控难度加大；二是近海生态系统大面积退化，且正处在剧烈演变阶段，是保护和建设的关键时期；三是海洋生态环境灾害频发，海洋开发潜在环境风险高；四是沿海一级经济区环境债务沉重，次级沿海新兴经济区发展可能面临新的危机和挑战。

海洋生态环境问题实质上是经济社会发展的问题。中国过去60年对草原、森林资源的过度开发给我们带来了许多的教训和警示。实现中国海洋可持续发展，必须采取综合政策和措施。陆海统筹保护海洋生态环境的基本思路是，围绕国家经济社会发展和海洋强国建设的战略需求，陆海统筹规划生态环境保护。一要充分考虑陆地、流域、沿海地区发展对海洋生态系统的影响，借鉴国际先进理念和经验，以生态系统为基础，坚持陆海一体、河海一体的基本原则，建立从山顶到海洋的"陆海一盘棋"生态环境保护体系框架；二要有效整合空间、优化配置资源，统筹沿海区域经济社会发展和流域经济社会发展，协调区域经济社会发展和环境保护之间的关系，实施流域和海岸带开发规划的战略环境评价；三要支持有助于改善海洋/河口生态系统健康的保护和可持续土地利用方式，鼓励和支持可持续的、安全的、健康的海洋开发活动，推动海洋经济发展方式的根本转变；四是创新管理体制机制，建立跨越各部门的利益高层决策机构，形成中央与地方、地方与地方、部门之间的网络状对接与合力，激励各利益相关方的共同参与。五是近期应高度关注渤海，坚持以海定陆原则，实施陆源污染物入海总量控制制度，将海洋环境质量反降级作为刚性约束，强化沿海地方政府和涉海企业环境责任。

第三节　陆海统筹保护生态环境的主要任务

一、陆源污染物入海防治重点

（一）推进重点海域污染物总量控制制度的实施

坚持"陆海统筹、河海兼顾"，积极推进重点海域排污总量控制。依据近岸海域环境环境质量问题和生态保护要求要求，以及海域自然环境容量特征，加快开展污染物排海状况及重点海域环境容量评估，按照海域—流域—区域控制体系，提出重点海域污染物总量控制目标，确定氮、磷、营养物质的污染物的控制要求，逐步实施重点海域污染物排海总量控制，推动海域污染防治与流域及沿海地区污染防治工作的协调与衔接。

（二）加强面源污染物排放和入海量控制

发挥政府职能，强化面源污染管理。把面源污染防治与降低农业生产成本、改善农产品品质和增加农民收入结合起来；充分发挥地方政府的领导、组织、协调作用，逐步建立由政府牵头，部门分头实施的管理机制；充分发挥农业部门在农业面源污染防治工作中的主导作用，明确各部门的责、权、利，从源头、过程和末端三个环节入手，确保面源污染防治工作落到实处。

对全国不同地区污染现状及对策进行科学分类、分区，因地制宜地农业面源污染防治。积极建设生态农业、循环农业和低碳农业示范区；大力推广测土配方施肥、保护性耕作、节水灌溉、精准施肥等农业生产技术，积极提倡使用有机；在现有农田排灌渠道基础上，通过生物措施和工程措施相结合，改造修建生态拦截沟，减少农田氮磷流失；推进病虫害绿色防控，生物防治，淘汰一批高毒、高残留农药，推广先进的化肥、农药施用方法。推进农村废弃物资源化利用，因地制宜建设秸秆、粪便、生活垃圾、污水等废弃物处理利用设施，合理有序发展农村沼气。

进行城市绿色基础设施建设，包括绿色屋顶、可渗透路面、雨水花园、植被草沟及自然排水系统；完善城市雨污管网建设；加大城市路面清扫力度，严格建设工地环境管理，加强城市绿地系统建设；强化城镇开发区规划指导，进行街道和建筑的合理布局，禁止占用生态用地；以及市民素质教育等非工程措施，增加城市下垫面的透水面积，提高雨水利用率，补充涵养城市地下水资源，控制城市面源污染，减轻城市化区洪涝灾害风险，协调城市发展与生态环境保护之间的关系。

（三）实施陆海一体化的污染控制工程

坚持陆海统筹，按照"海域—流域—控制海域"的污染控制层次体系，将陆源污染与海洋污染控制相衔接。

一是建立和完善污水排海标准，统一规定城市污水和工业废水排放的浓度标准，严格控制污水中污染物的浓度，强制控制污染物的排放限值，监督污水排放活动，实行污染物申报登记、入海污染物总量控制，针对性地加强对陆源入海排污口重金属及其他有毒有害污染物的排放监管；加强流域断面污染防治，提升沿海区域环境治理水平，减轻和控制近岸环境压力。二是推进环渤海地区重点流域规划，包括黄海流域、海河流域和辽河流域污染防治规划任务与渤海污染防治工作衔接；推进长江口、杭州湾、珠江口与相关流域、区域规划的协调和衔接，系统设计、统筹兼顾，将海域污染防治的要求体现在流域、区域规划中，将总氮、总磷作为污染控制目标，纳入流域水污染防治规划。三是实施山顶到海洋的陆海一体化污染控制工程，开展海洋污染防治与生态修复工程、陆域污染源控制和综合治理工程、流域水资源和水环境综合管理与整治工程、环境保护科技支持工程、海洋监测工程，实现海洋生态系统良性循环，人与海洋和谐共处。

二、河口生态健康维护与恢复

（一）加强流域水利工程对河口水沙调控的综合管理

加强流域水利工程对河口水沙调控的综合管理，维护与恢复河口生态健康。一是国家水利部门、流域管理委员会和海域管理部门，在充分考虑维持河口三角洲冲淤平衡所需入河口临界泥沙量、河口三角洲大城市供水安全最低需水量及河口/近海生态最低需水量等的基础上，拟订流域水利工程调控水沙的方案；二是启动重点河口区的点源、非点源综合治理；重点实施水源涵养、湿地建设、河岸带生态阻隔等综合治理工程，维护河口良好水环境质量。三是对于生态破坏较为严重的河口，加强生态修复，在不影响行洪的前提下，在河道内、河堤上、湖泊周围有选择地种植水生、陆生植物，取消或改造硬质岸线，修复河道生态系统。

（二）分区分类推进河口、海湾海洋生态修复工程建设

加大河口、海湾生态保护力度，开展河口、海湾生态环境综合治理。积极修复已经破坏的海岸带湿地，发挥海岸带湿地对污染物的截留、净化功能。实施海湾生态修复与建设工程，修复鸟类栖息地、河口产卵场等重要自然生境；在围填海工程较为集中的渤海湾、江苏沿海、珠江三角洲、北部湾等区域，建设生态修复工程。

加强滨海区域生态防护工程建设，因地制宜建立海岸生态隔离带或生态缓冲区，合理营建生态公益林、堤岸防护林，构建海岸带复合植被防护体系，形成以林为主，林、灌、草有机结合的海岸绿色生态屏障，削减和控制氮、磷污染物的入海量，缓减台风、风暴潮对堤岸及近岸海域的破坏。

三、大力加强沿岸生态保护

（一）划定生态红线，维护生态系统安全

一是划定围填海红线。在海区生态容量、生态安全、环境承载力等的评估基础上，对中国海岸带和近岸海域进行海洋生态区划研究，划定海域潜力等级，确定海岸带/海洋生态敏感区、脆弱区和景观生态安全节点，提出要优先保护的区域，作为围填海红线，禁止围垦。二是对近岸海域重要生态功能区和敏感区划定生态红线，防止对产卵场、索饵场、越冬场和洄游通道等重要生物栖息繁衍场所的破坏。加强陆海生态过渡带建设，增加自然海湾和岸线保护比例，合理利用岸线资源；控制项目开发规模和强度。加强围填海工程环境影响技术体系研究，加强对围填海工程的空间规

划与设计技术体系研究，完善必要的行业规范。积极探索如何可持续利用海洋空间资源，充分发挥海洋空间的生态价值，并最小限度地减少对生态系统的影响。规范海岸带采矿采砂活动，避免盲目扩张占用滨海湿地和岸线资源，制止各类破坏芦苇湿地、红树林、珊瑚礁、生态公益林、沿海防护林、挤占海岸线的行为。

（二）实施生态修复工程

进行滨海湿地生态修复工程，通过种植红树林、柽柳、底播增殖大型海藻、养护和种植海草床，逐步构建海岸带生态屏障，恢复近岸海域污染物消减能力和生物多样性维护能力；采取生态养殖、增殖放流、人工鱼礁等措施建设蓝色牧场，恢复主要海洋生物资源繁育和生长的生境；加快岸线整治和生态景观恢复，在重点滨海旅游区和沿海经济开发区，实施海滩垃圾清理、不合理海滩建筑拆除，开展生态浴场建设、人工沙滩修复和养护、退垦还滩还海；开展入海排污口普查、调查和优化调整；综合治理入海河流和重点海湾污染；实施污染物排放总量控制，制定重点河口、海湾主要入海污染物排放总量分配方案和计划，合理分配污染物排放配额；开展近岸海域环境风险管理工作；进一步加强港口和船舶污染防治，强化港口船舶防污监管，实施船舶、舰艇及其相关活动的油污染物零排放计划；开展不同条件和种类的珊瑚礁人工繁育和移植技术研究，进行珊瑚礁生态修复和特色资源生物的增殖放流技术、有害生物防控技术的综合集成及示范区建设；推进典型的生态受损海岛的生态修复工作，实施海岛陆域生态系统受损修复试点工程、岛体周围沙滩生态修复工程、海岛周边红树林、珊瑚礁生态修复工程。

（三）建立海洋保护区及保护区网络建设

加强海洋生态保护与建设的政策法规研究，进一步建立健全海洋生态保护和建设方面的法律法规、政策、标准和技术体系等基本制度，制定国家海洋生态保护宏观战略；提高海洋生态监测与评估技术，建设海洋生物样品库及重要海洋生物种质资源库，加强典型海洋生态系统修复与海洋生物多样性评价和保护技术研发，发展海洋生态灾害监测、防治与评价关键技术，开发海洋污染的生物效应监测与生态安全评估技术、新型污染物监测和评价技术，海洋生态系统演变过程与生态安全评价技术，探索人类活动及全球气候变化对海洋生态系统的影响、海洋生物固碳潜力评估与固碳区管理技术。进行海洋重要生态区域区划及主体功能区规划制定等应用基础专项研究。开展重点海域珍稀海洋物种保护、污染物入海排放总量控制关键技术研究；建立海洋资源可持续发展中心、海上生态实验场、国家海洋生物物种鉴定标准实验室。

四、推进沿海区域经济和海洋经济转型发展

以海洋生态文明的理念为指导，大力发展绿色海洋经济，努力形成符合生态文明理念的海洋资源的生产和消费模式，推进海洋经济转型增长。

（一）沿海及海洋经济的战略转型和提升

依据沿海地区海域和陆域资源禀赋、环境容量和生态承载能力，科学规划产业布局，优化产业结构。改造升级传统产业，培育壮大海洋战略性新兴产业，积极发展海洋服务业。提高海洋工程环境准入标准，提升海洋资源综合利用效率。实施宏观调控，综合运用海域使用审批、海洋工程环评审批和工程竣工验收等手段，促进产业结构调整和升级。

（二）海洋资源的持续利用与生态安全屏障

基于海洋资源环境承载能力，开展"河口—海岸带—近海—海岛—远海"资源合理开发的整体性、长远性、战略性布局研究。严格保护自然岸线，实行海洋空间资源的集中适度规模开发，实现海域国土资源的合理配置。加强近岸海域、陆域和流域环境协同综合整治，实施排污总量控制规划、污染物排海标准，削减污染物入海总量。建立沿海及海上主要环境风险源和环境敏感点风险防控体系和海洋环境监控和防灾体系。推进各类海洋保护区的建设与规范化管理，严格保护典型性、代表性的海洋生态系统、海洋生物天然集中分布区、海洋自然历史遗迹和自然景观。进行受损系统的生态整治和修复，防控外来物种入侵。

（三）加强沿海重大涉海工程环境监管

一是从沿海重化工宏观布局方面，站在全局高度，对我国沿海十几个

重化工基地的环境敏感性进行科学系统评估。从生产工艺角度，开发和利用生物技术及其他清洁生产技术，减少有毒、有害原料的使用量，生产清洁产品。加强陆上重化工项目涉及有毒、有害污染物的预处理技术及原位回用技术研究，提高园区的污水控制水平。加强重化工项目"三级防控体系"研究，保证事故状态下不对海洋生态系统构成威胁。

二是加强核电开发工程安全防范。围绕核能与核技术利用安全、核安全设备质量可靠性、铀矿和伴生矿放射性污染治理、放射性废物处理处置等领域基础科学研究落后、技术保障薄弱的突出问题，全面加强核安全技术研发条件建设，改造或建设一批核安全技术研发中心，提高研发能力。组织开展核安全基础科学研究和关键技术攻关，完成一批重大项目，不断提高核安全科技创新水平。

五、陆海统筹生态环境保护的重点区域布局

基于目前我国海洋生态环境现状及其影响因素、沿海区域经济社会发展战略和布局，以及小康社会建设的战略需求和重点任务等多方面，确定未来陆海统筹生态环境保护的重点区域布局为海岸带区域包括河口、海湾和浅滩等，以及海洋关键生态系统和功能服务区。

（一）海岸带及河口区域

海岸带是陆海两大生态系统结合部位，是我国经济社会发展的发达区和集中区，生态环境压力巨大，问题最为突出，是陆海统筹保护海洋生态环境的重点区域（表6–1）。

表6–1　　　　　　　　海岸带生态环境保护重点区域

沿岸区域经济社会类型	保护重点区域	生态类型	生态健康状况	关键环境问题	主要对策措施
辽宁沿海经济带	双台子河口	河口	亚健康	富营养化严重；受围填海影响，天然芦苇湿地呈现明显缩减和破碎化趋势，重要经济贝类资源衰退	陆源污染总量控制制度围填海红线制度生态修复工程

续表

沿岸区域经济社会类型	保护重点区域	生态类型	生态健康状况	关键环境问题	主要对策措施
辽宁沿海经济带	锦州湾	海湾	不健康	2006年以来，入海直排口和排污河均存在超标排污，污染严重；受围填海影响，栖息地丧失严重，污染物输移能力减弱	以海定陆，陆源污染总量控制制度围填海红线制度生态修复工程
河北沿海经济区	滦河口－北戴河	河口	亚健康	周边海域海洋溢油事故多发、海岸侵蚀不断加剧；受滦河入海输沙量和径流量的减少，河口湿地不断萎缩；受养殖污染的影响，沉积物组分发生变化；大型底栖生物多样性密度、生物量低	加强流域水利工程对河口水沙调控的综合控制；实施湿地修复工程建立溢油污染生态损害补偿机制
天津滨海新区	渤海湾	海湾	亚健康	海河水系主要入海区域，入海河流水质差劣五类；污染严重，赤潮多发区，围填海使滨海湿地生境和人工岸线丧失严重，浮游植物丰度异常，渔业资源明显衰退	制定流域－河口－海域污染控制最优方案，实施河海一体的污染控制工程实施围填海红线，加强人工岸线保护
黄河三角洲高效生态经济区	莱州湾	海湾	亚健康	2006年以来，主要河流入海断面水质多为劣五类，湾内海水水质明显恶化。3/4岸线平直化；2007年以来，鱼卵仔鱼数量持续下降，渔业资源严重衰退；我国沿岸海水如侵最为严重的地区之一	制定流域－河口－海域污染控制最优方案，实施河海一体的污染控制工程加强人工岸线保护维护渔业资源生境加强海水入侵监测与防治
	黄河口	河口	亚健康	大型底栖生物多样性密度、生物量低，浮游植物丰度高	加强流域水利工程对河口水沙调控的综合控制；维护海洋渔业资源生态环境
江苏沿海经济区	苏北浅滩	浅滩湿地	亚健康	围垦速度快，滩涂植被现存量较低，浮游生物丰度偏高，浮游动物丰度偏低	加强滩涂围垦管理开展滩涂景观生态恢复
长江三角洲经济区	长江口	河口	亚健康	富营养化严重、浮游植物丰度高，大型底栖生物多样性密度，是联合国确定永久性死区	促进沿岸区域经济转型发展制定流域－河口－海域污染控制最优方案，实施河海一体的N、P零污染控制工程

续表

沿岸区域经济社会类型	保护重点区域	生态类型	生态健康状况	关键环境问题	主要对策措施
长江三角洲经济区	杭州湾	海湾	不健康	富营养化严重，栖息地面积减少，大型底栖生物密度低	促进沿岸经济转型发展 实施河海一体的N、P零污染控制工程
浙江海洋经济发展示范区	乐清湾	海湾	亚健康	陆地污染和生活污水、养殖污水排放的影响，乐清湾水质呈中度–重度富营养化状态；外来物种互花米草扩散迅速	实施入海污染物总量控制制度 严格控制外来物种
海峡西岸经济区	闽东沿岸	海湾	亚健康	陆地污染和生活污水、养殖污水排放的影响，乐清湾水质呈中度–重度富营养化状态；外来物种互花米草扩散迅速，红树林生存空间受损	实施入海污染物总量控制制度 严格控制外来物种
珠江三角洲经济区	大亚湾	海湾	亚健康	夏季部分区域的底层水体出现低氧现象；鱼卵仔鱼密度呈下降趋势	实施入海污染物总量控制制度
	珠江口	河口	亚健康	富营养化严重，联合国确定的季节性死区	促进沿岸经济转型发展 实施河海一体的N、P零污染控制工程
广东海洋经济综合试验区	雷州半岛西南沿岸	珊瑚礁	健康		建立保护区网络
海南国际旅游岛	海南东海岸	珊瑚礁	亚健康	造礁珊瑚平均盖度处于较低水平；硬珊瑚补充量低，有生物侵害现象	珊瑚礁生态修复工程
	海南东海岸	海草床	健康		建立保护区网络
	西沙珊瑚礁	珊瑚礁	亚健康	造礁珊瑚平均盖度处于较低水平；硬珊瑚补充量低，有生物侵害现象	珊瑚礁生态修复工程

续表

沿岸区域经济社会类型	保护重点区域	生态类型	生态健康状况	关键环境问题	主要对策措施
广西北部湾经济区	广西北海	珊瑚礁	健康		建立保护区网络
	广西北海	红树林	健康		建立保护区网络
	北仑河口	红树林	亚健康	底栖生物密度和生物量偏低	红树林生态修复工程
	广西北海	海草床	亚健康	水环境质量下降，海草平均盖度低	海草床生态修复工程

（二）海岸带/海洋保护区

中国已建各级各类海洋保护区总面积330多万公顷（含部分陆域），其中国家海洋保护区34个（表6-2）。此外，还建立国家级海洋水产种质资源保护区39个，覆盖海域面积达505.5万公顷。《海洋功能区划（2011~2020）》提出的海洋保护区建设目标，至2020年，海洋保护区总面积达到中国管辖海域面积的5%以上，近岸海域海洋保护区面积占到11%以上[①]。陆海统筹生态环境保护必须加强对现有保护区的管理和维护，建立海洋保护区网络。

表6-2　　　　　　　国家级海岸带/海洋保护区

序号	保护区名称	行政区域	面积（公顷）	主要保护对象	类型	始建时间（年-月-日）	主管部门
1	合浦儒艮	北海市	35000	儒艮及海洋生态系统	野生动物	1986-4-27	环保
2	山口红树林	合浦县	8000	红树林生态系统	海洋海岸	1990-9-30	海洋
3	北仑河口海洋	防城港市防城区	3000	红树林生态系统	海洋海岸	1985-1-1	海洋
4	九段沙湿地	浦东新区	42020	河口沙洲地貌和鸟类	内陆湿地	2000-3-1	环保

---

① 国家海洋局海洋发展战略研究所．中国海洋发展报告2013［M］．北京：中国海洋出版社．

续表

序号	保护区名称	行政区域	面积（公顷）	主要保护对象	类型	始建时间（年–月–日）	主管部门
5	崇明东滩鸟类	崇明县	24155	候鸟、中华鲟	野生动物	1998–11–1	林业
6	黄金海岸	昌黎县	30000	海滩及近海生态系统	海洋海岸	1990–9–30	海洋
7	古海岸与湿地	宁河县、大港、津南区等	99000	贝壳堤、牡蛎滩古海岸遗迹、滨海湿地	海洋海岸	1984–12–1	海洋
8	大连斑海豹	大连市	909000	斑海豹及其生境	野生动物	1992–9–1	农业
9	蛇岛–老铁山	大连市旅顺口区	14595	蝮蛇、候鸟及蛇岛特殊生态系统	野生动物	1980–8–6	环保
10	城山头	大连市金州区	1350	地质遗迹、古生物化石及海滨喀斯特地貌	地质遗迹	1989–4–1	环保
11	鸭绿江口滨海湿地	东港市	108057	沿海滩涂湿地及水禽候鸟	海洋海岸	1987–7–1	环保
12	双台河口	盘锦市兴隆台区	80000	珍稀水禽及湿地生态系统	野生动物	1987–1–1	林业
13	滨州贝壳堤岛与湿地	滨州市	80480	贝壳堤岛、湿地、珍稀鸟类、海洋生物	海洋海岸	1998/10/1	海洋
14	黄河三角洲	东营市	153000	原生性湿地生态系统及珍禽	海洋海岸	1990–12–27	林业
15	长岛	长岛县	5300	鹰、隼等猛禽及候鸟栖息地	野生动物	1982–1–1	林业
16	荣成大天鹅	荣成市	1675	大天鹅等珍禽及其生态环境	野生动物	1992/5/30	林业
17	厦门珍稀海洋物种	厦门市	33088	中华白海豚、白鹭、文昌鱼	野生动物	1995–1–1	环保
18	深沪湾海底古森林	晋江市	3400	海底古森林遗迹和牡蛎滩海岩及地质地貌	古生物遗迹	1991–1–1	海洋

续表

序号	保护区名称	行政区域	面积（公顷）	主要保护对象	类型	始建时间（年-月-日）	主管部门
19	漳江口红树林	云霄县	2360	湿地红树林生态系统	海洋海岸	1992-7-1	林业
20	东寨港	海口市美兰区	3337	红树林生态系统	海洋海岸	1980-4-9	林业
21	三亚珊瑚礁	三亚市	4000	珊瑚礁及其生态系统	海洋海岸	1990-9-30	海洋
22	铜鼓岭	文昌市	4400	珊瑚礁、热带季雨林、野生动物等	海洋海岸	1983-5-24	环保
23	大洲岛	万宁市	7000	金丝燕及生态环境、海洋生态系统	海洋海岸	1987-8-1	海洋
24	大丰麋鹿	大丰市	2667	麋鹿及其生境	野生动物	1986/2/8	林业
25	盐城沿海湿地珍禽	大丰、滨海、东台、射阳等	453000	丹顶鹤等珍禽及海涂湿地生态系统	野生动物	1984-1-1	环保
26	雷州珍稀水生动物	湛江市	46864	雷州湾海洋生态系统	海洋海岸	1983/1/1	海洋
27	徐闻珊瑚礁	徐闻县	14378	珊瑚礁生态系统	海洋海岸	1999/8/1	海洋
28	惠东港口海龟	惠东县	800	海龟及其产卵繁殖地	野生动物	1986-1-1	农业
29	内伶仃-福田	深圳市福田区	815	红树林及猕猴、鸟类	海洋海岸	1984-4-9	林业
30	珠江口中华白海豚	珠海市	46000	中华白海豚及其生境	野生动物	1999-1-1	农业
31	南澎列岛	南澳县	35679	海洋生态系统及海洋生物	海洋海岸	1991/1/1	海洋
32	湛江红树林	湛江市	20279	红树林生态系统	海洋海岸	1990-1-8	林业
33	韭山列岛	象山县	48478	大黄鱼、鸟类等动物及岛礁生态系统	海洋海岸	2003/4/18	海洋
34	南麂列岛	平阳县	19600	海洋贝藻类及生态环境	海洋海岸	1986-1-1	海洋

第四节　陆海统筹保护海洋生态
环境的对策建议

2012 年国家海洋委员会正式成立。海洋委员会是国家海洋事务综合协调机构，有助于进一步加强国家海洋综合管理，解决多头分散型的管理体制，有利于提高行政效率，形成政策合力。未来应在国家海洋委员会协调下，陆海统筹、河海兼顾，建立常态化的海洋生态环境保护协调合作机制，进一步加强海洋综合管理。大力推进海洋生态文明建设，不断增强海洋经济可持续发展能力。具体建议如下：

一、制定和实施海岸带立法

解决中国海洋可持续发展的生态环境问题，需要充分发挥法律、行政、经济政策和手段的综合作用。过去采用了较多的行政手段，未来应该以法律为基础，强化执法能力建设，逐步加强经济手段的应用。

建议全国人大和国务院着手研究和起草"海洋基本法"，作为实施海洋开发与管理、大力发展海洋经济、保护海洋生态环境、提升可持续发展能力的根本大法。在《海洋基本法》中，要体现以生态系统为基础管理的基本原则。为了进一步完善涉海法律法规体系，切实推进海洋生态环境保护工作，建议有关部门抓紧起草和制定"海岸带管理法"和"渤海区域环境管理法"。

二、制定海陆一体化的生态环境保护规划

结合各海域的岸线状况、经济发展状况、生态环境现状等特点，开展全国海洋生物多样性保护和保护区建设、海洋生态灾害防治与应急管理、海洋生态监控网络体系建设、海洋生态系统整治修复和建设，建设海洋生态文明示范区以及海洋生态保护和建设保障工程等系统布局。

一是海洋生物多样性保护和保护区建设，主要依据渤海、黄海、东海

和南海四大海域的海洋生物多样性优先保护区域进行布局，开展海洋生物多样性调查与评估、海洋保护区规范化建设与管理、新建保护区、国家级海洋公园建设四类工程；其中，国家级海洋建设按照滨海湿地型、岛屿型、自然遗迹型、河口海湾型在沿岸和近海海域进行建设布局。

二是海洋生态灾害防治与应急管理，主要布局于我国沿海海洋生态灾害高发区，根据海洋生态灾害种类（赤潮及其生物毒素、绿潮、水母、外来入侵物种、敌害生物、海洋病毒病害、重大海上突发事故（含近岸海域污染）等）、爆发频率、高发区及危害性四个原则进行重点建设布局。

三是海洋生态监控网络体系建设，主要依托现有岸基站与生态监控区进行整体工程布局，加强卫星和航空遥感、海上在线观测能力、岸基生态站能力等建设，提升我国全海域生态监控与管理能力。

四是海洋生态系统修复和建设，按照滨海湿地植被修复与建设、海洋生物资源恢复、岸线整治和生态景观恢复、近岸海域污染综合治理、海岛生态保护与恢复、珊瑚礁与海草床生态恢复与建设六大类，在我国重点受损海岸带海域进行建设布局。开展沿岸互花米草治理，并在杭州湾以北区域重点修复大型藻类、芦苇、薹草、碱蓬，杭州湾以南区域重点修复大型藻类、红树林、珊瑚礁、海草床等。

五是根据我国沿海国家发展战略格局进行重点布局，选择山东、浙江、福建和广东等沿海省市建设国家海洋生态文明示范区，并开展海洋应对全球气候变化工作，建设滨海湿地固碳示范区。

三、建立海陆关联的海洋生态环境保护的标准体系

长期、连续的海洋环境监测数据和深入的海洋科学研究是科学决策、有效解决海洋生态环境问题的基础。鉴于中国目前环境监测网络分割、监测参数和指标不尽相同的矛盾。

一是在国家海洋委员会的协调和指导下，相关涉海部门协力做好流域—河口—海域一体化的监测和对接，统一监测指标和技术标准，构建大气、流域、海洋/海岸带一体化环境监测体系，促进数据共享，建立信息共享平台。

二是为防控近海环境富营养化，建议近期国家环保部门和海洋行政主管部门协商协作，加强利用 NOx 作为大气监测和控制指标；增加营养盐（总氮和总磷）作为流域水环境监测和控制指标；为调控入海河流的水量、水质，保障河口生态用水，建议近期国家环保部门、水利部门和国家海洋行政主管部门等多部门协作，做好流域—河口—海域一体化的监测和对接。

三是近期重点开展流域—海域生态系统相关科学问题综合研究，深化对海洋生态系统机理和服务的认知，为实施以生态系统的管理奠定科学基础；开展重大围填海活动对海洋生态系统影响的研究，开展气候变化对海洋生态影响等研究。重点关注沿海人口与经济活动密集区，建立以环境监测网络、野外台站观察和区域生态修复示范为一体的海洋生态环境研究和监测体系。

四、制定基于生态系统的陆海统筹的生态环境保护行动计划

（一）建立围填海生态红线制度

在以基于生态系统为原则修编的全国海洋功能区划框架下，充分考虑海洋空间资源的多重用途和生态价值，以及围填海对海洋生态系统的影响，建立围填海红线制度。建议在对近岸海域环境容量、生态安全、生态系统服务及其价值等科学评估的基础上，划定近岸海域围填海潜力等级，确定海岸带/海洋生态敏感区、脆弱区和生态安全节点，提出优先保护区域。

（二）制定最优方案控制流域—河口污染

污染削减涉及庞大的成本。不同的子流域对河口—海洋水体污染负荷的影响不一样，其污染削减的成本也不相同。有鉴于此，课题组建议国家海洋委员会协调各流域制定其污染削减的最优方案，制定各子流域污染削减措施和规模的最优组合。在此基础上，考虑流域各行政区的财政能力和污染削减的收益，制定其污染削减成本分摊的最优方案。

针对中国近岸海域日益突出的富营养化问题，近期应重点关注主要河

流水系的氮、磷营养盐污染控制。建议将总氮纳入中国污染物总量控制体系，采取"以海定陆"的原则，实施以海洋环境容量为基础的氮排放总量控制措施，合理分配流域内总氮排放配额，加强对总氮排放的监控和水体、大气质量的监测，以降低近岸海域营养盐污染水平。

（三）建立海洋生态损害的补偿/赔偿机制

运用综合性的环境经济手段规范人类利用海洋的各种活动，在各种海洋开发活动中须考虑环境成本。建议国家建立海洋生态补偿/赔偿机制。特别是针对重大海洋工程（包括围填海工程）、海上溢油、海洋保护区、流域活动对河口和海域影响等重点问题，开展生态损害补偿/赔偿、生态建设补偿的示范。近期重点开展大型围填海工程生态损害评估与补偿示范，在论证用海的同时，提交生态补偿方案，做到"先补偿、后填海"，以生态修复、经济补偿等多种形式对生态系统服务的损失做出补偿。

参考文献：

1. 中国海洋可持续发展的生态环境问题与政策研究课题组．中国海洋可持续发展的生态环境问题与政策研究［M］．北京：中国环境出版社，2013.

2. 国家海洋局．中国海洋环境质量公报（2001～2012）［R］．

3. 国家海洋发展战略研究所．中国海洋发展报告2013［M］．北京：海洋出版社，2010.

4. 全国水产统计资料（1949～1985）．

5. 农业部渔业局．中国渔业年鉴1998［M］．北京：中国农业出版社，1998.

6. Tang Q S，Effects of long-term physical and biological perturbations on the contemporary biomass yields of the Yellow Sea ecosystem//Sherman K，Alexznder L M，Gold B O. Large Marine Ecosystem：Stress Mitigation，and sustainability［J］．AAAS Press，Washington D. C.，USA 1993，79－93.

7. 金显仕，赵宪勇，孟田湘等．黄渤海生物资源与栖息环境［M］．北京：科学出版社，2005.

8. 国家海洋发展战略研究所课题组．中国海洋发展报告2010［M］．北京：海洋出版社，2010.

9. Zhang J，Chen S Z，Yu Z G，et al.．Wu QM. Factors influencing changes in rain water composition from urban versus remote regions of Yellow Sea［J］．Journal of Geophysical Research，1999，104：1631－1644.

10. Chung C S, Hong G H, Kim S H. Shore based observation on wet deposition of inorganic nutrients in the Korean Yellow Sea Coast [J]. The Yellow Sea, 1998, 4: 30 – 39.

11. 付元宾, 曹可, 王飞等. 围填海强度与潜力定量评价方法初探 [J]. 海洋开发与管理, 2010, 27 (1): 27 – 30.

12. 贾金生, 袁玉兰, 李铁洁. 2003 年中国及世界大坝情况 [J]. 中国水利, 2004, 14 (13): 25 – 33.

13. 戴仕宝, 杨世论, 郜昂等. 近 50 年来中国主要河流入海泥沙变化 [J]. 泥沙研究, 2007 (2): 49 – 58.

14. 刘成, 王兆印, 隋觉义. 中国主要入海河流水沙变化分析 [J]. 水利学报, 2007 (12): 1444 – 1452.

15. 杨作升, 李国刚, 王厚杰等. 55 年来黄河下游逐日水沙过程变化及其对干流建库的响应。海洋地质与第四纪地质, 2008, 28 (6): 9 – 17.

16. Yang, S L, Li M, Dai S B, et al.. Drastic decrease in sediment supply from the Yangtze River and its challenge to coastal wetland management. Geophysical Research Letters, 2006, 33, L06408, doi: 10. 1029/2005GL02550.

17. 李鹏, 杨世伦, 戴仕宝等. 近 10 年长江口水下三角洲的冲淤变化——兼论三峡工程蓄水影响. 地理学报, 2007, 62 (7): 707 – 716.

18. Trenberth K E, Jones P D, Ambenje P, et al.. Observations: surface and atmospheric climate change [M] //Climate change 2007: the physical science basis. Cambridge, United Kingdom and New York, NY, USA: Cambridge University Press, 2007: 235 – 336.

19. 国家海洋局. 2009 年中国海平面公报, [R]. 2010.

20. Pew Ocean Commission. American's living ocean: charting a course for sea change [R]. 2003. http://www. pewtrusts. org/ pdf/env_pew_oceans_final_report. pdf.

21. U. S. Commission on Ocean Policy. An ocean blueprint for the 21 century: final report of the U. S. Commission on Ocean Policy [R]. 2004.

第七章　沿海港口资源空间整合

　　港口资源整合是为避免同一陆域腹地的港口之间因规划、建设、运营等方面的无序竞争所造成的基础设施过剩和资源效益下降，应对船舶大型化及航运公司联盟化的趋势而采取的对资本、岸线、堆场、集疏运渠道进行整合的跨区域战略合作，其目的在于形成一个由主枢纽港、支线港与喂给港紧密结合的持续、协调、可持续发展的区域港口体系。港口资源整合的对象既包括港口内部资源的整合，也包括港口之间资源的整合；既包括港口实体资源整合，也包括对技能资源、客户资源的整合。随着我国港口建设的快速推进，港口吞吐量的大幅增加，国际航运向船舶大型化和码头专业化方向的发展，我国港口资源整合也逐步展开，但仍然存在着诸多的问题，需要切实加以解决。

第一节　我国港口发展的总体特点及存在问题

一、港口发展的总体特点

　　（一）综合性大型枢纽港发展进一步加快，初步形成五大港口群

　　第一，从 2005 年到 2012 年我国货物吞吐量超过亿吨的港口由 11 个增加到 29 个，沿海亿吨港口 19 个，内河亿吨港口 10 个。其中吞吐量超过 2 亿吨的港口由 4 个上升到 13 个。第二，在大型港口快速发展的带动

下，全国港口布局日趋成熟并稳定发展，呈五大组合，北方围绕环渤海、华东围绕长江三角洲、华南围绕珠江三角洲分别形成港群；此外，闽东南也形成小型港群，长江形成西起重庆东至南通的港口带。第三，各港群分别形成枢纽港，统领其发展；枢纽港从新中国成立初期的香港和上海双核格局趋于多元化。上海为华东沿海的枢纽港，其地位历经百年未变。环渤海地区，大连、天津和青岛分别为辽东半岛、渤海西岸和山东半岛的枢纽港，呈现"三足鼎立"。华南沿海，广州是枢纽港，居全国第三。闽东南沿海，港口发展相对均衡，枢纽港尚未形成。全国内，上海为主枢纽。第四，长江港口呈不同特征，下游港口发展很快且规模较大，如南京和镇江等，南京曾居全国第五；中游港口发展较快，以武汉规模较大；上游港口发展缓慢。同时，其他水系港口开始发展，如西江的南宁、梧州，松花江的哈尔滨和佳木斯及京杭运河的徐州，但规模较小。第五，规模较大的干线港开始形成，以宁波和深圳为突出，前者仅次于上海并居第二，后者为新生港并居全国第八，尤其集装箱运输，深刻影响了全国港口体系；秦皇岛为能源港，规模相对较大。2012 年货物吞吐量超过亿吨的港口如表 7 −1 所示。

表 7 −1　　2012 年货物吞吐量超过亿吨的港口　　单位：亿吨

港口	货物吞吐量	港口	货物吞吐量
沿海港口：			
宁波—舟山港	7.44	深圳港	2.28
上海港	6.37	烟台港	2.03
天津港	4.77	北部湾港	1.74
广州港	4.35	连云港港	1.74
青岛港	4.07	厦门港	1.72
大连港	3.74	湛江港	1.71
唐山港	3.65	黄骅港	1.26
营口港	3.01	福州港	1.14
日照港	2.81	泉州港	1.04
秦皇岛港	2.71		
内河港口：			
苏州港	4.28	江阴港	1.32
南京港	1.92	泰州港	1.32

港口	货物吞吐量	港口	货物吞吐量
南通港	1.85	重庆港	1.25
湖州港	1.78	嘉兴内河港	1.09
镇江港	1.35	岳阳港	1.04

资料来源：交通运输部综合规划司.2012年公路水路交通运输行业发展统计公报.2013 – 04 – 25. http：//www. moc. gov. cn/zhuzhan/zhengwugonggao/jiaotongbu/guihuatongji/201304/t20130426_1403039. html.

（二）港口泊位大幅增加，并向大型化、专业化方向发展

从 2005 ~ 2012 年全国港口生产性码头泊位由 35242 个减少到 31862 个，减少了 9.6%，而万吨级及以上泊位由 1034 个增加到 1886 个增加了 82.4%。其中仅沿海港口万吨级及以上泊位增加到 1517 个，增加了 670 个，增加 80% 左右。万吨级以上码头泊位中，增加最明显的是 5 万吨以上的大型泊位，增加了 250%。港口码头泊位向大型化发展的趋势十分明显，近两年这种趋势也没有减弱的迹象。比如 2012 年比 2011 年在码头泊位总体减少 106 个的情况下，万吨级码头增加了 91 个。同一时期，全国万吨级及以上泊位中，通用件杂货泊位、通用散货泊位、专业化泊位分别增加 64 个、245 个和 420 个，其中专业化泊位增加量占总增加量的 57.61%。2005 ~ 2012 年我国万吨级及以上码头泊位数量变化如表 7 – 2 所示。

表 7 – 2　　　　2005 ~ 2012 年我国万吨级及以上码头泊位数量变化　　单位：个

码头吨级	沿海		内河	
	2005 年	2012 年	2005 年	2012 年
1 万 ~ 3 万吨级（不含 3 万）	476	564	106	168
3 万 ~ 5 万吨级（不含 5 万）	155	232	51	103
5 万 ~ 10 万吨级（不含 10 万）	157	489	30	92
10 万吨级以上	49	232	0	6
万吨级以上合计	847	1517	187	386
码头泊位合计	4298	5623	30944	26239

资料来源：交通运输部综合规划司.2012年公路水路交通运输行业发展统计公报.2013 – 04 – 25. http：//www. moc. gov. cn/zhuzhan/zhengwugonggao/jiaotongbu/guihuatongji/201304/t20130426_1403039. html.

（三）港口吞吐量增长迅速，吞吐量远超设计通过能力

从 2005~2012 年我国港口完成货物吞吐量由 48.54 亿吨增加到 107.76 亿吨，7 年间增加了 1 倍多。货物吞吐量中，外贸货物吞吐量由 13.67 亿吨，增加到 30.56 亿吨，增加了 1.23 倍。在吞吐量超高速增加的背景下，吞吐量远超设计通过能力。以集装箱为例，我国从事专业化集装箱作业的逾 50 个港口、101 家集装箱码头公司拥有码头泊位总数约 427 个，完成集装箱吞吐量约 1.4768 亿 TEU，占全国总量的 90.05%，共占有岸线约 10.87 万米，泊位设计通过能力约为 13121.7 万 TEU。根据对 101 家集装箱码头生产情况的统计，2011 年，我国主要港口集装箱码头设计通过能力的利用率和单位码头岸线资源的利用情况比 2010 年有所提高，其中：集装箱港口平均的能力利用率为 112.55%，比 2010 年增加约 4 个百分点；平均每百米码头完成集装箱吞吐量为 13.59 万 TEU，比 2010 年增加约 1.46 万 TEU。我国港口集装箱码头能力供不应求的矛盾在加大（见表 6-3），但在不同区域和港口之间仍存在着比较大的差异和不平衡，主要体现为在经济发达的环渤海、长江三角洲和珠江三角洲地区港口集装箱通过能力短缺，而在经济发展相对稍慢的东南沿海、西南沿海及长江流域地区港口集装箱通过能力相对过剩。港口集装箱设计通过能力与吞吐量如表 7-3 所示。

表 7-3　　　　　　港口集装箱设计通过能力与吞吐量

港口		泊位数（个）	泊位长度（m）	通过能力（万 TEU）	吞吐量（万 TEU）	通过能力利用率（%）	每百米码头完成量（万 TEU）
全国总量		427	108670	13121	14768.44	112.55	13.59
环渤海地区		81	24350	3422	3939.17	115.11	16.18
其中	青岛	13	4073	730	1242.61	170.22	30.51
	天津	27	8428	1215	1163.48	96.12	13.86
	大连	13	3974	515	611.39	118.72	15.39
	营口	6	1600	232	376.98	162.49	23.56
长江三角洲地区		134	34622	4877	5879.16	120.54	16.98
其中	上海	43	13238	2300	3144.98	136.74	23.76
	宁波	31	9446	1360	1422.56	104.6	15.06
	苏州	14	3876	585	431.96	73.79	11.14

续表

港口		泊位数（个）	泊位长度（m）	通过能力（万 TEU）	吞吐量（万 TEU）	通过能力利用率（%）	每百米码头完成量（万 TEU）
东南沿海地区		55	14355	1284	957.35	74.56	6.67
其中	厦门	26	6754	600	568.99	94.83	8.42
	泉州	11	2661	296	194.86	65.83	7.32
	福州	16	4376	350	149.41	42.69	3.41
	漳州	2	564	38	44.09	116.03	7.82
珠江三角洲		119	27129	2964	3575.26	120.62	12.87
其中	深圳	45	16489	1841	2180.85	118.46	13.23
	广州	22	5360	725	1085.92	149.78	20.26
	汕头	3	1015	118	101.44	85.97	9.99
	中山	35	2354	160	135.46	84.66	5.75
西南沿海地区		9	2665	290	179.19	61.79	6.72
其中	海口	3	902	70	80.81	115.44	8.96
	湛江	2	396	40	31.66	79.15	7.99
	防城港	1	600	60	26.5	44.17	4.42
	钦州	2	767	120	40.22	33.52	5.24
长江流域		29	5349	276	215.31	77.95	4.03
其中	武汉	8	890	46	71.51	55.43	8.03
	重庆	5	1097	70	62.5	89.29	5.7
	九江	2	295	30	14.22	47.4	4.82
	芜湖	1	295	40	22.01	55.03	7.46

（四）港口资源整合逐步推进，形成了三种主要模式

回顾历史，港口资源整合由来已久。从世界范围看，早在 1921 年 4 月 30 日，经美国国会批准，纽约和新泽西两州政府就联合组建了于 1972 年才正式定名的纽约与新泽西港口事务管理局。21 世纪以来，德国的汉堡港与不莱梅港，加拿大的温哥华港与邻近的纳奈莫和罗伯茨港，丹麦的哥本哈根港和瑞典的马尔默港，日本的东京、横滨、川崎三港以及大阪、

神户、尼崎西宫芦三港，韩国釜山港与光阳港等，也都加入了港口资源整合的行列。

从国内看，1997年，经国务院批准，交通部和江苏、浙江、上海两省一市联合组建了上海组合港领导小组及其办公室，专门协调上海国际航运中心南北两翼港口群的整合问题；2003年5月，苏州港口管理委员会成立，将太仓、常熟、张家港三港组合成苏州港。2005年，国家发改委和交通部下发了长江三角洲、珠江三角洲、渤海湾三区域沿海港口建设规划；在此之后，通过行政调控和产权连接等途径，港口资源整合的步伐明显加快。例如，2005年，青岛和威海两港共同投资设立了威海青威集装箱码头有限公司；上海港实施"长江战略"，通过参股的方式分别和武汉、南京、重庆、九江等港进行资源整合。2006年，国家发改委和交通部又下发《全国沿海港口布局规划》，提出建设环渤海、长三角、东南沿海、珠三角和西南沿海五大港口群的总体架构；同年，宁波、舟山两港合并成立了宁波—舟山港管理委员会；厦门和漳州两市所管辖的8个港区成立了新的厦门港口管理局；烟台和龙口两港的港区整合重组烟台港务集团。2007年，广西的防城、庆州和北海三港成立了广西北部湾国际港务集团；青岛和日照合资共同经营日照港集装箱码头；2008年大连港和锦州港组建了共同开发锦州港西部海域的合资公司。2009年，青岛、烟台、日照三港签署战略合作框架协议，联合建设以青岛港为龙头、以日照和烟台为两翼的东北亚国际航运中心；秦皇岛、曹妃甸、黄骅三港联合组建了河北港口集团有限公司。

国内的港口资源整合可归纳为三大模式：一是政府调控型，如苏州港、宁波—舟山港、烟台港、河北港口集团等，其特点是由政府出面，将其行政辖区内的相关港口重组整合在一起；二是产权纽带型，如上海港与长江诸港、大连港与锦州港、青岛港与威海港等，其特点是由相关港口企业通过收购或参股的渠道联合组建港口合资企业；三是战略合作型，如青岛、烟台、日照三大港等，其特点是由相关港口企业以资源共享、业务合作等方式订立战略联盟。当然，这三种模式在当前中国国情下都离不开政府的主导或支持，不过是有的在前面直接出面，有的在背后间接助推。

二、港口建设存在的主要问题

(一) 港口功能同质化与重复建设较为严重

我国港口总体上结构层次较低，专业化、深水化大型码头严重不足。自 2003 年实施港口法、将所有港口下放地方管理后，各港所在城市积极推动"以港兴市"，港口重复投资加剧，部分地区港口出现了功能单一、定位重叠、结构不合理、核心竞争力不突出的问题。在规划建设方面，为了加快提升吞吐能力，一些港口盲目攀比、各自为政，不顾腹地大小、水陆集疏运配套和岸线水深与岸滩稳定性等条件，争相上马建设扩张项目。在生产运营方面，临近港口对货主、货源、集疏运渠道等方面的竞争尤为激烈，如果放任这种恶性竞争的局面继续下去，在一定程度上将制约港口行业乃至区域经济的快速发展。以河北为例，由于各个港口之间职能分工不明确，导致各自为政、竞争投资、盲目发展，各种建设项目纷纷上马，投入巨额资金。2007 年 2 月 9 日，《黄骅港总体规划》开始实施，黄骅港将建成多功能综合性的现代化港口，布局 2 万吨以上泊位 120 余个，其中 5 万吨级以上的 40 余个，并预留建设 20 万吨以上大宗散货泊位。秦皇岛港在煤五期工程全部完工后，将拥有生产泊位 45 个，其中万吨级以上泊位 42 个，10 万吨级以上泊位 5 个，总通过能力将达 22285 万吨/年。2007 年 9 月 11 日，河北省政府正式批复了《唐山港总体规划》，依据规划，曹妃甸港区将形成各类泊位 260 余个，京唐港区将建设各类泊位近百个。对每一港口的每一项工程来说，可能都有其扩建、增建的理由，但在如此集中的海岸线上三大港口同时大规模投资扩建，不但已经造成目前吞吐能力的闲置和浪费，将来还有可能导致恶性竞争。此外，局部地区优良港口资源得不到充分发挥，存在多占、乱占海岸线现象。

(二) 港口间相互协作、优势互补的格局没有形成，腹地竞争激烈

各港口的货种的"同质化"竞争、港口的同层次竞争，以及各港口腹地的大范围交叉，造成港口职能分工不明确，缺乏合理的协作，基本处

于各自为战的状态，纷纷争夺货源地，扩大港口腹地，造成相邻港口之间货物运输量的不必要竞争，而且这种竞争日益激烈，大大降低了整个港口群的整体效益的发挥。甚至在同一省区、相同腹地、不同的行政区域内出现了内部无序竞争，发生了不必要的内耗。以黄渤海为例，青岛、连云港、日照、威海、潍坊、黄骅、大连和天津的腹地相互间都有很大的重叠。例如同为山东省的港口，青岛、日照和烟台直接腹地同为山东省，间接腹地同为河北、河南、山西、陕西等六省三区。比如，日照港的发展是以分流青岛港的煤炭、矿石等大宗散货的货源为基础的。此外，随着青岛正在兴建的董家口港与日照港的距离不足40公里，而且都以大宗散货为主，在煤炭、矿石、杂散货等方面存在着激烈的竞争，必然会对鲁中南、晋南、冀南等地区莱钢、泰山、海鑫、济源、安泰、龙门等钢铁厂的矿石货源进行争夺。

（三）不能完全适应国际航运船舶大型化的要求

船舶大型化是航运发展不可阻挡的趋势。2000～2009年集装箱船舶平均吨位由 24670 载重吨/艘提高到 35140 载重吨/艘，提高比例达42.5%。超大型集装箱船已成为现今集装箱干线的主力船型。干散货船平均吨位由50140载重吨/艘提高到62790载重吨/艘，提高比例达25.2%。巴西淡水河谷自2008年开始大量订造40万吨级铁矿石船，并于2012年投入运营，深刻改变目前铁矿石贸易方式。油轮大型化趋势虽然较为缓慢，但也比较明显。2000～2009年油轮平均吨位由98000载重吨/艘提高到105400载重吨/艘，提高了7.6%。船舶吃水方面，虽然40万吨级和30万吨级船舶均为23米，但是我国深水泊位码头只有包括洋山、大连等6个（表7-4）。此外，船舶总长、型宽分别比30万吨级船舶增加了21米和7米，对接卸泊位的长度、装卸设备外伸距等方面提出更高要求。

表7-4　　　　　　　　　我国主要港口最大泊位水深比较

最大泊位水深比较	主要港口
大于20米	青岛港、宁波港、洋山港、烟台港、大连港、曹妃甸港
15～20米	天津港、日照港、秦皇岛港、黄骅港
15米以下	莱州港、深圳港、东营港、广州港、威海港、潍坊港

国际总趋势是港口的发展已经由第三代向第四代方向发展，第四代港口的主要功能将是在商业、综合物流枢纽、全程运输服务中心和国际商贸后勤基地（第三代港口）的基础上，向海洋生态经济后勤服务基地推进。第四代港口必须具有广阔的、交通便捷的经济腹地，特别是具有广阔的、直接的陆向经济腹地；与所在城市融为一体，并以港口为核心规划和发展整个城市的产业布局和功能定位。但是目前我国还没有一个港口是第四代港口，多数是第二代港口，仅有个别是第三代港口。

（四）管理体制不顺，利益纠葛阻碍港口资源整合效果

由于我国港口资源整合尚处于探索发展时期，现行有关港口的法律会存在一定缺失而难以对港口资源整合发挥指导作用，甚至存在法律规定内容与整合现状相互冲突的现象，致使港口资源整合推进过程中的具体事项无法合法化，例如《港口法》关于"一港一城一政"的规定与行政资源整合中的冲突、港口命名问题、整合后共用基础设施投资建设主体问题、港口行政资源整合后所属层级及隶属关系、各级政府的对应行政管理职能等。

不同行政区划下，我国港口的管理、建设权限分属不同的地方政府，且港口前沿与后方陆域的管理也分属不同的行政机构，因此与港口相关的利益分配难以在不同行政区划以及不同部门间协调，港口资源整合遇到的阻力较大，积极性也因此而受到影响。目前开展的港口资源整合并未对口岸管理权限同时进行整合，不同行政区划下海关、边检等行政管理部门在具体管理要求、管理程序等方面存在着一定的差异，这样对船舶公司和货主而言无疑会增加操作上的困难和加大成本。在港口整合中由于行政区划和部门利益等因素，在具体推进时存在片面追求地方利益和部门利益现象，对己方不利的事项积极性、主动性较差，对整合时序、内容容易产生分歧，影响整合后效益发挥，同时也会出现应该整合难以整合、名义整合等一系列问题。一方面，省级政府的职责并不明确，所以导致省主导港口资源整合的作用加大，削弱了地方政府的积极性；另一方面，在政企分开、权力下放地方后，一些地方港口建设热情高涨、资源开发利用无序。

第二节　港口资源整合的基本思路

一、港口资源整合与目标

（一）促进港口转型，实现港口群集约化发展

合理的资源整合有利于区域港口资源的优化配置，实现专业化分工和差异化发展，有利于完善港口布局、优化港口功能结构，最大限度地发挥港口群的规模经济效益和社会效益，是深化体制改革、优化沿海港口布局、实现港口从粗放式发展向集约化发展转变的重要举措。

（二）提升区域竞争力，促进区域经济一体化发展

通过资源整合，在增强港口群综合实力的同时，有利于差异化布局临港产业，即根据不同港口发展阶段、产业定位合理布局相应的临港重化工业（修造船、能源、石化、钢铁、造纸）、加工制造业、航运服务业以及商贸休闲旅游产业等，并通过以大港口带动中小港口发展、逐步拓展辐射腹地经济的路径，在促进大港口大城市转型发展的同时也带动小港口小城市的快速发展，进而推进区域经济一体化进程。

（三）提高企业经营效益，培育具有竞争力的综合运营商

港口资源整合不仅仅在于码头资源，更重要的是包括引航、补给、集疏运设施、物流堆场、营销网络等资源在内的全面整合，一方面可以大幅度降低运营成本提高资源利用率，另一方面可以鼓励企业跨区域开展合资合作，鼓励形成利益共同体，在有效避免恶性竞争的同时，逐步培育具有较强竞争实力的综合运营商。港口资源整合是一个系统工程，不应只局限于相邻区域码头泊位等资源的"拉郎配"，而只有从区域经济一体化发展的角度出发，统筹区域产业布局、网络衔接、设施建设、行业管理等各方面要素和资源的基础上，港口资源整合才切实有效。

（四）形成功能互补，相互协作的港口布局体系

通过合理的功能布局，加强港口之间的功能互补、分工协作与协调发展，从根本上杜绝低水平的重复建设，最终将实现依托一定区域内港口的群体优势，充分发挥岸线资源优势和区位优势，使港口资源系统性投资的经济效益获得显著增长。港口功能的互补能够支撑可持续发展建设，同时促进建成层次分明、结结构合理的港口布局体系。

二、港口资源整合的原则

（一）坚持陆海统筹，持续发展

港口资源的整合不能仅重经济效益，而忽视生态保护，不能仅注重陆地的建设和发展，而忽略海洋资源的保护和合理开发，要把陆海统一起来，优化岸线资源的利用。要坚持深水深用和节约使用的原则，科学布局，保护和合理利用港口岸线资源。

（二）坚持区域统筹，共同发展

港口资源利用不能单纯地从本城本港出发，要从整个区域经济和国家的整体利益出发。一是要统筹区域内需整合港口所在城市的产业布局规划和临港产业的类型，实现港城融合和港城互动，以港兴城，以城带港；二是要符合地区产业和运输等发展特点，以实现协调发展的目的，使港口资源整合不但造福于本乡本土，更造福于广大的经济腹地；三是要统筹所需整合港口群的物流体系规划和建设，包括相应的集疏运网络、物流园区的布局和规模、信息系统的互联互通等，实现港口群专业化分工和差异化发展。

（三）坚持合理布局，优化发展

要明确不同区域港口群的合理分工和功能布局，实现综合性港口、专业性港口、枢纽港和支线港的合理定位。在此基础上，根据各区域港口群及其内各个港口的主要功能，合理划分腹地范围，形成良性的港口分工合

作体系，实现功能优化、布局优化、效率优化，最大限度地提高每个港口的功能。

第三节 港口资源整合的方向及对策

一、有重点分区域，围绕枢纽港提高港口通过能力

鉴于我国港口设计通过能力小于实际吞吐量的现状，以及我国港口吞吐量增长趋势，未来我国码头仍需继续建设，但要有规划和重点，通过枢纽港的建设来提高港口的通过能力。区域重点在于首先满足环渤海、长江三角洲和珠江三角洲3个地区港口对通过能力不断增长的要求，这三个地区仍将是运输的重点区域。提高码头通过能力的途径，一是内涵增长，通过码头改造，克服短板，逐步提高通过能力；二是外延扩张，通过新建码头来提高通过能力。东南沿海、西南沿海和长江流域等地区的一些码头通过能力略有过剩，且吞吐量规模较小，码头建设需要进行认真规划和谨慎对待。

二、加强陆海通道建设，推进港口腹地一体化发展

发展多式联运，拓展港口腹地。海铁联运以其高稳定性、安全性和低成本的优势备受青睐，同时海铁联运也是将港口功能延伸至内陆腹地的重要途径。但由于我国铁路和水路的管理体制不统一，集装箱技术标准无法在铁路和水路之间实现良好的对接，制约了我国海铁联运的发展。受贸易量激增及集疏运体系发展相对缓慢的双重影响，港口效率明显受到制约。在以效率为竞争标志的时代，以港口为节点的供应链效率成为各方都关注的焦点，因此提高我国集疏运水平，深化综合运输体系建设是发展的重要举措。在海铁联运运输体系中，各运输部门的信息共享和交换对缩短运输时间、降低运输成本和提高物流服务水平十分重要。因此，在发展海铁联运过程中，必须加强港口与各集装箱场站、海关、银行等机构的信息交换

能力，通过计算机通信网络进行数据交换和处理，进一步节约运输成本，提高工作效率和竞争能力，使企业内部运作过程更加合理化。

三、因地制宜选择港口资源整合模式，加强岸线保护

我国不同区域港口发展背景和现状各不相同，因此在港口资源整合的模式上也应因地制宜。对于同一港口群中实力相当、腹地辐射范围重叠的港口可采用战略合作或互相入股的企业松散、政府松散型的整合模式；对于港口间存在明显互补优势的港口，可采用企业主导紧密型或企业主导松散型的整合模式；对于同一湾域内毗邻的港口，如其基础设施资源存在明显共享、行政资源相互重叠，可采用政府主导紧密型的整合模式；而对于产能过剩、恶性竞争的港口群可采取政府松散企业紧密型、政府松散企业松散型或企业主导紧密型的港口资源整合模式。

加强岸线资源管理，淡化行政区划，实现集约开发。应尽早进行科学合理的岸线资源利用规划和港口发展规划，按照深水深用、浅水浅用、统一规划、综合开发的原则，进一步优化港口资源配置，实现差别竞争、错位发展，打造区域内港口集群核心竞争优势。要实现从侧重于一地一市的港口建设，向构筑合理分工、有机协调、突出核心枢纽的港口群体的转变，从而发挥区域内港口的群体性竞争优势，带动区域整体经济发展。

四、加强港城合作，促进港城融合和港口转型

我国港口整合的方向，就是打造和建设中国自己的国际航运中心，实现我国港口产业的更新换代，向第三代或第四代港口转型。应该借鉴国外经验，积极探索地主港模式和区港一体化整合模式，实现港口管理局对港口规划、开发、建设、管理的完全统一，使区域内港口的紧缺性资源在港口管理局规划下实现优化配置。

延伸物流服务体系，以综合开发模式推进港口建设。应该按照综合开发的原则，运用现代化手段，建立电子信息平台和公共服务平台以及现代物流服务体系，并充分利用腹地资源，扶植临港产业，完善港口功能，发展现代物流。整合后的港口建设应该以装备现代化为起点，提高港口的应

变能力和储备能力，实现数量扩张向数量质量并重、侧重硬件设施向软件硬件并重的转变；以大流通和大服务为起点，实现从单一功能向现代物流功能和综合性服务功能的转变。要积极利用临港物流园区，加强与港口所在城市的合作和互动，借此延伸港口腹地和物流服务体系，以集团化发展提升港口对经济的带动作用。

五、调整港口管理体制，加强"组合港"管理功能

调整港口管理体制是推动港口资源整合的制度保障。不仅要从港口规划上，还要从港口管理上建立从中央到地方的三级管理体制。为实现港口可持续发展，港口行政管理权力应凸显层次化，根据不同的层次赋予不同的权力。对于纳入国家战略的国家级特大型港口，应采取由中央直接管理或以中央为主、地方为辅的管理模式，以有效协调和整合相关港口体系的资源配置；对省一级经济发展有重要影响的大型港口，应由省一级政府进行管理；对于各地市县级城市经济发展有一定影响的中小型港口，则可由港口所在地政府进行管理。此外，在职能上进行明确划分，省级层面乃至交通运输部主要进行岸线审批、港口规划；市级层面主要进行港口经营；地方层面主要进行招商引资，寻找投资主体。要明确各级政府在港口发展中的引导作用，树立各级管理部门的权威性，避免权力过于分散和多头管理的现象出现。

此外要加强"组合港"的管理。我们国内的"组合港"并无实质行政管理权限，仅是一种对组合港范围内的岸线和码头规划、建设和管理进行协调与平衡的协调机构；而"整合港"也是由上一级行政领导挂名牵头的联盟型松散机构，二者均缺乏对港口的人、财、物的具体管理职能，因此难免出现"组而不合"、"整而不合"的情况。鉴于此，为有效整合港口资源，应成立一个相对独立的、从港口规划到建设以及经营都有实质管理权的港务管理机构。建议可将上海组合港作为试点，因其成立时间较早，基础较扎实，条件较充分，且影响较大。对于由上级行政部门牵头的"整合港"，则应采取"地主港"模式，总体规划、集中管理和分级经营，以改变目前整合港范围内各行其是的分散态势。

港口资源的整合一定要符合地区经济、产业和运输等发展特点，实现

协调发展的目的。港口资源整合不能违背市场经济和港口发展规律，通过行政手段强行实现港口资源整合。港口资源整合应该淡化政府作用，加大市场化力度，要以产权为纽带，在因地制宜原则指导下，以市场需求为导向，以分层次的行政管理为主导，优化资源配置与区域港口之间的功能匹配，实现港口资源的有效整合。

第八章　国际陆海发展实践与经验借鉴

　　陆海统筹即处理国家发展中陆地与海洋的关系，其基础是人类在发展过程中对海洋的认识。由于人类的发展主要集中于陆地，因此陆海统筹的最终目的是为了通过海洋促进人口聚集的陆域的发展，获得陆域发展所需的资源、通道及安全环境等条件和要素，其内涵更侧重于海洋能为陆域发展带来的支撑作用，陆域发展对海洋的利益诉求。因此，不同的国家在不同的发展阶段对于海洋具有不同的利益诉求，直接导致各个国家在发展过程中海洋政策的异同。本报告在全球海洋开发的总体形势的背景下，通过分析对比有关海洋国家在发展过程中如何处理陆地和海洋的关系，以建设海洋强国主线，综合归纳出国际陆海统筹发展的特点和趋势，从而提出对我国陆海统筹和建设海洋强国的借鉴和启示。

第一节　全球海洋开发的总体形势

　　地球表面积约为 5.1 亿平方千米，其中海洋的面积近 3.6 亿平方千米，约占地球表面积的 71%。海洋是全球生命支持系统的一个基本组成部分，是全球气候的重要调节器，是自然资源的宝库，也是人类社会生存和可持续发展的战略资源接替基地。

一、海洋渔业捕捞和养殖总体保持稳定

　　从 20 世纪 50 年代 ~ 70 年代初，世界渔业产量以年均 6% 的速度增长。1950 ~ 1960 年，世界渔业总产量的平均增长速度为 5%，即从 1860

万吨增至 3760 万吨。1960～1970 年的增长速度为 7%，年产量达 6070 万吨。但自 1970 年以后，由于有些资源被充分利用，有些被捕捞过度，使世界海洋渔业产量一直徘徊在 6000 万吨左右。20 世纪 80 年代后期，世界渔获量又有较大的增长。1993 年世界水产品量开始突破一亿吨大关（包括海水养殖），1994 年世界渔业总产量 10958 万吨，比 1993 年增长 7.3%，其中海洋渔业产量（捕捞和养殖）9041 万吨。2006～2011 年，海洋渔业捕捞基本保持稳定，海洋水产养殖呈缓慢上升趋势，但总体保持稳定，世界海洋捕捞和养殖总量仅增加 200 万吨，比 2006 年增幅仅为 2.1%（表 8-1）。

表 8-1　　　世界渔业和水产养殖产量及利用量　　　　单位：百万吨

产量＼年份	2006	2007	2008	2009	2010	2011
捕捞						
内陆	9.8	10.0	10.2	10.4	11.2	11.5
海洋	80.2	80.4	79.5	79.2	77.4	78.9
捕捞合计	90.0	90.3	89.7	89.6	88.6	90.4
水产养殖						
内陆	31.3	33.4	36.0	38.1	41.7	44.3
海洋	16.0	16.6	16.9	17.6	18.1	19.3
水产养殖合计	47.3	49.9	52.9	55.7	59.9	63.6
世界渔业合计	137.3	140.2	142.6	145.3	148.5	154.0
利用量						
食用	114.3	117.3	119.7	123.6	128.3	130.8
非食用	23.0	23.0	22.9	21.8	20.2	23.2
人口（10 亿）	6.6	6.7	6.7	6.8	6.9	7.0
人均食用鱼供应量（千克）	17.4	17.4	17.8	18.1	18.6	18.8

资料来源：联合国粮农组织. 世界渔业和水产养殖状况 2012.
注：不含水生植物。

二、海水资源开发利用规模迅速扩大

海水资源的开发利用主要包括海水淡化、海水直接利用和海水化学资源综合利用 3 个方面。截至 2010 年年底，全球海水淡化总产量已经达到每天 6520 万吨，海水冷却水年用量超过 7000 亿立方米，海水制盐每年达到 6000 万吨，制镁 260 多万吨，溴素 50 多万吨。海水利用已是解决全球沿海水资源危机的重要途径，并已经形成了相当规模的产业集群。

从国际市场来看，近 20 年来国际海水淡化装置贸易量年均增长 500 多万立方米，而且有继续增长的态势（图 8 – 1）。2002 年全球淡化市场总额约为 250 亿美元，2005 年为 380 亿美元，年均增长率约为 15%（工厂和设备费，不包括整个市场链）。且随着全球人口的增加和水资源的短缺以及海水淡化技术成本的下降，国际海水淡化市场潜力巨大。从区域分布来看，中东地区占明显的主导地位（超过市场份额的 50%），其次是亚太地区、美洲和欧洲，分别占 10%（图 8 – 2）。

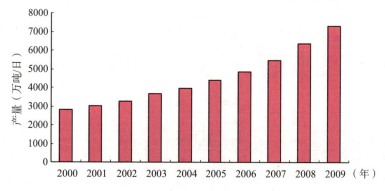

图 8 – 1　近年来国际海水淡化规模增长情况

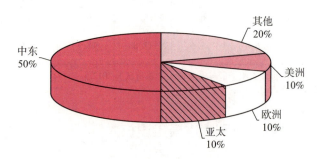

图 8 – 2　国际海水淡化市场份额分布情况

在利用规模不断扩大的同时,海水淡化成本也逐步降低。目前,国外每立方米淡化水出厂价格一般为0.6~0.9美元。在海水淡化规模不断扩大的同时,海水淡化成本也逐渐降低。其中,典型的大规模反渗透海水淡化吨水成本已从1985年的1.02美元降至2005年的48美分。且在成本的组成上,运行及维护、能源消费和投资成本均逐年下降。目前,国外每吨淡化水出厂价一般为0.6~0.9美元。

世界上最大的多级闪蒸、低温多效和反渗透海水淡化单机产量分别达到7.6万立方米/日、3.6万立方米/日和1.5万立方米/日,且近几年新建的海水淡化工程大多在几十万立方米/日。如:世界上最大的多级闪蒸海水淡化厂建于沙特阿拉伯,日产淡水88万立方米;最大的低温多效海水淡化厂也建于沙特阿拉伯,日产淡水80万立方米;最大的反渗透海水淡化厂建于以色列,日产淡水33万立方米。

在海水直接利用方面,海水直流冷却技术已基本成熟、海水循环冷却、海水脱硫等技术发展迅速。国际上大多数沿海国家和地区都普遍应用海水作为工业冷却水,其用量已经超过7000亿立方米。目前,世界上最大的海水循环冷却单套系统(配套1100MW核电机组)循环量达15万立方米/小时,最大的烟气海水脱硫单机规模700兆瓦。大生活用海水技术在我国香港地区年冲厕海水使用量2.7亿立方米。

此外,在海水化学资源利用方面,全世界每年从海洋中提取海盐6000万吨、镁及氧化镁260多万吨、溴素50万吨。美国仅溴系列产品就达100多种。以色列从死海中提取多种化学元素并进行深加工,主要产品包括钾肥、溴素及其系列产品、磷化工产品等。

三、国际海底区域资源勘探开发竞争日趋激烈

国际海域约2.5亿平方千米,占地球表面积49%。国际海域内蕴藏着丰富的资源(表8-2),包括矿产资源(多金属结核、富钴结壳、多金属硫化物)、深海生物及其基因资源、空间资源、环境数据与信息等。据初步估算,国际海底区域多金属结核资源量700亿吨,富钴结壳资源量210亿吨,多金属硫化物资源量4亿吨。

表 8 – 2   国际海底区域金属矿产资源分布及开发制度

	多金属结核	富钴结壳	多金属硫化物
分布地区	洋盆	海山	洋脊、弧后盆地
分布水深	4000 ~ 6000 米	800 ~ 2500 米	500 ~ 2000 米
估算资源量	~ 700 亿吨	~ 210 亿吨	~ 4 亿吨
有用组分	铜，镍，钴，锰	钴，镍，铅，铂	铜，铅，锌，金，银
开发制度安排	保留区制度	参股/联合企业	参股/联合企业

资料来源：中国海洋发展报告 2013.

国际海底区域（以下简称"区域"）及其资源是全人类共同继承的财产。依据《联合国海洋法公约》及相关国际法，勘探和开发国际海底区域资源的活动应由国际海底管理局的企业部进行，或由缔约国或在缔约国担保下的具有缔约国国籍或由这类国家或其国民有效控制的国有企业、自然人、法人或符合条件的上述各方的组合与管理局以协作方式进行。

国际海底管理局管理国际海底区域资源探矿和勘探的重要方式是要求申请者提交勘探申请，管理局进行审查同意后，与申请者签订勘探合同，规范管理局与承包者之间的关系。国际海底管理局先后于 2000 年、2010 年和 2012 年分别通过了《国际海底区域内多金属结核探矿和勘探规章》、《国际海底区域内多金属硫化物探矿和勘探规章》和《国际海底区域内富钴铁锰结壳探矿和勘探规章》。在相关规章的规范下，当前管理局共批准了 13 个多金属结核勘探区申请，4 个多金属硫化物勘探区申请，2 个富钴结壳勘探区申请正在等待管理局的审议。因国际海域优质资源分布局限，潜在申请国竞争非常激烈。新勘探规章的出台，将加速各国对新一轮矿产资源圈地及矿区申请的步伐，为国际海域权益的争夺推波助澜。新勘探规章的出台，将加速各国对新一轮矿产资源圈地及矿区申请的步伐，为国际海域权益的争夺推波助澜。

四、海洋油气资源勘探开发已由浅海延伸至深海

截至 2008 年 12 月，全球 318 个盆地海洋部分累计发现油气田 6005 个，油气可采储量（原始可采储量，探明 + 控制）为 13215 亿桶油当量（表 8 –3）。根据对美国地质勘探局 2000 （相关数据截至 1996 年）和英

国石油公司2009数据，分1996年前后两个段的统计、计算，全球（不含美国）截至2008年年底的油气原始可采储量为35171亿桶油当量，海洋13215亿桶油当量约占其37.6%。海洋已发现储量中，深水与浅水陆架的比例是1∶8.5（表8-3）。上述油气可采储量、产量的数据表明：（1）海洋油气资源可能占全球的40%左右；（2）海洋天然气占的比重大于石油；（3）从近海318个盆地看，陆地、浅水和深水油气的采出程度分别为36%、23%和8%（表8-4）；（4）海洋产量的权重在提高；（5）海洋油、气年产量中天然气产量的比重在增加，即由累计产量占比25%，增至2007年天然气产量占比39%。

表8-3　　　　　全球318个盆地海域部分油气可采储量与产量

318个盆地	可采储量	累积产量		剩余可采储量	
	MMboe	MMboe	%	MMboe	%
陆地	1867918	679673	36	1188245	64
浅海	1182823	267319	23	915504	77
深海	138688	11508	8	127181	92
海域小计	1321511	278827	21	1042684	79
陆、海合计	3189428	958499	30	2230929	70

表8-4　　　　　全球318个盆地陆地、海域油气可采储量、产量与采出程度

全球318个盆地	原油+凝析油			天然气			油气合计		
	可采储量	剩余可采储量	累积产量	可采储量	剩余可采储量	累积产量	可采储量	剩余可采储量	累积产量
	Bboe	Bboe	Bboe	Bboe	Bboe	Bboe	Bboe	Bboe	Bboe
浅水	603	403	200	580	512	67	1183	916	267
深水	87	78	9	51	49	2	139	127	12
总计	691	481	209	631	561	70	1322	1043	279

全球海域油气每年新增储量占陆地、海洋总新增油气储量的比重在增加。全球318个近海主要盆地新增油气储量的统计数据表明，这一比例从20世纪40年代的10%上升至目前的大约60%（图8-3）。这一趋势在其中的28个重点盆地更为明显，在近10年内，重点盆地海域共钻探井2978口，与陆上相当。但海域发现的油气田为581个，陆上仅为293个，

海域占油气田发现个数的66%。海域部分新增储量为原油590亿桶、凝析油42亿桶、天然气407亿桶油当量，分别占海、陆合计的94%、94%和95%。即从28个重点盆地近10年的统计数字看，海域新发现的油气田数量多，累计储量大。近年来，全球获得的重大勘探发现反映了同样的规律，即有50%来自海域，特别是来自深水区。毫无疑问，随着陆地油气勘探程度的提高，油气储量增长和新油气发现将更多地依赖于海上。

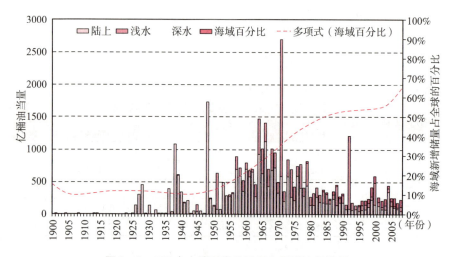

图8−3　318个主要近海盆地历年新增油气储量

　　全球油气新发现的区域已经完成了从陆地向浅海的过渡，正在朝着浅海向深海转移。全球浅水区油气勘探与油气储量增长的高峰期在20世纪的1964～1979年间，16年平均年发现油气储量405亿桶油当量。此后年均发现油气储量逐步降低。1994～2010年的另一个16年，浅水区年均发现油气储量仅为76亿桶油当量（图8−3）。深水油气储量发现却在后一期间呈持续增长态势，特别是近几年，深水的平均年储量发现已超过浅水。318个主要近海盆地年单井平均新增油气储量图（图8−4、图8−5）也反映了油气勘探重点由陆地到浅海、再到深海的变化进程。可以看出，陆地上这一高峰在20世纪30～50年代。浅海则在50年代后期～70年代后期，这一期间浅海年单井平均发现可采储量超过15000万桶油当量，最高年份达44300万桶油当量。随后浅海这一数值开始下降，近10年来单井发现可采储量大致在1000万桶油当量上下。从这一指标和上述数据看，全球范围浅海区的油气储量发现高峰已经过去，深水区尚处于储量发现高峰期，重点盆地一般深度深水区新发现油气田的平均规模已经开始减小，深水勘探正在进入更深地层层系（如盐下构造）的同时不断地向更深水（如3000米以深）推进。

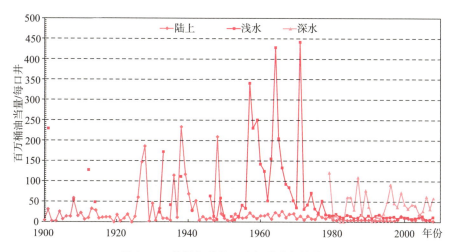

图 8－4　世界年单井平均新增油气储量图

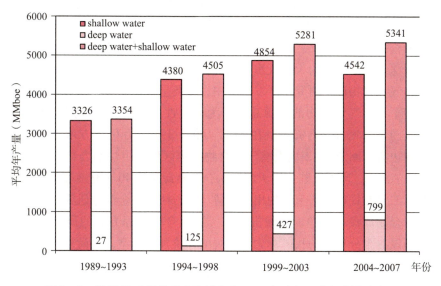

图 8－5　世界 28 个近海重点海域部分近 20 年油气平均年产量分布图

五、海洋天然气水合物由资源调查逐步转向开发利用

天然气水合物又称"可燃冰"，是一种高密度、高热值的非常规能源，主要分布于水深大于 300 米的海洋及陆地永久冻土带沉积物中，其中海洋天然气水合物通常埋藏于水深大于 300 米的海底以下 0～1100 米处，其资源量是陆地冻土带的 100 倍以上。因此，天然气水合物被普遍认为将是 21 世纪最有潜力的接替能源，同时也是目前尚未开发的储量最大的一种新能源。

依据相关统计数据，海洋成为天然气水合物的主要发现区域。截止到 2007 年年底，世界上已直接或间接发现天然气水合物的矿点共有 132 处，其中海洋及少数深水湖泊占 122 处，陆地永冻带 10 处。天然气水合物样品 26 处（海洋 23 处、陆地 3 处），利用各种探测资料推断天然气水合物存在的有 106 处（海洋 70 处、陆地 36 处），许多地方见有生物及碳酸盐结壳标志，分布区域包括太平洋、大西洋、印度洋、南北极近海及内陆海等地区。

有关国家对海洋天然气水合物调查研究和开发准备工作日益重视（如表 8-5），全力推进，对天然气水合物物化性质、产出条件、分布规律、勘查技术、开采工艺、经济评价及开采可能造成的环境影响等进行了广泛而深入的研究，为天然气水合物的商业开采奠定了良好的基础。在海洋天然气水合物调查研究及开发进程中，主要呈现以下发展趋势。一是大致摸清了天然气水合物的资源总量，为商业性开采提供了数据支撑。例如，美国天然气水合物资源量在 3172 万亿～19142 万亿立方米之间，日本在周边海域圈定的 12 块天然气水合物富集区估算甲烷水合物资源量为 6 万亿立方米，印度大陆边缘天然气水合物资源量约 40 万亿～120 万亿立方米。二是在找矿方法上呈现出多学科、多方法的综合调查研究，但在天然气水合物成藏动力学、成藏机理和资源综合评价等方面的研究相对较少，还没有十分有效的找矿标志和客观的评价预测模型，也尚未研制出经济、高效的天然气水合物开发技术。三是在水合物形成与分解的物化条件、产出条件、分布规律、形成机理、经济评价、环境效应等方面取得初步研究进展的基础上，加大勘探开发技术研制，融多项探测技术于一

体，向多项技术联合、单项技术深化的方向发展，相关技术还处于继续探索之中。

表 8 - 5　　　　　　　　国际天然气水合物研究项目概况

国家（组织）	计划、项目及投资	执行时间（年）
美国	国家甲烷 水合物多年研发计划（每年投资超过1500万美元）	1999 ~ 2015
日本	甲烷水合物开发计划 （2001 ~ 2016） （每年投资超过 1 亿美元）	2001 ~ 2003
		2004 ~ 2005
		第一阶段（2001 ~ 2006）
		第二阶段（2006 ~ 2011）
		第三阶段（2012 ~ 2016）
德国	地球工程——地球系统"从过程认识到地球管理"计划	2000 ~ 2015
加拿大	地球科学断面计划	2004
韩国	水合物长期发展规划	2004 ~ 2013
中国	国家专项，总投资8.1亿 RMB	2002 ~ 2011
日、俄、韩、德、比	CHAOS 项目	2005
美国	矿物管理服务研究发展计划	2004 ~ 2006
日、加、美、印	陆上水合物二次开发试验	2005
美国	墨西哥湾钻井项目	2004 ~
IODP	水合物调查	2003. 10. 1 ~ 2013

第二节　主要海洋国家（地区）陆海关系的政策

随着人类社会的不断发展，海洋发挥着越来越重要的作用。从国家经济发展的角度来看，海洋是陆地资源重要的后备基地，拥有丰富的战略资源，海洋经济正在成为新的经济热点。从国家安全的角度来看，海洋安全是国家安全的重要组成部分，是新的国际形势下凸显的重要战略问题，维系着国家的安全与发展。正式从这个意义上，主要海洋国家均高度重视海洋问题，从国家安全和发展的角度来部署海洋政策，进行陆海统筹。

一、美国

美国毗邻大西洋、太平洋、五大湖及墨西哥湾，包括阿拉斯加、夏威夷、大西洋的 4 个群岛和太平洋的 9 个群岛，共有 22680 千米海岸线，17500 千米的湖岸线。全国 39 个州属于沿岸州，沿海地区面积占全国面积的 10%。美国东西海岸 200 海里范围内有广阔的专属经济区，还有墨西哥湾大部分、阿拉斯加州周围的大片海域、太平洋的中途岛、夏威夷、马里亚纳岛 8 个区域属于美国管辖。

（一）确立海上霸权，以海制陆

美国海洋战略的发展始于 19 世纪末马汉的海权论。受马汉"海权论"思想的影响，在 19 世纪之初及相当长的一段时间内，美国把建设强大的海军作为海洋战略的重要组成部分。经过两次世界大战后，美国凭借经济和军事上的绝对优势，一跃而成为资本主义世界的霸主，并取得海上力量的绝对优势。美国取得全球海军优势后，称霸海洋、确立海洋霸权成为其后续海洋战略乃至国家战略的重要内容。

美国确立海洋霸权战略主要体现在三个方面：一是应对全球海上战争的战略。20 世纪 50 年代初，通过签订各种条约和双边军事协定，美国在世界上已有军事基地 152 个，加上辅助基地、机场、军港及其他军事设施，多达 2000 多处。海外驻军总数达到 58 万余人，许多国家实际上已处于它的军事占领之下。此后，美国海军始终站在遏制战略的最前沿，执行"显示力量"、"战略威慑"、"海上控制"、"兵力投送"四大任务，并按这四大任务要求，积极发展建设自己的战略威慑力量和常规力量。二是远洋战略。平时将适当的兵力部署在敌国前沿地区，防止不利于美国的危机和冲突发生或升级。当威慑失败，战争不可避免时，海军兵力灵活地采取"横向升级"的办法，不局限在事发地区与敌对抗，而是要与盟国的海上力量一道，利用海洋的流动性，深入敌方其他敏感地区，用对等的方式有效地打击敌人。三是"由海制陆"战略。冷战之后，美海军战略进行了大调整，主要是从冷战时期奉行的公海、远洋战略，向地区、近岸和远征战略的转变。1992 年 10 月出台了"由海向陆"战略，作战海域由公海、远洋转移到对方的近海和陆地。1994 年 10 月，美海军又提出了"前沿存在，由海向陆"战略，强调前沿存在和兵力投送的作用，明确未来海上作战样式主要是与陆、空军联合行动，从海上发起进攻，夺取"制陆权"。1997 年初又调整为"前沿作战，由海向陆"，强调了海外存在、前沿作战的重要性。

（二）保护海洋、利用海洋

随着美国海上优势地位的确立，美国对海洋认识也有了进一步的发展。首先，美国的海洋国土意识逐步加强。1945 年 9 月，美国总统杜鲁门发布公告，宣布美国对邻接美国海岸的大陆架拥有管辖权，由此引发了世界性的"蓝色圈地"运动，世界海洋被划分为大陆架、200 海里专属经济圈、国际海底区域。其次，海洋是财富意识也成为海洋意识的重要内容。过去认为海洋是交通的公共通道，隐蔽战略武器的基地，都是海洋的间接作用。1966 年美国总统批准的《我国与海洋》报告，对海洋在国家安全中的作用、海洋资源对经济发展的贡献、保护海洋环境和资源的重要性，做了深入研究，形成了海洋本身也是资源宝库的思想。在 2004 年制定的海洋政策中，再一次重新评估了海洋的作用和价值，提出了海洋是宝贵财富的思想。

1. 克林顿政府时期的海洋政策

克林顿政府时期，美国的海洋政策主要由两方面构成：一是探索海洋奥秘，加强对海洋的勘探，二是保护美国沿岸水域的清洁和安全。1998 年 1 月，美国总统克林顿专门为 98 国际海洋年发表宣言，指出美国对海洋了解的越多，对海洋对生活的安全和质量的影响的认识也越深。因此，美国应更多地了解海洋独特的环境，以便共同合作保护和维持海洋宝贵的资源。2000 年 6 月，美国总统克林顿称美国海洋研究机构将先后派遣三艘海洋勘测船从加利福尼亚、纽约和佛罗里达州附近的海域下海，对海底世界展开实地研究，这三次海底研究的主要课题包括海底生物、火山爆发原因以及地球生物起源秘密等。

2. 布什政府时期的海洋政策

布什政府提出了一系列海洋战略和政策制定的原则并勾画了美国海洋

事业发展蓝图。布什依据可持续发展的原则，系统的提出了海洋政策原则：（1）可持续性原则（Sustainability），海洋政策的制定既满足现代人的需要，也不损害后代人发展能力的要求；（2）公共利益原则，海洋政策时，要从全体民众的利益出发，平衡不同海洋用户的关系；（3）海、陆、气相互作用原则，海洋政策的制定要建立在海洋、陆地和大气是相互作用、相互影响的基础上；（4）生态系统管理原则，海洋政策和管理应该反映生态系统的全部内容，包括人类、非人类种群；（5）多用途管理原则，要在保护海洋环境的基础上，平衡竞争性用途之间的关系。

在这些政策原则的基础上，形成了全面发展海洋事业的规划蓝图。第一，重新评估海洋经济成就、海洋运输和港口价值、海洋能源和矿产资源价值、海洋生物多样性价值、海洋对人类健康的作用、海洋旅游娱乐价值。第二，加强国家对海洋事务的领导与协调，改革海洋管理体制和调整联邦涉海机构职责。第三，加强海洋教育与公众海洋意识教育，使美国人保持强烈的海洋意识。第四，正确认识沿海地区是生活边缘区的重要地位，实现沿海经济的可持续增长。第五，加强点源和面源污染物控制，改善沿海水域环境。第六，加强海洋资源保护与利用，减少渔船过度投资，加强油气资源开发和管理，评估天然气水合物和可再生能源的开发潜力，加强其他海洋矿产资源管理。第七，加强海洋科学研究，主要内容包括增加投资，加强海洋调查、测绘，海洋和沿海气候、生物多样性、沿海社会经济研究。第八，积极参与国际海洋事务，参与国际海洋科学研究项目、全球海洋观测系统建设等，保持美国在国际海洋事务方面的领导地位。

3. 奥巴马政府时期的海洋政策

2009年6月12日，美国新闻办公室发布美国总统奥巴马关于制定海洋综合政策的备忘录。在备忘录发布后，成立了部际间海洋政策特别工作组（以下简称"工作组"）并确定了任务：提高国家的管理能力，以维护海洋、海岸与大湖区的健康和提高其对环境变化造成的影响的适应能力和可持续发展能力，为当代和子孙后代创造更多的福祉。2010年7月19日，美国总统办公室对外发布"关于加强美国海洋工作的最终建议"（以下简称"最终建议"）。在采纳了"最终建议"的基础上，美国总统奥巴马签署了关于"海洋、我们的海岸与大湖区管理"的行政令，为美国对海洋、海岸与大湖区的管理指出了新的方向。

"最终建议"阐述了美国对海洋、海岸与大湖区进行管理的新方向和国家政策，主要包括10个部分内容：（1）保护、保持和恢复海洋、海岸与大湖区的健康与生物多样性；（2）提高海洋、海岸与大湖区的生态系统和社会与经济对环境变化的适应与应对能力；（3）采用有利于增进海洋、海岸与大湖区健康的方式，加强对陆地的保护和在陆地开展活动时坚持可持续利用原则；（4）以最佳的科学知识作为海洋、海岸与大湖区事务决策的基础，加深对全球环境变化的认识，提高应对全球环境变化的能力；（5）支持对海洋、海岸和大湖区进行可持续、安全和高生产力的开发与利用；（6）珍惜和保护海洋遗产和它们的社会、文化、娱乐与历史价值；（7）根据适用国际法行使权利与管辖权并履行各种义务，包括尊重和维护对全球经济发展和维护国际和平与安全至关重要的航行权利与自由；（8）不断增进对海洋、海岸与大湖区生态系统的科学认识，包括对它们与人类及它们与人类活动之间的关系的认识；（9）增进对不断变化的环境条件及其趋势与来源以及人类在海洋、海岸和大湖区水域进行的各类活动的认识和了解；（10）提高公众对海洋、海岸和大湖区价值的认识，为更好地开展管理奠定基础。

二、英国

早期英国将海洋视为抵御外侵的"城墙"。工业革命时期，英国工业革命取得重大进步，逐步成为富强的国家，海洋作为"城墙"的屏障意识逐步淡化，海洋作为贸易通道的意识逐步增强。为保障海洋贸易通道安全，英国确立了建设世界上最强大的海军的长期基本国策。英国的海军强大之后，不断进行海上争霸战争，打败了西班牙、荷兰和法国的舰队，确立了海上霸权。

19世纪后半期，英国的海上霸主地位开始受到挑战。19世纪后期发生的以电的应用为主的第二次技术革命，使美国、德国等国家发展迅速，英国的工业垄断地位逐渐丧失，其工业总产值在世界工业总产值中的比重，到1913年下降为14%，居世界第三；钢产量只及美国的1/4，不到德国的一半；机器产量只占世界机器总产量的12.2%，而德国占21.3%，美国占 51.8%。棉织品产量也落后于美国。英国的贸易在世界贸易总额中的比重，到 1913 年降至 15%。英国农业长期处于危机之中，粮食自给率从 79% 下降到 35.6%。英国的世界第一强国地位已经开始动摇，随之而来的是英国海上霸主地位的日益衰落。

进入 21 世纪以来，英国有关政府部门、科技界、海洋保护组织和广大公众就开始呼吁制订综合性海洋政策。随后，包括英国政府在内的有关各方启动相关研究，组织了许多讨论会与座谈会，编写了一系列报告。依据国民经济和社会发展的需要，英国将海洋发展战略的重点逐步转向海洋科技和海洋经济领域，并以法律的形式制定综合海洋政策。

（一）颁布海洋基本法

《英国海洋法》于 2009 年 11 月 12 日被英国王室正式批准，是英国海洋综合管理政策制度化、法律化的具体体现。2007 年 3 月，英国政府发布海洋白皮书（即《英国海洋法草案》），提出了可持续地管理英国涉海活动和保护英国海洋环境与资源的立法措施与管理措施建议，其中主要包括：成立代表英国政府实施海洋管理职能的海洋管理组织；建立新的海洋规划制度；建立新的海洋开发活动许可证制度；设立灵活和目标明确的海洋自然资源保护机制和改进海洋渔业管理。针对海洋法草案，英国各界向政府提出了 8000 多条建议，其中 82% 对海洋法草案表示支持。2008 年 4 月，英国政府正式公布《海洋法草案》，并围绕《海洋法草案》组织深入研究、审议和广泛的公众磋商。2009 年 11 月 12 日，英国王室正式批准《英国海洋法》。

《英国海洋法》由 11 部分组成：（1）海洋管理组织；（2）专属经济区、其他海洋区域与威尔士渔业区域；（3）海洋规划；（4）海洋许可证；（5）海洋自然保护区；（6）近海渔业和环境管理；（7）其他海洋事务与渔业管理；（8）海洋执法；（9）海洋休闲与娱乐；（10）其他内容；（11）补充条款。《英国海洋法》是英国海洋领域各相关部门和关心海洋事业的各界，包括科技界、产业界、民间组织和广大公众长期努力的结果。《英国海洋法》为英国建立新的海洋工作体系和进一步发展海洋事业奠定了坚实的法律基础。英国新海洋工作体系主要包括海洋综合管理、海洋规划、海洋使用许可证审批与管理、海洋自然保护、近海渔业与海洋渔业管理以及海岸休闲娱乐管理等多方面的内容。

（二）加强海洋基础科技研究，保证海区的可持续利用

2000 年，英国自然环境研究委员会（NERC）和海洋科学技术委员会（USTB）提出今后 5～10 年海洋科技发展政策，包括海洋资源可持续利用和海洋环境预报两方面的科技计划。其中海洋资源可持续利用的主要目的是保持海洋与近海环境的功能完整性，重点放在英国专属经济区和英国关注的其他海区的可持续发展。包括三个方面的内容：海洋开发利用对生态系统的影响；水质保护；海洋生物多样性的作用。海洋环境预报计划的主要目的是发展对海洋自然变化及其对人类活动影响的可靠预测能力，重点研究利用现场自动化仪器和遥感技术进行数据收集和解释。包括三个方面的研究内容：跨学科、跨空间的综合研究；海洋与气候变化的相互作用；数据获取与综合集成，实现海洋观测数据在环境预报和信息技术产业领域的最大社会经济效益。

《2025 海洋研究计划》（Oceans 2025）是由英国自然环境研究委员会资助、解决关键战略科学目标的一个新的研究计划，主要包括 10 个研究主题和 3 个机构建设内容。10 个研究主题分别是：（1）气候、海洋环流和海平面，（2）海洋生物地球化学循环，（3）大陆架和海岸带过程，（4）生物多样性和生态系统功能，（5）大陆边缘和深海，（6）可持续的海洋资源，（7）健康和人类影响，（8）技术发展，（9）下一代海洋预测模式发展，（10）海洋环境持续观测的集成。

2011 年 4 月 8 日，英国环境、食品与农村事务部发布了由是英国海洋科学合作委员会（Marine Science Co-ordination Committee）制定的《英国海洋科学战略（2010～2025）》（《UK marine science strategy》），旨在促进通过政府、企业、非政府组织以及其他部门的力量支持英国海洋科学发展、海洋部门相互合作的战略框架。该报告描述了英国海洋科学战略的需求、目标、实施以及运行机制方面并对英国 2010～2025 年的海洋科学战略进行了展望。该战略列出了海洋科学与技术发展的 3 个优先领域：（1）理解海洋生态系统的运作机制；（2）气候变化及与海洋环境之间的相互作用的相应机制；（3）维持和提高海洋生态系统的经济利益，确定了一系列强化英国海洋科学研究部门之间合作、消除壁垒的方法，这

些方法将确保英国为现在和未来整合资源，建设世界级别的海洋科学与技术体系。

（三）重点发展四大海洋产业

2011 年 9 月 19 日，英国商业、创新和技能部发布《英国海洋产业增长战略》，明确提出了未来重点发展的四大海洋产业是海洋休闲产业、装备产业、商贸产业和海洋可再生能源产业。该报告称，到 2020 年，以这四大类海洋产业为主的英国海洋产业增加值有望达到 250 亿英镑。

报告指出，到 2020 年，英国海洋产业增长的战略目标是：在高科技产品、集成系统、全球范围内的服务和高附加值等方面引领全球，并为英国的经济、环境和社会福祉做出全面、重大的贡献；海洋装备产业出口高技术集成系统和一流海洋装备；海洋商贸产业引领全球市场；海洋休闲产业为全球快速增长的中产阶级提供质量和信誉俱佳的休闲服务；近岸海洋可再生能源产业实现对英国能源供应的保障。

英国海洋产业增长战略任务包括六个方面。一是统一认识，为海洋产业建立品牌形象；二是促进海洋产业产品出口贸易，为英国经济可持续增长作出贡献；三是制定路线图，为政府和产业部门遴选出海洋技术和创新的投资重点；四是制定技能发展路线图，聚焦海洋产业长期发展需要的技能；五是挖掘近岸可再生能源产业的潜力，加强知识共享；六是研究现有和新出台的有关政策，识别政策变化所带来的风险和机遇。

三、欧盟

欧盟相关海洋事务的管理，主要根据《欧盟运行条约》的规定，海洋相关的战略和政策主要涉及共同渔业政策、环境政策、能源政策、科学研究与技术开发和第三国和国际组织的合作等几个领域的立法与政策。根据《欧洲联盟条约》的规定，议会和理事会是主要的立法机构，委员会是执行机构，经社委员会和区域委员会是咨询机构，具体负责并监督欧盟海洋政策的机构是委员会。

（一）保护海洋环境，促进海洋经济可持续发展

欧盟一直试图建立一套综合、统一的海洋利用与管理体制。《欧盟

2005 年至 2009 年战略》指出，"需要制定综合性海洋政策，在保护海洋环境的同时使欧盟的海洋经济持续发展。"在这种背景下，欧盟推行了一种新的综合与宏观的海洋政策体系，其中大部分都通过范围宽泛的《海洋综合政策》来实施，该政策中在环境领域的主体是《海洋战略框架指令》，其他主要内容还有《海岸带综合管理计划》和《海洋空间规划》等。

2006 年 6 月，欧盟发表了《欧盟海洋政策绿皮书》。随后，在 2007 年 10 月，欧盟委员会和欧盟理事会通过了题目为《海洋综合政策蓝皮书》及该政策第一阶段行动计划，其目的在于更好地协调欧盟各成员国的海洋政策，以克服各种以行业或部门为核心的政策之间存在的部门或行业化分割现象，采用综合和全方位的方法管理欧盟海域，提高欧盟应对全球化和不断加剧的竞争形势的能力以及应对气候变化、海洋环境恶化和在海上安全与防卫以及能源安全和可持续发展方面的问题的能力。

欧盟《海洋综合政策蓝皮书》提出了一系列项目建议，特别指出要重视以下领域的工作：（1）建设无障碍欧洲海洋运输空间；（2）制定欧盟海洋研究战略；（3）促进成员国制定海洋综合政策；（4）建立欧盟海洋监测调查网络；（5）鼓励成员国制定海洋空间规划路线图；（6）降低气候变化对沿海地区的影响；（7）减少船舶的二氧化碳和污染物排放；（8）制止海盗性捕捞和破坏性公海底栖拖网捕捞；（9）建立欧盟海洋集群；（10）审议欧盟劳动法在航运和渔业领域的特殊性问题。

2009 年 11 月，欧盟委员会公布了海洋综合政策出台后执行两年的进展报告。进展报告列举了许多已取得明显进展的领域，并对未来进行展望并提出了新的战略方针，以进一步促进跨领域思维，其中包括：（1）加强海洋综合管理，包括在各决策层建立有效的管理机制，重视利益相关者的参与；（2）推进诸如海洋空间规划之类的横向手段，推进海洋综合观测调查，建立全面的海洋知识与资料系统，制定并实施欧盟海洋与海事研究战略；（3）将《海洋战略框架指令》作为推进海洋活动的平台，确定对海洋环境产生不利影响的人类活动的可持续性边界；（4）根据不同海区的地理、经济和政治条件，制定不同的政策和采用不同的政策手段，以满足不同地区的需求；（5）加强与海洋综合政策有关的国际事务，以提升欧盟在多边和双边关系中的地位；（6）通过加强能源政策与气候变化政策和海洋综合政策之间的联系和促进海洋集群的发展等措施，大力促进经济增长，促进就业与创新。

（二）建立海洋战略框架指令，为海洋综合政策实施提供制度保障

在实施海洋综合政策工作中，欧盟出台的最重要文件之一就是《海洋战略框架指令》。《海洋战略框架指令》由欧盟环境部牵头制定，是欧盟海洋战略的组成部分，是欧盟议会和欧盟理事会于 2008 年批准通过的一部有拘束力的法律文件，目的在于为欧盟成员国建立一个政策框架，以确保欧盟成员国的海洋环境到 2020 年保持或达到"良好状态"。

《海洋战略框架指令》指出，海洋政策应采用基于生态系的方法对人类活动进行管理，各成员国应针对特定的地理区域（如波罗的海区域），制定各自的国家海洋战略，明确"良好环境状态"的内涵，并确定为实现这一目标需要采取的措施。2010 年 9 月 1 日，欧盟委员会出台了旨在帮助（各成员国）确定海洋环境的良好状态的详细的标准清单和方法规范。

《海洋战略框架指令》提出的良好环境状况的目标，目的在于保持生物多样性和建设多元化和充满活力的海洋，使海洋更洁净、健康和富有生产力。如海洋综合政策一样，《海洋战略框架指令》强调各地区之间的合作。应考虑跨边界影响，也就是说，要求成员国与有共同海洋边界的欧盟国家和非欧盟国家密切合作。

四、俄罗斯

（一）打通出海口

在俄国的近代历史上，一直不断发动争夺出海口的战争。自第一代沙皇伊凡四世到末代沙皇尼古拉二世，370 多年间，俄罗斯同欧亚两洲 20 多个国家发生的 36 次主要战争，有一半是直接为了夺取水域而进行的。俄国先打通了波罗的海、黑海、里海和黑龙江等出海口，建立了远洋海军，开始走出欧洲，走向世界。

（二）建立强大的海军

在 20 世纪 60 年代，人类在海洋中的活动空间范围从海面发展到水下、上空以及大洋洋底，海上兵力几乎能对地球表面上的任何一点实施攻击。在这样的背景下，前苏联海军总司令，苏联现代海军的创始人——戈尔什科夫在其《国家海上威力》一书中，提出了"海上威力"理论，进一步发展了马汉的"海权"的概念，其主要内容包括海洋富国的思想、维护国家经济利益的思想、海洋维护海洋大国地位的思想等。

在"海上威力"理论和相关海洋思想的理论指导下，苏联海军迅速发展。1955 年 9 月，苏共中央作出了加快海军建设的决议，明确提出海军建设的目标是"建设强大的远洋导弹核舰队"。1964～1985 年期间，苏联重点建设远洋导弹核舰队。1964 年，苏共总书记勃列日涅夫提出了既准备打核战争，又准备打常规战争的"积极进攻战略"，决定在优先发展核武器的同时，把扩充海军放在非常突出的地位，增强海军在国防体系中的作用。

（三）恢复海洋实力与活动

苏联解体之后的一段时间，俄罗斯对海洋战略和政策进行了全面调整。俄罗斯的一些官员认为，在全球海洋活动能力的减弱，影响了国家的经济、军事活动，以及对外贸易，必须恢复在全球的海洋活动。

在俄罗斯对海军战略调整的同时，俄罗斯人的海洋意识还没有淡化，随时都准备重新崛起，成为海洋强国。普京认为，海军是俄罗斯重振大国雄风的保证，俄罗斯要想继续保持其世界大国地位，就必须扩大其海军规模，"如果没有一支强大的海军力量，俄罗斯将无法在新的世界秩序中发挥作用"。

20 世纪 90 年代后期以来，俄罗斯制定了一系列海洋战略和政策。如：（1）1997 年 1 月总统批准的联邦《世界海洋方针》；（2）1998 年 8 月 10 日，俄罗斯政府制定了联邦海洋规划；（3）2000 年 3 月总统批准的《俄罗斯联邦海军 2010 年活动政策》；（4）2000 年 7 月发布的《俄罗斯联邦航运政策》；（5）2000 年 4 月，俄罗斯制定了《俄罗斯联邦军事战略》，其中包括海上军事发展战略；（6）2001 年 9 月总统批准的《俄罗斯联邦保护国家边界、内水、领海、专属经济区、大陆架及其资源法》；（7）2003 年发布的《俄罗斯联邦内水运输发展政策》；（8）2003 年 7 月制定的《俄罗斯联邦经济安全战略》，包括了海洋运输安全和其他海洋经济发展战略。之后，又陆续制定了一系列专项国家海洋政策，如：2003 年 8 月发布的《俄罗斯联邦 2020 年能源战略》；2003 年 9 月发布的《俄罗斯联邦 2020 年渔业经济发展方针》等。

调整后的俄罗斯海洋战略和政策，主要原则包括：有效维护俄罗斯联邦内水和领海的主权；有效维护俄罗斯联邦专属经济区和大陆架的主权权益，包括勘探、开发和维护自然资源安全，建设人工设施和结构，科学研究，保护水体环境质量等；保证俄罗斯享受在公海的自由，包括自由航行，自由飞越，自由铺设海底电缆和管道，自由捕鱼，自由进行科学研究等；在海上，重点是沿海区域，预防水体污染，加强海洋监测监视和控制，创造有利于俄罗斯经济和社会发展的条件。

此外，为了更好地实施海洋战略，俄罗斯对海洋管理体制进行了调整。为了协调俄罗斯各部门涉海业务，执行国家综合性海洋政策，俄罗斯于 2004 年 6 月 12 日成立了政府海洋委员会，是军事、安全、海洋、法律、经济、外贸六个委员会之一。海洋委员会主席由总理担任，主要任务是协调领导联邦政府相关机构和非政府组织，维护俄罗斯在内水、领海、专属经济区和大陆架、南极、北极的权益，军事政治形势的稳定，国防安全和海洋灾害问题，协调处理俄罗斯的国际权益问题等。

五、日本

日本是一个岛国，一个典型的海洋国家。日本国由本州、九州、四国、北海道等 4 个大岛和 3000 多个小岛组成；海岸线总长 35000 多公里，仅次于美国，居世界第二位；专属经济区水域面积共约 451 万平方公里，接近陆地面积的 12 倍，居世界第七位。海岛国家的地理位置赋予日本一笔重要的战略财富，与英国的情形类似。日本可以方便地走向海洋，走出海岛。日本成为海洋强国，还有实现国家统一创造的政治基础，明治维新创造的社会制度基础，以及确立走向海洋的国家战略等多种因素。

（一）恢复和发展海上武装力量

1955 年至 1977 年 3 月止，日本先后制定并实施了四期扩军计划。到第四期扩军计划结束时，日本海上自卫队已拥有 46666 人，舰艇 147 艘，共 16.6 万吨，飞机 340 架，其作战实力已经名列亚洲前茅，可以担负中远海的反潜护航作战任务。70 年代末 80 年代初，国际和国内形势发生变化，苏联海军崛起，对日本构成威胁。美国为对抗苏联，力促日本加速扩大海上自卫队，其时，日本国内也有扩军思潮。从 1984 年起，每年造舰量都保持在两万吨左右。在 1954～1989 年的 35 年中，日本海上自卫队军费增加 26 倍。武器装备不断更新换代，已经成为一支现代化的精干的海上力量。20 世纪 80 年代末，日本舰队的综合作战能力超过英国海军轻型航母编队的作战能力。

（二）通过"封锁护航"战略控制工业原料

20 世纪 70 年代后期以来，日本海上自卫队战略可简称为"封锁护航"战略，其中心内容为：以美日军事合作为基础，以苏联太平洋舰队为主要作战对象，通过封锁海峡和反潜护航，确保日本周边海域的安全和 1000 海里海上交通线的畅通。其中，封锁海峡和反潜护航是日本海上自卫队的主要作战样式，也是构成日本海上自卫队战略的两大支柱。主要原因是日本是个岛国，幅员有限，工业高度发达而资源极端贫乏，工业所需的重要原料和燃料都需要大量进口，炼焦煤、铝、天然橡胶、棉花、羊毛 100% 靠进口，石油 99.8%、铁矿石 99.4%、锡 98%、天然气 88.7% 靠进口；粮食自给率只有 1/3 左右。一旦原料停止进口，繁荣的日本经济马上就会陷入瘫痪状态。上述进出口物资和产品几乎全部依赖海上交通运输。一旦海上交通线遭到破坏，不但经济将崩溃，国家赖以生存的条件也将丧失。其次是苏联的现实威胁。战后日苏关系一直没有完全正常化。70 年代后，苏联在远东地区实力不断增强。苏联大力增强在南千岛群岛的军事力量，主要目的是为了在西太平洋地区与美国相抗衡。日本作为美国的战略伙伴，扼有宗谷、津轻和对马海峡。美国也强烈要求日本承担封锁三个海峡和进行 1000 海里护航的责任，要求日本海上自卫队"把开战时尚未展开的苏联舰队封锁在港口或日本海"，"以反潜巡逻机和水面舰艇在通往日本海的三个海峡设置封锁线"。

（三）积极开发利用海洋

日本的经济和社会发展高度依赖海洋，开发利用海洋的意识强烈，已经形成了全面开发利用海洋的各种政策。2000年以来，日本出台了多种海洋政策文件，如：日本海岸带研究协会的"2000年的呼唤"，建议开展海岸带综合管理；日本经济联合会组织的"21世纪的海洋伟大的计划"；提出了一些发展海洋事业的重要建议；日本基金会的"海洋与日本：21世纪国家海洋政策"，也提出了许多海洋政策建议。日本教育、文化和体育省，以及科技厅，拟订了《21世纪日本海洋政策》（Japanese Ocean Policy for the 21st Century），其中确定了一些重要的政策原则，包括：（1）官、学、民结合发展海洋科学技术；（2）积极利用海洋生物资源，探索开发公海大洋的渔业资源；（3）扶持船舶工业发展，不断改造高性能的运输船舶，不断提高船舶大型化和专业化程度；（4）积极利用海洋空间；（5）积极开发海底矿产资源，积极勘探国际海底的多金属结核、钴结壳、多金属硫化物和深海生物基因资源；（6）重视探索海洋新能源开发，包括波浪能、海流能等。

（四）确立海洋立国战略

2005年11月，海洋政策研究财团向日本政府提出海洋战略的代表性文件——《海洋与日本：21世纪海洋政策建议书》。据此，自民党政府于2006年4月成立由10名议员、15名专家学者和10名有关省厅官员组成的海洋基本法研究会，并于12月同步制定出《海洋政策大纲—寻求新的海洋立国》和《海洋基本法草案概要》。《21世纪海洋政策建议书》和《海洋政策大纲》都强调日本实现海洋立国的基本理念。2007年4月，日本议会通过《海洋基本法》的同时作出《推动新的海洋立国相关决议》，要求政府"全面保护我国正当拥有的领土，同时为保护作为海洋国家日本的利益而构建海洋新秩序。"

日本海洋立国战略是基于对海洋资源和环境、海上通道和安全的依赖，基于经济可持续发展的需要，基于强烈的海洋意识和"海洋文明"优越论，基于国际环境变化、世界海洋秩序大调整和"国土"扩大12倍的机遇，基于与中国等邻国"零和博弈"的思维模式，强调通过加强海洋立法、建立海洋综合管理体制、科技进步等手段，强化对海洋资源开发、环境保护、海洋"国土"和外海孤岛及周边海域的综合管理，实现向海洋要资源、要国土、要安全、要国际地位、要未来的战略，其核心是"圈海"。

《海洋基本法》对一些重点问题进行了规范：（1）专章授权政府制定"海洋基本计划"。其具体内容为：实施海洋政策的基本方针；为实施海洋政策而采取的全面措施；其他为综合推进海洋政策的相应措施。制定、修改海洋基本计划须经内阁会议通过；（2）专章规定设立综合海洋政策本部。为改变海洋事务政出多门，各省厅联系有限，缺乏专门部门制定和推行海洋"整体战略"的问题，日本曾尝试以内阁官房长官牵头的"海洋开发关系省厅联席会"、由首相牵头的"海洋权益相关阁僚会议"，共同制定政策实现对海洋的管理。

六、印度

（一）建设区域性海洋强国，占据印度洋

印度东临孟加拉湾，西濒阿拉伯海，南向印度洋。印度自 1950 年 1 月 26 日独立，印度政界和军界以及一些学者的思想中，海洋意识不断增强。20 世纪 70 年代初，印度政府慎重考虑印度洋和海军的发展问题，从而形成了控制印度洋的战略意图。自 20 世纪 70 年代开始，印度就大力发展海军，建立多层次的海上力量，以谋求印度洋北部地区的海上优势。印度的军政当权者认为：要"获得区域性海上强国的地位，以使印度能够对印度洋地区的力量平衡起作用"，需要建立起"得到科学研究和工业充分支持的多层海上力量"。这种多层海上力量应该是：一支远洋立体的深海海军；一支用以保卫海岸线、港口和其他设施的浅海海军；一支用以保卫 200 海里专属经济区内海洋资源的海岸警卫队；还有一个控制与监督海洋勘测与工程的组织体系。印度认为，印度洋理应是印度的势力范围，不容外来势力进入，作为印度洋中最大国家的印度，认为其历史使命是要摆脱次大陆的狭隘安全观念，应不失时机地"去占据印度洋，而

且越快越好。"

(二) 控制大印度洋通道

印度是一个半岛形的国家，从次大陆伸入印度洋中达 1600 多公里，这样突出的地理位置使其海岸线（不含沿海岛屿海岸线）长达 6000 多公里，约占整个国境线长度的 2/3 左右。从印度洋通向世界各大洋，除经非洲南端的好望角进入大西洋较开阔外，经红海过苏伊士运河，再经地中海进入大西洋要通过曼德海峡；印度洋北部的霍尔木兹海峡，则可以控制海湾石油宝库和西方赖以生存的石油航线；东部的马六甲海峡或巽他海峡是进入西太平洋咽喉要道，战略意义十分重要。印度是一个具有半岛特点的国家，对外贸易主要依赖海上交通，海洋与印度的命运密切相关。印度海军将军也直言不讳地指出："印度海军的目标是要取得控制印度洋五个通道的能力，它们是：苏伊士、霍尔木兹、保克、马六甲和巽他海峡"。因此，印度建设强大的海军，控制大洋交通线。印度海军前参谋长科里指出：纵观海军平时的职责，我们发现它的主要任务是威慑。面向印度洋，实施海洋威慑与控制即成为印度海军的海上战略。

(三) 可持续利用海洋

1982 年 11 月，印度颁布了《印度海洋政策纲要》，为印度海洋工作绘制了一份远景蓝图，提出了海洋工作的指导原则，强调对海洋资源的开发和可持续利用，主要内容包括：（1）海洋生物资源、非生物资源、可再生动力能源调查、勘探、评价和利用；（2）促进技术进步，以适应海洋环境的利用和保护；发展海洋技术，包括矿物资源开发、深海资料收集、潜水装备等领域的建设装备，推动海洋产业发展；（3）发展海洋和海岸带综合管理，增进社会福利，推动沿海社区发展；（4）利用本国的和外国的海洋环境信息资源建设海洋信息系统；（5）加强海洋科学研究和技术领域的国际合作；（6）发展国际海底采矿、冶炼提取、环境影响评价技术；（7）发展基础和应用海洋科学研究，建立学术研究中心，提高公众海洋意识。在这个海洋政策声明的指导下，印度 20 多年来进行了大量的海洋调查研究、资源评价和勘探开发，海洋资源和环境保护工作，取得了很多成就，因为 21 世纪进一步开发利用海洋打下了坚实基础。

2002 年，印度海洋发展局制定了《2015 年海洋远景规划》（Vision Perspective Plan 2015），加强印度对海洋的理解，特别是印度洋海域的调查和研究，可持续开发利用海洋生物资源，改善人类居住环境，及时预报和处理海洋灾害等。其主要内容是：（1）建立中央政府各涉海部门有效的合作机制；（2）尽快批准各涉海部门海洋方面的公共财政计划；（3）制定各涉海部门海洋项目和资金成本效益使用指南；（4）预防和控制海洋自然与人为灾害；（5）保护海洋环境，促进海洋资源的可持续利用；（6）发展和加强海洋商业运输；（7）有效解决各部门之间的矛盾，最大限度提高国家利益；（8）继续增加投资，发展和改进有效海洋利用的技术能力（9）促进和加强私人部门开发利用海洋；（10）完善海洋立法；（11）保证安全顺利执行各州海洋发展计划。

第三节　陆海统筹发展的特点和趋势

从历史的角度来看，陆海统筹的核心目标是谋求国家利益的最大化，既包括海洋的利益，也包括由控制海洋带来的陆地发展的利益。而陆海统筹的主要内容则是如何处理国家安全和发展与海洋之间的关系，在不同的历史时期，由于经济社会发展程度和科技水平的高低，陆海统筹的重点略有不同。

一、陆海统筹的核心目标是通过海洋谋求国家利益最大化

不同时代的国家，进行陆海统筹，走向海洋，争夺海洋霸权，都是为了更好的开发利用海洋，获得比其他国家更多的国家利益，这是世界各国海洋战略和政策的核心目标。围绕这个核心目标，不同时期的海洋强国，采取不同的海洋战略和政策。

国家产生到公元 5 世纪的奴隶制世界强国走向海洋的战略目的是：跨过海洋建立早期殖民地、跨海经商和获取隔海陆地区域的财富。主要国家力量是陆军、海军和造船能力。主要手段是跨海作战，占领敌国的国土。5 ~ 14 世纪为封建时代早中期，也称为中世纪。这个时期世界大国走向海

洋的战略目的是跨海扩张版图和建立跨海跨洲的大帝国、掠夺海外财富和经商致富。主要国家力量是陆军和海军。主要手段包括：利用强大的武装力量征服敌国，控制海上通道，跨海征服广大的地区。15～16 世纪是封建社会晚期。这个时期形成的海洋强国的战略目的是探索海洋的奥秘、发现海外新大陆和占领海外殖民地、发展航海事业和世界性商业。主要国家力量已经不是以陆军为主的武装力量，而是以海军为主的国家海上力量，主要手段是利用武装探险船队、能够跨海作战的陆军和海军，组织大规模的海外探险，在海战中打败敌国的海军，利用武力控制海洋，占领殖民地。在资本主义时代，世界大国走向海洋的根本目的是利用海洋霸权进行资本原始积累，具体目的包括：扩大海外殖民地，发展航海事业，发展海洋科学，建立海上霸权，建立廉价原料产地、产品销售市场等。主要海上力量包括：近代造船业，以蒸汽铁甲舰为核心的近代海军。主要手段是：长期进行海上争霸战争，打败争霸对手和侵略沿海国家与落后地区。

第二次世界大战以后世界强国也都要走向海洋，战略利益更趋多元化，包括政治利益、经济利益、安全利益、科研利益等，例如：扩大管辖海域，拓展生存和发展空间；开发利用海洋资源，发展海洋经济；利用海洋通道，参与世界经济活动；利用海洋维护国家安全；发展海洋科学技术，获得海洋知识和技术能力等。主要国家海上力量包括：综合国力强，海洋软实力强，海洋开发利用能力强，海洋研究和保障能力强，海洋管理能力强，海洋防卫能力强等。实现国家海洋利益的手段多元化，包括政治外交手段、经济手段以及军事手段等。

二、陆海统筹优先考虑的领域是国家安全和发展与海洋的关系

从历史的发展来看，有关国家进行陆海统筹的核心内容是如何处理国家安全、发展与海洋的关系。

海洋在国家安全与发展中具有双重属性。一方面，海洋是国家安全的屏障，可以为沿海国家防卫提供地利优势，大大降低沿海国家海防的成本，使大量的资源可以用来发展国民经济。如第一次世界大战、第二次世界大战期间的美国，由于远离欧洲大陆，东西两侧有两大洋环绕，邻国都

是弱国，美国独特的地理位置和"门罗主义"政策使得美国早期发展在相当长的一段时间内实行缩减军备的政策并保持较低的军费开支，使得美国能够将大量资源投入经济发展和社会建设，保留了美国发展经济的实力，这些在美国早期发展壮大中发挥了非常大的作用重大。

另一方面，海洋也是国家受到攻击的通道。日本四面环海，直到17世纪，日本幕府还把海洋看成天然屏障，实行锁国政策，禁止日本人出海航行，禁止基督教，限制外国船只贸易活动。日本认为，海洋是日本安全的屏障，"海洋围绕四方，唯有西部稍可停泊外国船只，且无袭来之虞。"这种落后的海洋观，严重影响日本走向海洋，走出海岛，影响日本近代社会的发展。锁国的政策直接导致18世纪初，美、英、俄等国武力打开日本的大门，与日本通商。1868年"明治维新"之后，日本天皇接受了军务官"耀武于海外，非海军莫属，当今应大兴海军"的思想，发布"海军建设为当今第一要务，应该从速奠定基础"的谕令，通过建设海军、征服殖民地，然后使国家富强，使日本很快走上军国主义道路，到1893年，日本成为世界上少有的几个海军强国之一，先后消灭中国北洋舰队，战胜俄国舰队，从而控制海洋，通过海洋获得了巨大的国家利益。

因此，如何处理好陆海关系，统筹不同发展阶段海洋的战略地位成为陆海统筹的主要内容。从历史来看，凡是强大的国家均拥有强大的海上力量，也是典型的海洋强国。

三、陆海统筹的重点是保护海洋环境和发展海洋经济

进入21世纪以来，由于科技和经济的快速发展，由海洋带来的国家利益进一步丰富。健康的海洋成为人类生存和发展的基础，海洋是地球环境的重要组成部分和调节器，对地球环境的一切变化都有重大影响，没有健康的海洋，人类就会灭亡。海洋是国家走向世界的通道，海洋是世界各国进入全球体系的通道和桥梁。海洋成为重要的战略资源宝库，可为人类提供丰富的物质资源、能源资源以及空间资源，可以为人类经济和社会活动提供空间。

保护海洋环境是陆海统筹的重点之一。人类的生产生活与海洋关系密切，海洋是可持续发展的重要保障。当前，全世界约一半的人口生活在离

海岸线 60 公里以内的范围之内，沿海地区为人类提供了就业机会、食品和生态服务等得以生存生产的条件。随着经济的不断发展，沿海地区生态环境承受了巨大的压力。海洋生态环境具有某种程度不可逆性和滞后性的特征，一旦海洋生态系统的有序性和稳定性被打破，往往造成不可预料且不可逆的后果，而且有些后果需要几年甚至几十年才能表现出来。某些海洋生态问题一旦形成，人类将付出很高的经济和时间代价才能解决甚至无法解决。海洋生态环境逐渐恶化并且对人类的生产生活产生了极大的消极影响，威胁到"经济安全"以及"社会安全"。正是从这个角度上，主要海洋国家在陆海统筹中非常重视保护海洋环境，如从美国海洋政策发展的历史来看，海洋环境保护的地位日益重要。其他国家和地区，如日本、欧盟等国家均将海洋环境保护放在重要的位置。

陆海统筹的另外一个重点是发展海洋经济。陆域经济的发展历史悠久，陆地作为人类生产、生活的主要场所，一直是经济发展、产业布局的焦点所在。从某种意义上讲，陆域经济在相当长的时间内是整个经济系统的代名词。在这里定义陆域经济是相对于海洋经济的提出而言的，因此，这里所定义的陆域经济不是传统意义上的"大经济"，而是特指相对于海洋这个特殊的经济空间而言，以陆域为主要经济发展载体的经济系统。海洋经济是相对于陆域经济而言的，二者所依附的空间实体的差异正是划分海、陆经济的最根本依据。由于海洋具有与陆域迥然不同的特征，其对国民经济、社会的进步、人民生活水平的提高都有着重要的作用和影响。

海洋经济对陆域经济具有单向依赖性，是陆域经济的有益补充。土地是人类赖以生存与发展的重要资源和物质保障，在"人口—资源—环境—发展"的复合系统中，土地资源处于基础地位。土地利用反映了人类与自然界相互影响与相互作用最直接和最密切的关系，人类利用土地在发展经济和创造物质财富的同时，也对自然资源结构及其生态与环境产生巨大的影响。随着人类社会的发展，土地利用的内容随着时间的推移日趋复杂化和多样化。土地作为人类有目的、创造性改造活动的结果，以资源的形式不断地向提供人类所需的物质、能量或效用，对人类社会的发展起着基础性支撑作用；同时以不利的环境（自然条件严酷、水土流失、土地沙化、地力衰减）或爆发性灾害强烈地制约着人类活动。土地利用强度的日益增大，土地紧缺、土地污染和破坏的问题逐渐暴露出来。

随着经济发展，对资源需求量的不断增加和资源消耗量的增加，海洋资源显示出其经济价值。目前，有关国家不断重视海洋经济的发展，不断发布海洋经济的新的规划、政策，从顶层设计上部署海洋经济发展。如英国将海洋休闲产业、装备产业、商贸产业和海洋可再生能源产业四大产业作为海洋经济发展的重点，并提出了 2020 年的发展目标。美国提出了"全国海洋经济计划（NOEP）"，依托沿海地带，促进海洋产业的健康和可持续发展。欧盟也将海洋经济的可持续发展列为其海洋战略框架指令的重要内容之一，提出要建立欧盟无障碍的海洋运输空间等政策措施。

第四节　对我国的借鉴和启示

有关国家进行陆海统筹，通过建设海洋强国，以强大的海洋综合实力为基础而获得比其他国家更多的国家利益为我国带来了借鉴与启示。

一、化解海上通道安全是当前我国陆海统筹发展的重点

海洋已经成为中国经济融入全球的大通道。中国是一个外向型经济国家，海洋在中国经济中发挥的作用越来越大。与中国实现贸易往来国家和地区多达 200 多个，从中国港口出发的航线达 1500 条左右，中国商船队的航迹遍布全球 1200 多个港口，从沿海 25 个主要港口出发的航线可到达世界各地。据统计，世界航运市场 19% 的大宗货物运往中国，22% 的出口集装箱来自中国。2011 年中国货物进出口总额达到 36241 亿美元，占当年 GDP 的比例高达 49.9%，进出口货运总量大约 93% 通过海上运输。

海洋通道在国民经济发展中发挥了重要作用，但对海洋的高度依赖也给国民经济安全带来相应的风险。中国的主要国际通道有东行航线、西行航线、南行航线，出入世界大洋要经过很多海峡，其中首要的是渤海海峡、台湾海峡、琼州海峡，以及第一岛链的各个海峡，这些海峡对于我国的经济安全、国防安全和对外联系等都具有重要意义。台湾海峡、南海、马六甲海峡、印度洋、阿拉伯海已连接成为中国的"海上生命线"，经过马六甲海峡运送的石油数量约占我国石油进口总量的 70% 以上，每天通

过马六甲海峡的船只近 60% 是中国船只。一旦关键的海上航行、海峡或港口受到人为控制，将给中国经济带来严重的威胁。

美国、俄罗斯、英国、日本等都很重视通航海峡的控制与争夺。美国在世界上选择了 16 个通航海峡，作为控制大洋航道的咽喉点。它们是：阿拉斯加湾、朝鲜海峡、望加锡海峡、巽他海峡、马六甲海峡、红海南部曼德海峡、红海北部的苏伊士运河、直布罗陀海峡、斯卡格拉克海峡、卡特加特海峡、格陵兰—冰岛—联合王国海峡、非洲以南航道、霍尔木兹海峡、巴拿马运河、佛罗里达海峡。这些海峡实际上是海上运输的主要国际通道，对这些海峡的封锁，将全面影响世界经济。

海洋通道在给中国经济发展带来便利的同时，也给经济安全带来巨大的奉献，因此，陆海统筹必须首先考虑国家安全与发展与海洋的关系。在具体做法上，一方面要采取各种措施保障已有海上通道的安全，另一方面应逐步减低经济发展对海洋通道的依赖性，建立陆地的大宗商品运输的通道或是开辟新的海上航道，陆海联运，以此来化解对现有海上通道过度依赖所带来的风险。

二、陆海统筹应重视管辖海域内和管辖海域外的权利和利益

近年来，随着科学技术进步及海洋的战略地位日渐突显，各国纷纷完善海洋立法、调整海洋战略和策略，国际间对海洋资源和空间争夺日益激烈，在海洋权益问题上暗中角力。一般认为，海洋权益是指国家在管辖海域内的权利和利益的总称。依据《联合国海洋法公约》及相关国际法，国家不仅在其管辖海域范围内享有海洋权益，在公海、国际海底区域、极地等其管辖海域范围外也享有一定的权益。

在国家管辖海域内：我国拥有 18000 多公里海岸线，濒临渤海、黄海、东海、南海四个海域，蕴含丰富的海洋资源。然而，自北向南，我国海洋权益面临不同程度的威胁和挑战。在黄海海域，朝鲜半岛问题一波三折，我国海上安全利益受到威胁；在东海海域，日本与中国海洋权益之争激烈，钓鱼岛主权归属仍是东海海洋权益争夺的核心问题之一；在南海海域，周边国家多方角逐，域外大国更是高调介入，面临着海域被瓜分、岛礁被侵占，资源被掠夺，安全受威胁的局势。在东海、南海海洋权益面临

严重威胁和国际海洋争夺日益激烈的大背景下，必须采取措施有效维护我在东海南海的利益，应积极主动地开展东海、南海油气资源的勘探和开发，改变在资源争夺上于我不利的局面，以主动开发带动与周边国家的共同开发，落实"搁置争议、共同开发"的政策措施。

在国家管辖海域外：（1）国际海底区域（简称"区域"）是指在国家管辖海域以外的海床、洋底及底土，即各国大陆架以外的深海海底及底土。面积约 2.517 亿平方千米，水深在 2000～6000 米之间，占地球表面积的 49%，蕴藏着约 3 万多亿吨的金属结构资源以及其他稀有的能源型资源，丰富资源及广阔空间决定了其重要战略地位，成为未来最具经济潜力的区域和国家发展战略拓展的重要支点。早在 20 世纪 60 年代，美国等发达国家就已开始对国际海底区域的资源探测和开发，我国虽较早地确定了先驱投资者的国际地位，然而受深海技术及装备制约，我国"区域"资源开发仍与发达国家存在很大差距。（2）极地海区作为国际公共疆域，不仅蕴含丰富的石油、天然气、矿产等能源，而且蕴藏大量的生物资源和具有特殊用途或功能的基因资源，随着能源的短缺、环境不断恶化，极地资源成为当今世界的研究热点及竞争焦点。深远海资源开发关键技术和装备制造成为开发利用深海和极地资源的根本保障。

三、陆海统筹应理顺陆海分割管理的体制性问题

海洋环境变化是气候、水文、水动力等自然条件和沿岸地区社会经济活动长期综合作用的结果，但人类活动特别是陆地活动的影响是短期内海洋环境发生变化的主要原因。其中海洋交通运输、海运事故、海上油气开发、海水养殖等海上经济活动占海洋污染物总量的不到 20%，而陆上的工业生产、农业生产、城镇社会经济活动、海岸带开发等生产活动产生了 80% 以上的海洋污染物，陆源污染成为海洋环境变化的主要源头。20 世纪 80 年代我国近海基本为清洁海域，2009 年近海中度污染海域面积为 20840 平方千米、重度污染海域面积 29720 平方千米。随着我国社会经济要素向沿海地区的进一步集中，通过排污口和河流汇入海洋的陆源污染物将不断增加。迫切需要海岸带环境的统筹管理，实行陆源污染物的总量控制和源头治理。重度污染海域沿岸陆域经济发展规划应以海域环境承载力

为依据，采取工业结构调整、农业生产方式、城市生活污水处理率等方面的积极措施，减轻陆源污染对海洋环境的压力。北戴河海水浴场已受到污染，甚至影响中央领导夏季避暑和利用海水浴场。解决北戴河海域环境问题，关键在于调整和优化陆域产业布局，加强陆源污染物排海总量的控制。这需要陆上环保、国土、农业、市政等部门与海洋环保部门充分协调，整体规划，从准入政策、发展规模、排放标准等方面制定系统的海洋环境保护政策，从而保证有效实行排海污染物浓度控制和总量控制的双重控制制度，实现以陆海统筹的思路管理海洋环境。

当前，我国陆海实行分割的管理体制。海洋由海洋部门管理，陆地由国土部门管理，在沿岸的陆地与海洋的分界线问题上，长期存在模糊不清的问题。分割的权属也导致了我国海洋污染日益沿着。从部门职责来看，海洋环境由海洋主管部门国家海洋局进行管理，而陆地环境则由国家环保部进行管理。由于海洋的主要污染源为陆源污染物的直接排海，而国家海洋局并没有进行陆源污染排海的管理权限，由此导致了海洋生态环境的日益恶化。如海洋环境继续恶化，将极有可能影响到沿岸陆地区域的生产生活，为经济和社会发展带来较为负面的影响。因此，陆海统筹应理顺陆海分割管理的体制性问题。

参考文献：

1. 冯士筰，李凤岐，李少菁．海洋科学导论［M］．北京：高等教育出版社，1999.

2. 侯纯扬主编．中国近海海洋——海水开发利用［M］．北京：海洋出版社，2012.

3. 《联合国海洋法公约》第153条。

4. 有关矿区的具体位置和相关国家信息详见国际海底管理局相关图件，http：//www.isa.org.jm/en/scientific/exploration。

5. MMboe：百万桶当量，用于石油行业．Barrels of oil-equivalent：（BOE）油当量桶．

6. 美国总统克林顿发表国际海洋年宣言，http：//mlzx.ijd.cn/teacher/teacherweb/water/worldhaiyang/usa_kelingdeng.htm，访问时间为2012年7月19日．

7. 克林顿宣布美国进入"海洋勘测新时期"，http：//china.eastday.com/epublish/gb/paper2/20000614/class000200008/hwz66495.htm，访问时间为2012年7月19日．

8. 杨金森．海洋强国兴衰史略［M］．北京：海洋出版社，2007.

9. 李景光，阎季惠．英国海洋事业的新篇章——谈2009年《英国海洋法》［J］．它山之石，2010年2月．

10. Marine and Coastal Access Act 2009，http：//www. legislation. gov. uk/ukpga/2009/23/pdfs/ukpga_20090023_en. pdf.

11. 英国海洋科技发展战略，http：//www. istis. sh. cn/list/list. asp？id=1185.

12. http：//www. oceans2025. org/.

13. http：//www. defra. gov. uk/publications/files/pb13347-mscc-strategy-100129. pdf.

14. 张义钧．《欧盟海洋战略框架指令》评析［J］．海洋开发与管理，2011年10月．

15. 张世平．史鉴大略［M］．北京：军事科学出版社，2005.

16. ［苏］戈尔什克夫．国家的海上威力［M］．北京：海洋出版社，1985.

17. http：//www. dsti. net/Information/News/2581.

18. Russian National Ocean Policy：Development and Implementation – International Ocean Governance Network Conference in Tokyo April 2004.

19. 丁一平．世界海军史［M］．北京：海潮出版社，2000年．

20. Harsh K Gupta. Case study national ocean policy – India.

21. 何树才．外国海军军事思想［M］．北京：国防大学出版社，2007.

22. 何树才．外国海军军事思想［M］．北京：国防大学出版社，2007.

23. 何树才．外国海军军事思想［M］．北京：国防大学出版社，2007.

24. 远东经济评论［J］. 1984年5月31日．

25. 何树才．外国海军军事思想［M］．北京：国防大学出版社，2007.

26. ［日］信夫清三郎．日本政治史（第一卷）［M］．上海：上海译文出版社，1988.

27. ［日］外山三郎．日本海军史［M］．北京：解放军出版社，1988.

28. 杨金森．海洋强国兴衰史略［M］．北京：海洋出版社，2007.

29. 杨振姣，姜自福．海洋生态安全的若干问题——兼论海洋生态安全的含义及其特征［J］．太平洋学报，2010，18，（6）．

30. 国家海洋局海洋发展战略研究所课题组．中国海洋发展报告2010. 北京：海洋出版社，2010年．

31. 中华人民共和国2011年国民经济和社会发展统计公报，http：//www. stats. gov. cn/tjgb/ndtjgb/qgndtjgb/t20120222_402786440. htm.

第九章　陆海统筹发展相关研究综述

随着海洋战略地位的日益提升和国家对海洋重视程度的不断提高，陆海统筹问题研究正在受到学术界越来越多的关注，诸多学者从其战略内涵、理论基础、发展战略和重点领域统筹等视角进行了有益的研究和探索，形成了一些有价值的研究成果。本书通过对这些研究成果的系统梳理认为，作为一个新的研究方向，陆海统筹发展问题的研究目前还处于探索阶段，研究成果总体上虽然数量比较多，但深入系统特别是真正对实践具有指导意义的综合化研究成果相对较少，理论研究整体滞后。从国家对外开放和区域协调发展全局出发，从加强海洋开发能力建设、推进海洋强国建设、维护国家海洋权益的需要出发，加强整体性、战略性研究，应该成为未来陆海统筹深入研究的重要方向。

第一节　对陆海统筹概念与内涵的界定

作为一种重要的发展理念，陆海统筹一词虽然是海洋经济学家张海峰于 2004 年在北京大学"郑和下西洋 600 周年"报告会上所做的"海陆统筹，兴海强国"报告中提出的，但实际上有关海陆发展关系的研究早在 20 世纪 80 年代开始就已经受到国内学者的关注，只不过早期的研究主要集中在海陆一体化和海陆互动视角。最近几年来，随着海洋经济的迅速发展和海洋战略地位的不断提升，海洋开发逐步进入国家战略决策的视野，特别是国家"十二五"规划"坚持陆海统筹"方针的提出，直接助推了陆海统筹相关研究的兴起和发展，大量的研究成果开始涌现。不同学者从不同的学科背景和视角出发对陆海统筹的内涵进行了诠释，形成了一些具有一定参考价值的观点。

　　叶向东、陈国生（2007）认为陆海统筹是指在区域社会经济发展过程中，综合考虑海、陆的资源环境特点，系统考察陆海的经济功能、生态功能和社会功能，在陆、海资源环境生态系统的承载力、社会经济系统的活力和潜力基础上，以陆海两方面协调为基础进行区域发展规划、计划的编制及执行工作，以便充分发挥陆海互动作用，从而促进区域社会经济和谐、健康、快速发展。王倩，李彬（2010）从地缘政治、经济可持续发展、社会可持续发展、环境可持续发展、文化繁荣等方面阐述了陆海统筹的必要性，并分别与"海陆一体化"、"海陆互动"及"五个统筹"进行对比辨析，认为广义的陆海统筹是指沿海国家和地区发展中要将海洋和陆地作为整体来考虑，而狭义层次的陆海统筹应该强调陆海之间生产要素的合理配置。王芳（2009）认为"陆海统筹"是一种思想和原则，是一种战略思维，是指统一筹划我国海洋与沿海陆域两大系统的资源利用、经济发展、环境保护、生态安全和区域政策；谢天成（2011）定义陆海统筹是指遵循陆地与海洋的自然规律，正确处理陆地与海洋的关系，通过统一规划、联动开发、产业互动和综合管理，推进陆海一体化建设，实现陆海经济、社会、文化、生态协调发展。谢天成（2011）认为陆海统筹具有质量维、时间维、空间维三个维度的涵义，质量维即陆海统筹的程度，可称之统筹度；时间维即强调陆海发展既要满足当前需求，也要考虑长远可持续发展；空间维即区域空间尺度，包括海洋地区、沿海城市、沿海地带等，强调陆海区域组团式发展和陆海经济布局的优化整合。陆海统筹的本质和目标就是区域统筹，也是区域统筹的重要内容和路径之一。陆海统筹是用统筹的思想来指导发展，它强调的是动态的过程，即陆海经济、社会、文化、生态系统统筹协调发展。韩增林等（2012）认为陆海统筹是一个区域发展的指导思想，强调的将海洋经济与陆域经济统一起来看，发现二者的关联性与互补性；陆海统筹强调统一规划、整体设计；陆海统筹离不开全面、协调、可持续发展观的指导；陆海统筹作为一种思想和原则，体现一种战略思维，是解决陆域与海域发展的基本指导方针。徐志良（2008）认为海洋经济与海岛经济潜力巨大，管辖海域在国家安全中有着极高的战略地位，因此，海洋的战略地位非常重要，应和陆地东部、中部、西部的划分并列，将海洋界定为"新东部"。李义虎（2007）从地缘政治的角度，认为中国是一个海陆度值高、兼具陆地大国和濒海大国双重身份的地缘实体，在战略上需要消解海陆两分的现实，而采取陆海统筹的全方位选择。鲍捷等（2011）从我国的政治地理形势、经济地理格局两方面来阐述我国陆海统筹具有重要意义，认为我国海上运输航线安全问题，海上领土争端，以及陆地资源重心和经济重心的偏离都需要统筹考虑。

综合以上观点可以看出，作为一个新兴的研究领域，陆海统筹的概念和战略内涵学术界还没有形成清晰的一致性看法。总体来看，目前多数学者倾向于从区域（沿海陆域和海域）视角对陆海统筹的概念与内涵进行界定，强调如何针对海陆两种经济地域的统筹规划来实现海陆经济、社会、生态和文化的协调发展。尽管部分学者也试图从更为宏观的视角或者广义、狭义相结合的角度来把握陆海统筹的概念，但是对其具体的战略内涵、特别是战略实施的重点领域却缺乏进一步的系统论述。实际上，陆海统筹战略的提出是与我国当前发展阶段陆地资源日益枯竭、经济发展的对外依赖性和风险增加、国家所面临的海上安全及主权权益维护形势日益严峻等形势是分不开的，是一个超越沿海地区、涉及国家发展全局的大战略问题。从这个意义上来理解，陆海统筹是从全国一盘棋的角度对陆地和海洋国土的统一筹划，其重点在于将海洋发展提升到国家战略高度，通过海陆资源开发、产业布局、陆海通道建设和生态环境保护等重点领域的统筹协调，加强国家对海洋的管控与利用，促进国家发展由陆地文明向海洋文明的转变，并最终实现海洋强国的目标。

第二节　陆海统筹的相关理论基础

一、陆海统一性理论

陆地和海洋客观上就是一个整体，具有物质实体上的统一性、先天关联性和系统整体性的特点，这可以从板块构造学说、生物进化学说和系统论等理论中得到解释。

（一）板块构造学说

板块构造学说是在大陆漂移说和海底扩张学说基础上发展起来的系统理论。1915 年，魏格纳（A. Wegener）提出了大陆漂移学说，即中生代地球表面是一个统一联合古陆，到侏罗纪后古陆开始分裂并各自漂移。随后，迪茨（R. S. Dietz，1961）和赫斯（H. H. Hess，1962）分别根据自己的研究提出了海底扩张假说。该学说指出了地幔物质对流这一地壳运动的主动力。20 世纪 60 年代后期，板块构造学说出现，该学说将大陆漂移说和海底扩张学均纳入统一的理论体系，揭示出了地球的基本构造及运动动力。根据该学说，不同构造单元的界限并不以海陆为分界，而海岭、岛弧和大断裂才是真正的分界点。一块大陆与一片海洋可能同处于一个板块，而每个大洋则都被划分于不同板块。因此，一定区域范围内的海陆其实是一个构造单元，这是陆海统筹发展的重要基础。

（二）生物进化学说

生物进化学说研究的基本观点是生命源自于海洋。从最低等的原核生物、自养型生物、需氧型生物、真核生物、藻类植物和低等无脊椎动物等等，一直进化到人类。藻类植物、低等无脊椎动物及以前的生命形态基本只能在海洋环境中生存。1809 年拉马克发表了《动物哲学》一书，提出了地球的生物不是神造的，而是由更古老的生物进化而来的，以及生物通过用进废退和获得性遗传逐渐由低等到高等进化等观点。1859 年，达尔文出版了巨著《物种起源》，提出世界上的生物是在遗传、变异、生存斗争和自然选择中由简单到复杂，从低等到高等，不断发展进化的。1865年孟德尔从豌豆的杂交实验中得出结论：遗传物质在繁殖的过程中，可以发生分离和重新组合。随后，在 20 世纪 20~30 年代，英国学者费希尔（R. A. Fisher）、霍尔登（J. B. S. Haldance）和美国学者赖特（S. Wright）提出了群体遗传学。另外，还有多种进化理论的存在，如新拉马克主义、中性学说、间断平衡论、自然诱导—生物自组织等。关于生命的起源和生物的进化，还有许多问题需要研究，有待各个相关学科协同合作。根据生物进化学说的基本理论，生命诞生于海洋，作为生命高级发育阶段的人类与海洋具有先天性的关联。目前，人类科学技术水平突飞猛进，加上陆地人口资源环境的约束，认知海洋、面向海洋已具备条件和基础，并将逐渐实现。生物进化学说揭示了陆海统筹的必然性。

（三）系统论

系统论从系统的角度研究客观世界，从不同侧面解释物质世界的本质联系和运动规律。其思想的核心是如何根据系统的本质属性使系统最优化。1968 年贝塔朗菲（L. Von. Bertalanffy）出版了专著《一般系统论——基础、发展和应用》正式奠定了系统论的学科地位。随后，苏联学者乌耶莫夫提出参量型一般系统论，通过用系统参量来表达系统的原始信息，再用电子计算机建立系统参量之间的联系，从而确定系统的一般规律。梅萨罗维茨、A. W. 怀莫尔和 G. J. 克利尔等学者发展了数学系统论。中国学者林福永教授 1988 年提出一般系统结构理论，揭示出系统组成部分之间的关联。另外，普里戈金的耗散结构理论，M. 艾根的超循环理论，H. 哈肯的协同学，拉兹洛的广义进化论，以及中国学者曾邦哲的结构论 - 泛进化论、邓聚龙的灰色系统论等都是系统论的重要延伸。系统理论的基本原理，如整体性原理、层次性原理、开放性原理、目的性原理、突变性原理、稳定性原理等对于认识陆海统筹系统的内涵、性质，甚至指导陆海统筹的具体操作实践都具有重要作用。

二、产业发展与布局理论

（一）产业结构演进理论

产业结构演进理论揭示了区域内各类产业发展特点。传统产业演进基本遵循着第一阶段第一产业占据主导，第二阶段第二产业占主导，其中重、轻工业比重不断变化，第三阶段三产占主导的规律。17 世纪英国经济学家威廉·配第（William Petty）在其著作《政治算术》中描述了就业人口的三次产业间流动规律，科林·克拉克（Colin Clark）从统计分析上证实了随着全社会人均国民收入水平的提高，就业人口首先从第一产业向第二产业转移，然后再向第三产业转移。库兹涅茨（Kuznets）揭示出产业结构变动随着人均国民收入变动的规律。霍夫曼（Hoffmann）研究证实了工业结构内部资本资料工业在制造业中所占比重不断上升并超过消费资料工业所占比重。与陆地产业相类似，海洋产业结构也是动态的，遵循着一定的变化规律。综合各学者的研究，海洋产业结构大致可分为三个阶段，其中阶段内部根据不同地域特点又有差别。第一阶段，传统产业发展阶段。首先以海洋水产、海洋运输、海盐等传统产业作为主导产业，随后滨海旅游、海产品加工、包装、储运等产业快速发展。根据各个区域资源禀赋的不同，基本上较为初级的一产、三产占据着主导。第二阶段，海洋第二产业开始大发展。表现在海洋生物工程、海洋石油、海上矿业、海洋船舶等第二产业开始高速发展。第三阶段，更高级的第三产业进入主导，如海洋信息、技术服务等新型高端海洋业开始快速发展。海洋产业结构演变大致也遵循着从初级产业向第二产业，再到更为高级的第三产业进程。

（二）集聚扩散理论

集聚扩散理论揭示了规模集聚作用规律，即在经济活动之初，规模经济起主导作用，随着规模的不断增加，超过一定临界点后规模不经济又开始占据主导。该理论的代表主要是弗朗索瓦·佩鲁（Francois Perous）的增长极理论、艾伯特·赫希曼（Albort Hirschman）的极化—涓滴理论和弗里德曼（J. Friedmann）的区域空间结构演变理论。

与海洋相关的集聚扩散理论主要是港城增长点理论和港口体系结构演变理论。自 20 世纪 50 年代中期以来，基于大宗货物远洋运输而导致的长距离海洋运输相对成本的降低、能源原材料的国际流动性增强、海上和港口运输以及装卸等技术的快速发展，港口逐渐发展为工业化的依托，形成港—城—区等互动发展模式。霍伊尔（Hoyle）和平德尔（Pinder）在《城市港口工业化与区域发展》一书中，全面分析了自由港、自由贸易区、出口加工区等建设对区域整体发展的贡献。另外，他们在《海港、城市与交通运输系统》一文中指出港口往往发展成为国家和地区经济增长极。不少学者对自由港的经济增长现象进行了研究。波洛克（Pollock）甚至认为在自由港设置出口加工区，将会成为重要经济增长极，从而带动整个区域经济的发展。港城增长点理论强调将港口－城市－工业开发区等相统一，共同作为区域经济活动的重要增长极。从港口体系结构理论研究来看，1938年，萨镇特（Thomas Sargent）发现了港口体系的集聚效应，即"现代海洋运输倾向于集中，会导致高效率港口的数量不断减少"。1963 年，塔菲（Taaffe）、莫瑞尔（Morrill）和古尔德（Gould）通过对加纳和尼日利亚的研究，提出了发展中国家交通运输体系演化的四阶段模型。随后，里默（Rimmer）于 1967 年通过对新西兰、澳大利亚的港口发展历程的研究，对塔菲等人的模型进行了修正，即为 Rimmer 模型。在 Rimmer 模型中，港口演化分为五个阶段。Rimmer 模型部分阶段的对应和核心—边缘理论有所出入，主要是该模型对于集聚阶段的描述较为详细。整体上，Rimmer 模型将集聚扩散规律在港口空间演变发展上的作用作了较为系统的研究。

（三）产业布局理论

陆海产业布局以海岸带为载体，研究与海洋相关生产力的空间配置。陆海产业布局的理论基础，既依托于传统的区位理论，又在此基础上有所衍伸。高兹（Erich A. Kautz）于 1934 年出版了《海港区位论》。在此书中，借用陆地产业布局理论，从腹地指向、海洋指向、劳动指向、资本指向四大类因子考虑，按照运输费用最小、劳动费用最小、港口建设投资最小、集聚效应最佳原则来计算海港的最优区位。其中，运输费用最小是最主要的计算原则。海港区位理论是陆海产业布局研究的开端，既延续了传统产业布局理论的思想，又针对海港这一特定对象进行了探讨。另外，该理论特别强调了港口与腹地的互动作用，腹地是港口存在的前提，港口是腹地要素流动、资源配置的关口。埃德加·M·胡佛（Edgar M. Hoover）分别在 1931 年出版的《区位理论与皮革制鞋工业》，1948 年出版的《经济活动的区位》书中提出了转运点理论，即港口或其他转运点是最小运输成本区位。转运点区位论为港口存在的天然性提供了支撑，对指导陆海空间布局产生了较大影响。

三、可持续发展理论

1987 年，布伦特兰在《我们共同的未来》中提出可持续发展的定义。1989 年 5 月，第 15 届联合国环境署理事会通过了《关于可持续发展的声明》。自此，可持续发展观念逐渐深入人心。对于海洋可持续发展方面，《联合国海洋法公约》于 1982 年通过并于 1994 年生效。1992 年，联合国环境与发展大会把可持续发展列为全球发展战略，并制定了纲领性文件

《21 世纪议程》，其中规定了实现大洋、沿岸区和各种海洋可持续发展的行动纲领和若干方案领域。1998 年，联合国将这一年定为国际海洋年。2002 年"世界可持续发展首脑会议"提出了《可持续发展世界首脑会议实施计划》，并对海洋和渔业项目制定了目标和承诺。对于国内，我国于1996 年制定了《中国海洋 21 世纪议程》，提出了中国海洋事业可持续发展的战略。海洋可持续发展理论强调了在陆海统筹过程中，既要保证人的发展，同时又不以海洋资源枯竭和生态环境破坏为前提的思想。

四、地缘政治理论

1895 年英国地理学家 G. 帕克（Geoffrey Parker）在其《二十世纪的西方地理政治思想》一书中首次提出了地缘政治理论。该理论强调从空间的、地理中心论的观点对国际局势的背景进行整体性认识和研究。其中，海洋政策理论，即研究主权国家围绕海洋权益而发生的矛盾斗争与协调合作等所有政治活动的总和，是地缘政治理论的一个重要组成。1890 年，美国海军学院院长马汉出版了《海权对历史的影响 1660～1783》一书，大胆提出了"海洋霸权优于大陆霸权"的观点，并深刻地影响了美国的全球战略布局。随后，他于 1892 年完成了《海权对法国大革命和帝国的影响 1793～1812》、1905 年《海权的影响与 1812 年战争的关系》。三部曲系统地阐述了海权论。第二次世界大战后，海洋政策所涉及的理论不仅仅包含了海权，而且向着追求海洋利益的多元化发展。跨国捕鱼、远洋航运、海底资源的开发与权属、海域和大陆架的划分、海洋生态环境保护、海洋科学技术研究、海盗、偷渡、海上恐怖活动等，与此同时，海洋政治与外交事务也日趋复杂。

第三节　陆海统筹发展战略研究

一、海洋的战略地位和海洋发展战略研究

人类对海洋的认识是开发利用海洋的基础，也是准确把握和实施陆海

统筹发展战略的重要前提。从科学认识海洋的需求出发，有学者对海洋的战略地位及其演变进行了比较系统的研究。如杨金森（2007）、吕胜祖等（2000）基于海洋战略地位与价值的深入分析，结合海洋和人类关系的演变，将海洋发展的历程划分为四个阶段：14 世纪及以前的满足基本生存需求阶段；15～20 世纪 50 年代的争夺海上霸权阶段；20 世纪 50 年代～20 世纪 90 年代的海上资源开发大规模开发阶段；20 世纪 90 年代以后的海洋国土化和陆海综合利用阶段。

随着海洋对人类社会的发展作用和价值逐步向多元化方向发展，战略地位日益重要，更多的大国政治家、战略家从国家安全和发展的战略全局关注海洋，从陆海统筹的角度来关注国家安全与发展，海洋政策进入主要海洋国家战略决策的范畴。在我国，政府主导下的《中国海洋 21 世纪议程》、《中国海洋 21 世纪议程行动计划》（1996）、《全国海洋经济发展规划纲要》、《全国海洋功能区划》等海洋发展战略的制定与实施以及中国海洋发展战略研究的开展，对提升海洋战略地位、促进海洋经济的发展发挥了重要作用。与此同时，海洋战略问题的研究也吸引了学术界越来越多学者的目光。如：杨金森等（1990）的《中国海洋开发战略》从战略角度对我国海洋开发中的一些重大战略问题进行了全面的分析研究；王淼（2003）从依法治海、可持续发展、人才开发、科技兴海、产业结构优化、机制创新、开放式发展、立体式发展、海陆式开发等方面探讨了 21世纪我国海洋经济的发展战略及其实施策略；郑贵斌（2006）以跨入海洋世纪以来国际海洋事务的发展变化为背景，以我国海洋经济发展的客观实际和现实需求为依据，提出了海洋经济集成创新兴海强国的战略创新思路，构建了海洋经济集成创新战略的理论模式、战略目标和实施对策。

二、陆海统筹发展的必要性和重大意义研究

张序三等（2007）从当前我国海洋战略形势角度，揭示了陆海统筹的重要性。李义虎（2007）从地缘政治的角度，认为中国是一个海陆度值高、兼具陆地大国和濒海大国双重身份的地缘实体，在战略上需要消解海陆两分的现实，而采取陆海统筹的全方位选择。鲍捷等（2011）从我国的政治地理形势、经济地理格局两方面来阐述我国陆海统筹具有重要意

义，认为我国海上运输航线安全问题，海上领土争端，以及陆地资源重心和经济重心的偏离都需要统筹考虑。王倩，李彬（2010）从地缘政治、经济可持续发展、社会可持续发展、环境可持续发展、文化繁荣等方面阐述了陆海统筹的必要性。

三、陆海统筹发展战略重点研究

叶向东（2008）从陆海统筹研究的理论基础、发达国家陆海统筹的经验借鉴、当前我国陆海统筹发展的实证领域等方面对陆海统筹发展战略进行了研究。孙吉亭，赵玉杰（2011）对我国海洋经济发展中的陆海统筹机制做了较为系统的研究，研究认为人口、资源、社会、环境等各种因素的相互作用决定了陆海统筹战略的实施，陆海统筹的作用机制主要体现在陆海产业、生产要素流动、能量的流转、环境作用、基础设施作用等方面，最终通过市场调控、宏观调控、二元调控三方面来进行陆海统筹的调节。鲍捷等（2011）从全球、国家、区域、地方四个尺度来探讨了陆海统筹的基本战略。在全球尺度上，陆海统筹的战略重点在制度和文化层面，主要目标是应对全球海洋战略安全；在国家尺度，陆海统筹的战略重点在社会经济层面，重点是规划陆海产业总体布局；在区域尺度上，陆海统筹的战略重点在港口、铁路等基础设施建设层面；在地方尺度上，陆海统筹的战略重点在国土资源环境层面。该观点虽然较为新颖，但是可操作性不强，例如关于环境问题的解决不可能仅仅局限于小地域范围内，一个较为典型的例子是渤海污染的治理。此外，在陆海统筹战略实施的重点方面，张海峰（2005）认为树立陆海统筹及新国土观念、统筹产业发展、发挥区域经济优势、建设海洋文化、提升海洋管理水平、加强海上执法队伍和海上军事力量建设是当前陆海统筹的基本内容；王芳（2009）认为陆海统筹应包含将海洋开发与整治纳入全国国土规划体系之中、合理划分海岸带经济区域、明确陆海一体化建设的主要任务、实施海洋生态系统的分类分级管理等内容。

四、区域陆海统筹发展战略研究

针对特定地域陆海统筹发展的研究是当前实证研究的主要方向。如：

叶向东（2009）针对东部地区率先实施陆海统筹发展问题进行了研究，认为临海产业、港口—腹地一体化、路上交通线路布局、跨海大桥和海底隧道工程、环境污染治理等内容是当前东部地区陆海统筹的重点；叶向东（2010）对福州陆海统筹发展战略进行了研究；宋军继（2011）对山东半岛蓝色经济区陆海统筹发展进行了研究，并从空间布局、资源利用、产业发展、基础设施、生态环境等方面提出了对策建议；徐加明，谢树江（2009）等研究了山东区域经济发展战略的陆海统筹问题。部分学者针对特定领域的陆海统筹问题也进行了积极的探索。

第四节　重点领域的陆海统筹发展研究

一、陆海资源开发研究

直接针对海洋资源合理开发利用的研究是早期研究的重点，包括存在于海洋之中的海水资源、生物资源、矿产资源、空间资源、动力资源、化学资源，甚至海气界面之上的太阳能资源、空气动力资源；海陆界面两侧的土地资源、旅游资源等，众多学者都进行了广泛的研究。从研究进程来看，在海洋资源的各种分类、属性、形成、分布与变化规律，海洋资源的价值、补偿和保护，海洋资源开发和利用的主要技术，海洋资源管理的一些法规政策等方面已经取得了一定的研究进展，大量研究成果散见于各类学术期刊。

近年来，随着陆海统筹思想的提出，陆海资源的统筹开发作为一种新研究视角受到重视。李军（2011）系统梳理了渔业资源、海洋矿业资源、海洋油气资源、海水资源的开发模式，并以山东半岛蓝色经济区为例，对海洋资源开发的现状、制约因素、存在问题等进行了分析，提出海陆联动，进行统筹规划；注重生态系统和经济系统调控，坚持可持续发展；外向联动，加强环黄海经济圈的国际国内经济合作等三种开发模式。李军，张梅玲（2012）通过对比长三角、珠三角和辽东半岛经济区海陆资源开发经验，认为海陆资源协调开发需要重点关注促进陆域经济的转型，充分发挥政府的作用，建设全方位区域协调合作经济体系，协调陆地到海洋开发这四个方面。吴雨霏（2012）认为海陆经济协调管理机制、投融资机制、海陆资源和产业一体的市场体系、基础设施网络、海陆科技创新体系、海陆协调的政策法规体系等是海陆资源和产业一体化的支撑条件。李军（2010）通过对比国际上的海陆资源开发战略，认为政府管理综合化、资源开发高科技化、资金支持扩大化、海洋管理法制化、海洋教育普及化是推进海陆资源开发战略的重要方面。张祥国，李锋（2012）从经济学角度分析了我国海洋资源价值及其开发问题，提出为了促进海洋资源的可持续利用，当前应加强海洋资源开发利用的总体规划，建立海洋资源开发总体控制机制；健全和完善海洋资源管理法规体系；增加海洋科技投入；加强海洋生态保护。

二、陆海产业发展与空间布局研究

随着海洋资源开发深度和广度的逐步增加，海洋产业的门类迅速增加，开始涵盖国民经济发展一、二、三次产业，海洋产业及其陆地相关延伸产业间固有的经济技术联系大大增强，产业结构问题开始进入研究者的视野。与此同时，过去发展中海洋资源的空间无序开发和海洋产业的不合理布局所积累的问题开始显现，资源破坏和环境污染加剧不仅对海洋经济的可持续发展产生影响，而且对沿海地区的可持续发展产生严重威胁，因此，资源开发和产业布局问题引起了学界的极大关注。重点主要包括：从区域空间综合分析和产业结构分析入手，研究海洋产业结构的演变规律、基本特征和调整方向；探讨沿海地区海洋经济地域差异，分析空间差异的演变特征和机制；主要海洋产业发展与布局（特定区域）；港口在地区经济中的作用、港口地域组合、港城关系及港口运输网络的形成演化机理、发展模式与空间布局；从产业结构视角对高科技产业化问题的研究。如：张静、韩立民（2006）、曹忠祥（2005）论述了海洋产业结构的演进规律；张耀光等（2005）、李佩瑾、栾维新（2005）应用分析区域空间差异的定量方法，对我国沿海各省海洋产业以及海洋三次产业结构的空间集聚与扩散程度进行了分析，揭示了其海洋经济形成的机制与规律；韩增林、许旭德（2008）对中国海洋经济的地域性差异及其演化过程进行了分析；

于海楠（2009）从区位、产业关联、产业结构、产业规模构建了理论分析模型，对我国海洋产业布局进行了评价，等等。

随着海陆产业关联和海陆一体化等思想逐步被接受，海陆产业综合布局问题研究的成果开始增多。如：韩立民等（2007），针对海洋开发无序的现象，对海洋产业合理布局的现实需求进行了分析，在此基础上研究了海洋产业布局的内涵、层次、实现方式等若干理论问题，并提出了混合机制下海洋产业布局的动力模型；于谨凯（2009）通过对我国海洋产业集中系数指标的研究，提出了依托沿海三大港口群及所在区域中心城市为"点"，以海洋运输、临海产业带为"轴"线的我国海洋产业"三点群两轴线"的空间布局体系；都晓岩等（2007）针对我国沿海地区经济格局重组及海洋产业在沿海地区产业结构调整过程中出现的沿海区域空间结构变化，从海陆一体化视角论述了海洋产业布局的影响因子，包括自然因素、社会历史因素、经济因素、科技因素等，在此基础上探索了海洋产业布局演化的一般规律；徐敬俊等（2010）认为海洋产业布局是指海洋产业各部门在海洋空间内的分布和组合形态，其理论是在陆域产业布局理论基础上衍生出来的分支理论，属于产业布局理论的重要组成部分，是伴随人类产业活动由陆地向海洋扩展而产生的理论，并根据时段顺序分别对海洋产业布局理论的开端、形成及新发展进行了综述，对每个时段理论的发展情况及重点理论进行了系统描述和概括总结。

三、海岸带综合管理研究

海岸带是陆海统筹的重要载体，对于海岸带的综合管理具有重要意义。海岸带综合管理的核心目的是通过分析海岸自然过程及其和人类活动的关系，提出管理现有海岸带资源及未来开发活动的最佳战略。在国外，海岸带综合管理是陆海统筹相关研究的重点领域。美国在20世纪30年代就提出了海岸带综合管理（ICZM）的观念。1972年，美国颁布了《海岸带管理法》。1992年联合国环境与发展大会的《21世纪议程》中正式提出了海岸带综合管理的概念和框架。1993年的世界海岸带会议具体阐述了海岸带综合管理的机制和相关政策。这些都是在海岸带综合管理中的重要实践和指导。另外，从学术界也对海岸带综合管理作了多种方面的研究，如金（King，2003）研究了海岸带管理中的参与主体问题、史和哈钦森等（C. Shi and S. M. Hutchinson et al.，2004）分析了海岸带综合管理的政策框架、丽嘉诺娜（Ligia Noronha，2004）、菲利普德伯特等（Philippe Deboudt et al.，2008）、常等（Chang et al，2008）分别针对不同的国家和地区研究了海岸带综合管理的操作实践。

我国海岸带综合管理及其研究水平相对落后于世界主要海洋国家，但是近年来也出现了一些有价值的研究成果。如：王栋等（2007）从生态安全、生态环境、生态恢复技术三个方面对我国海岸带生态环境现状进行了分析，认为海岸带不仅是海陆交接地区，也是人类活动最为剧烈和活跃的地区，同时也是生态环境受人类干扰最大的地区，我国海岸带面临的压力越来越大，生态环境非常脆弱，已经威胁到经济社会可持续发展；金羽等（2004）分析了海南岛海岸带生态系统的特征和变化趋势认为，自然因素与人为干扰共同作用导致海南岛海岸带生态系统退化，其中人为因素主要包括围海造田、旅游和海洋资源的不合理利用、土地开发利用、海洋水产养殖、矿产的不合理开发、环境污染、水利工程建设等；赵明利等（2005）对我国海岸带管理的法规进行了梳理，分析了海岸带综合管理在政府部门综合、科学参与、海陆间协调以及国家间区域合作等存在的问题，认为我国的海岸带相关法规针对性不强，缺乏强有力的综合协调管理法规和机构，缺乏综合管理类型的开发计划和管理方案，重点地区计划的制定和实施有待加强，我国与邻国海洋区域合作还存在很大差距，区域性海洋环境监测和信息网络不畅通，未建立一个固定的区域性协调组织等；张灵杰（2001）对海岸带综合管理涵义、目的、任务和性质等进行了研究，对当前体制下规划存在的若干特性作了分析，探讨了海岸带综合管理规划与国土规划、城市规划、土地利用规划、海域使用规划等的相关关系及目前在海岸带综合管理中需要解决的技术问题，并从海岸带管理立法与政策、管理形式、体制和公众参与4个方面概括了美国海岸带综合管理的主要特点，进而提出了我国海岸带管理的具体对策。

四、海洋资源与生态环境保护研究

海洋经济的可持续发展是海洋特殊的资源与环境条件以及解决海洋经

济发展中业已产生的诸多矛盾和问题的客观要求，是可持续发展理念在海洋经济发展中的具体体现。应用可持续发展的普遍理论，开展适合海洋特点的海洋经济可持续发展问题研究，是海洋经济研究的重要领域之一。

在理论研究方面，系统理论、系统动力学理论、循环经济理论和生态足迹理论等引入海洋经济可持续发展问题的研究当中，对海洋经济发展的理论问题进行了有益的探索。如：张德贤等（2000）撰写的《海洋经济可持续发展理论研究》，从人类社会与海洋系统的交互作用出发，运用可持续发展理论、现代经济学理论和方法对海洋经济可持续发展中的理论问题进行了探讨，建立了海洋经济可持续发展理论框架、资源的代际利用模型、海洋经济的宏观与微观、静态与动态配置模型，海洋高新技术产业化过程的协同学分析等。刘容子（1996～1999）承担的国家"九五"科技攻关计划项目96－920－16－17专题"海岸带综合管理模式研究"围绕海岸带的可持续发展进行了"我国海岸带资源环境可持续发展指标体系研究"，建立了我国海岸带可持续发展评价的初步理论和技术框架。刘波、顾培亮、陆海波（2004）应用系统动力学理论，从协调资源与环境、社会和经济三者之间的关系入手，在分析了海洋经济可持续发展系统的动态性和反馈机制的基础上，提出从系统动力学角度来研究海洋的可持续发展，并对其科学性和优越性做出论证和说明。尹紫东（2003）从系统论的角度论述了海洋经济演进的内在动力及区域海洋经济发展的影响因素，指出复杂的海洋经济系统以海洋资源环境生态系统为基础物质支撑，以陆域社会经济系统为拉动，以海洋产业系统为结构，通过需求、竞争、科技进步，实现提升海洋经济系统结构、推动海洋经济可持续发展的预期。陈东景等（2006）基于生态足迹指数和人文发展指数构建了可持续性评价框架，并运用该评价框架对我国社会发展及其对海洋渔业资源的影响进行了综合评价。

在实证研究方面，国家和区域层次上的海洋经济可持续发展对策研究是目前我国海洋经济可持续发展研究的主要方向。多数学者从国家和沿海省、市海洋经济发展中存在的诸多矛盾和问题的分析入手，分析了海洋经济可持续发展的主要瓶颈，并就如何促进海洋经济的可持续发展提出相应的对策建议，或者就一定区域内海洋资源的可持续开发研究进行了探索，以海洋生物资源为重点的单项资源开发、产业发展的可持续和海洋资源环境保护问题研究也是目前海洋经济可持续发展研究的重点内容。近年来，随着人们对海岛经济和生态价值认识的逐步加深，海洋开发与保护问题研究引起了学界和管理部门的高度关注，国家海岛开发利用专项规划和法律法规的出台对海岛开发与保护起到了重要作用。此外，海洋资源与环境保护持续受到关注，加强海洋综合管理的呼声日益高涨，基于生态系统的海洋综合管理理念的引入成为相关研究的新亮点。

另外，作为衡量海域可持续发展的重要指标，海域承载力是海洋资源环境保护研究的重要方向。该研究关注特定海域范围对人类开发活动的综合承载能力，研究海洋对于人类经济社会的最大支持程度。毛汉英等（2001）在研究环渤海地区区域承载力时，应用状态空间法构建承载力评价指标体系，从承载体与受载体之间的互动作用出发，设计了承压类、压力类、区际交流这三类指标对环渤海区域承载力状况进行测算及预测。金建君等（2001）依据区域可持续发展评价指标体系的基本原则，构建了海岸带承载力评价指标体系。苗丽娟等（2006）运用理论分析、经验选择、专家咨询、线性回归等方法选取指标，构建了海洋生态环境承载力评价指标体系。吴姗姗、刘容子（2008）进行了水产、港址、石油、海盐、滨海景观、滩涂等海洋资源的价值量、价值构成、地区分布研究。刘蕊（2009）构建了海洋资源承载力指标体系。另外，狄乾斌等（2004），李志伟、崔力拓（2010）分别对辽宁海域、河北省近海海域承载力状况进行了分析研究。从目前研究现状来看，虽然海域承载力理论量化方法需要不断改进，但一定程度上能够从纵向和横向分析区域海洋资源承载力，从而对海洋资源承载力的现状与未来有一个较为全面客观的认识和把握。

参考文献：

1. 约翰·冯·杜能著，吴衡康译. 孤立国同农业和国民经济的关系［M］. 北京：商务印书馆，1986.

2. 徐敬俊，韩立民. 海洋产业布局的基本理论研究. 中国海洋大学出版社，2010.

3. 吴殿廷（主编）. 区域经济学［M］. 北京：科学出版社，2003.

4. 孙翠兰. 西方空间集聚——扩散理论及北京城区功能的扩散［J］. 经济与管理 2007（6）.

5. 李文荣. 海陆经济互动发展的机制探索［M］. 北京：海洋出版社2010.

6. 韩立民．海洋产业结构与布局的理论和实证研究［M］．北京：中国海洋大学出版社，2007．

7. 张开城等著《海洋社会学概论》［M］．北京：海洋出版社，2010 年．

8. 王江涛《海洋功能区划理论和方法初探》［M］．北京：海洋出版社，2012 年．

9. 杨达源（主编）《自然地理学（第二版）》［M］．北京：科学出版社，2012 年．

10. 伍光和，王乃昂，胡双熙等编著《自然地理学（第四版）》，北京：高等教育出版社，2008 年．

11. 蒙吉军编著《综合自然地理学（第二版）》［M］．北京：北京大学出版社，2011 年．

12. 孙加韬《中国海陆一体化发展的产业政策研究——基于海陆产业关联度影响因素的分析》，博士学位论文 2011 年．

13. 叶向东，陈国生《构建"数字海洋"实施海陆统筹》，《太平洋学报》2007 年第 4 期．

14. 王倩，李彬．《关于"海陆统筹"的理论初探》，《中国渔业经济》2011 年第 3 期．

15. 王芳《对海陆统筹发展的认识和思考》，《国土资源》2009 年第 3 期．

16. 张序三，陈右铭，张宝印《贯彻和运用科学发展观与系统工程，实施陆海统筹推进中部地区全面发展》，《节能环保和谐发展——2007 中国科协年会论文集（三）》2007 年．

17. 徐志良《中国"新东部"——海陆区划统筹构想》［M］．北京：海洋出版社，2008 年．

18. 李义虎《从海陆二分到海陆统筹——对中国海陆关系的再审视》，《现代国际关系》2007 年第 8 期．

19. 鲍捷，吴殿廷，蔡安宁，胡志丁《基于地理学视角的"十二五"期间我国海陆统筹方略》，《中国软科学》2011 年第 5 期．

20. 孙吉亭，赵玉杰《我国海洋经济发展中的海陆统筹机制》，《广东社会科学》2011 年第 5 期．

21. 叶向东《海陆统筹发展战略研究》，《海洋开发与管理》2008 年第 8 期．

22. 张海峰《海陆统筹　兴海强国——实施海陆统筹战略，树立科学的能源观》，《太平洋学报》2005 年第 3 期．

23. 叶向东《东部地区率先实施海陆统筹发展战略研究》，《网络财富》2009 年第 4 期．

24. 谢天成《环渤海经济区发展中的陆海统筹策略探析》，《北京行政学院学报》2012 年第 2 期．

25. 毛汉英，余丹林《环渤海地区区域承载力研究》，《地理学报》2001 年第 3 期.

26. 金建君，挥才兴，巩彩兰《海岸带可持续发展及其指标体系研究——以辽宁省海岸带部分城市为例》，《海洋通报》2001 年第 1 期.

27. 吴姗姗，刘容子《渤海海洋资源价值量核算的研究》，《中国人口·资源与环境》2008 年第 2 期.

28. 苗丽娟，王玉广，张永华等《海洋生态环境承载力评价指标体系研究》，《海洋环境科学》2006 年第 3 期.

29. 李志伟，崔力拓《河北省近海海域承载力评价研究》，《海洋湖沼报》2010 年第 4 期.

30. 狄乾斌，韩增林，刘楷《海域承载力理论与海洋可持续发展研究》，《地理与地理信息科学》2004 年第 5 期.

31. 刘蕊《海洋资源承载力指标体系的设计与评价》，《广东海洋大学学报》2009 年第 5 期.

32. 任光超《我国海洋资源承载力评价研究》，硕士学位论文 2011 年.

33. 吕胜祖，申长敬，吴林《人类海洋观念的发展演变》，《海洋战略研究文选（内部）》2000 年.

34. 吕胜祖，申长敬，吴林《海洋上的战略争夺》，《海洋战略研究文选（内部）》2000 年.

35. 杨金森《海洋强国兴衰史略》，北京：海洋出版社，2007 年.

36. 杨金森《海洋的战略地位和价值》，《海洋战略研究文选（内部）》2000 年.

37. 杨金森《世界海洋资源》，《海洋战略研究文选（内部）》2000 年.

38. 赵明利、伍业锋、施平《从"综合"角度看我国海岸带综合管理存在的问题》，《海洋开发与管理》2005 年第 4 期.

39. 张灵杰《试论海岸带综合管理规划》，《海洋通报》2001 年第 2 期.

40. 张灵杰《美国海岸带综合管理及其对我国的借鉴意义》，《世界地理研究》2001 年第 2 期.

41. 王栋，买合木提，玉永雄，孙娟，胡艳《我国海岸带生态现状研究进展》，《河北渔业》2007 年第 9 期.

42. 于谨凯，于海楠，刘曙光，单春红《基于"点—轴"理论的我国海洋产业布局研究》，《产业经济研究》2009 年第 3 期.

43. 韩立民，都晓岩《海洋产业布局若干理论问题研究》，《中国海洋大学学报（社会科学版）》2007 年第 3 期.

44. 于海楠《我国海洋产业布局评价及优化研究》，中国海洋大学硕士学位论文 2009 年.

45. 都晓岩，韩立民《论海洋产业布局的影响因子与演化规律》，《太平洋学报》2007 年第 7 期．

46. 徐敬俊，罗青霞《海洋产业布局理论综述》，《中国渔业经济》2001 年第 1 期．

47. 李军《海陆资源开发模式研究——以山东半岛蓝色经济区为例》，中国海洋大学博士学位论文 2011 年．

48. 李军，张梅玲《海陆资源协调开发的国内比较与启示》，《山东社会科学》2012 年第 5 期．

49. 吴雨霏《基于关联机制的海陆资源与产业一体化发展战略研究》，中国地质大学博士学位论文 2012.

50. 李军《山东半岛蓝色经济区海陆资源开发战略研究》，《中国人口·资源与环境》2010 年第 12 期．

51. 张祥国，李锋《我国海洋资源价值及其开发的经济学分析》，《生态经济》2012 年第 1 期．

52. G King. The role of participation in the European demonstration projects in IC-ZM. Coastal Management，2003，31.

53. C. Shi，S. M. Hutchinson. S. Xu. Evaluation of coastal zone sustainability：an integrated approach applied in Shanghai municipality and Chong Ming Island. Journal of Environment Management. 2004，71.

54. Ligia Noronha. Coastal management policy：observations from an Indian case. Ocean & Coastal Management，2004.

55. Commission，Green Paper：Towards a future Maritime Policy for the Union：a European vision for the oceans and seas，COM（2006）275 final.

广西壮族自治区陆海统筹发展调研报告

广西是我国西部地区唯一兼有沿边、沿海双重属性的省区，是西南地区重要的出海通道和我国长江上游地区、中南地区对外开放的重要支点，也是我国面向东盟开放的桥头堡，推进陆海统筹具有重大战略意义。2013年9月22～26日，国地所"我国陆海统筹发展研究"课题组一行5人，赴广西壮族自治区南宁市、北海市进行了调研。本次调研以"广西实施陆海统筹、建设西南地区出海通道和国家对东盟开放合作战略平台"为主题，重点围绕广西海洋资源开发、海洋生态环境保护、临海/临港产业发展、陆海通道建设、对内外开放合作和北部湾经济区建设等问题，进行了广泛的座谈交流和实地考察。通过调研，课题组对广西实施陆海统筹发展的进展、面临的问题以及地方政府的政策诉求有了较为深入的了解，获得了大量第一手资料。

第一节　广西陆海统筹发展的主要成效

广西壮族自治区地处我国西南，南临北部湾，面向东南亚，西南与越南接壤，东部与粤、港、澳毗邻，大陆海岸线长约1595公里，是西南地区最便捷的出海通道，在中国与东南亚的经济交往中占有重要地位。北部湾海域港湾、海洋生物、滨海旅游、海洋油气和矿产以及海洋能源等资源丰富，是中国著名渔场和合浦珍珠产地，近海海域还是我国大陆沿岸最洁净的海区，海洋生态环境总体上良好。由于历史的原因，广西海洋开发起步较晚、总体水平较低，海洋经济总产值仅占全国的1%，海洋经济发展潜力巨大。近年来，在自身加快发展需求、沿海地区海洋开发和国家对东盟开放合作大势的影响下，特别是以国家建设北部湾经济区的战略部署为契机，广西对海洋开发的重视程度逐步提高，走向海洋的步伐明显加快，陆海统筹发展取得了一些积极进展。

一、"两区一带"的陆海国土开发格局基本成型

2006 年以来，广西发挥沿江、沿海、沿边的基础优势，按照江海联动、陆海互动的基本思路，全面实施《广西北部湾经济区发展规划》、《广西西江经济带发展总体规划》、《桂西资源富集区发展规划》和《滇桂黔石漠化区（广西）区域发展与扶贫攻坚规划》，在优先推进北部湾经济区开放开发的同时，着力推动西江经济带与桂西资源富集区的共同发展，初步形成了"两区一带"的区域协调发展新格局。2008～2011 年，北部湾经济区生产总值年均增长 15.8%，高于自治区 2.5 个百分点，经济区以不到全自治区 1/5 的土地、1/4 的人口，创造了 1/3 的经济总量。同时，西江黄金水道和西江经济带加快建设，建成南宁至贵港千吨级、贵港至梧州两千吨级高等级航道，内河港口吞吐能力 6000 万吨，沿江中心城市形成汽车、机械、冶金、高新技术及建材等产业布局，承接东部产业转移势头迅猛，带动西江经济带快速发展。桂西优势资源开发力度加大，铝、锰、有色金属、水能、制糖、红色旅游、农产品加工等在全国有重要影响的特色优势产业基地发展壮大，扶贫开发取得了积极进展。

二、海陆一体的交通基础设施体系不断完善

广西通陆地达江海的水路、公路、铁路为一体的综合交通运输网络正在形成，保障能力大幅提升，为陆海统筹提供了强大支撑。近年来，广西开工建设了南宁—广州、南宁—钦州、钦州—防城港、玉林—铁山港高速铁路项目，建成崇左—钦州、六景—钦州等高速公路，新增高速公路通车里程 471 公里，北部湾经济区"1 小时经济圈"基本成型；北部湾港实现"三港合一"跨入亿吨大港行列，目前拥有生产性泊位 230 多个，其中万吨级以上泊位 65 个，已开通集装箱班轮航线 30 多条，每周 50 多个班次，与世界 100 多个国家和地区 200 多个港口通航；南宁机场完成 4E级标准改建并启动建设新航站，民航机场旅客吞吐量达 1331.29 万人次；管道运输实现零的突破。目前，广西已开通到东盟国家的 11 条国际航线和南宁至越南的国际列车，已从全国交通末梢变成连接中国与东

盟的国际通道、华南与西南的交通枢纽，西南出海大通道的重要作用正在日益得到加强。

三、海洋和临海/临港产业加快发展

海洋经济实现持续快速发展。"十一五"期间海洋生产总值年均增长率达到了21.10%，超出全国平均水平7.6个百分点，远高于同期广西地区生产总值增长速度。2010年广西海洋生产总值570亿元，占广西地区生产总值的6%，约占广西北部湾经济区地区生产总值的18.9%，占沿海三市地区生产总值的47.63%。同时，临港/临港产业发展势头较好，中石油钦州1000万吨炼油、金桂钦州林浆纸一体化、中石化北海500万吨炼油、中电北海电子、诚德北海不锈钢、中广核防城港红沙核电、金川铜镍、北车集团南铝、北海—防城港—钦州三市燃煤电厂等相继建成投产，沿海地区初步形成以石化、冶金、林浆纸、电子、能源、轻工食品为主导的产业格局。目前，防城港磷化企业已达20多家，磷化产品出口额占全国磷化产业出口总额的56%，成为全国最大的磷酸出口及加工基地。截至2012年，广西沿海地区已引进世界500强企业45家、中国500强企业50家、央企48家、国内500强民企48家。

四、滨海产业园区的集聚和辐射效应开始显现

北部湾经济区规划建设14个重点产业园区，规划总面积637平方公里，目前已配套基础设施开发面积超过200平方公里，到2012年引进工业企业近千家，全年完成工业投资592亿元，总投资1200亿元的115项重大产业项目实现开竣工。中国电子集团北海产业园已经开园，钦州港经济开发区升级为国家级经济技术开发区，钦州石化产业园、防城港大西南临港工业园、北海电子产业园等10个重点产业园区实现工业产值超100亿元。国家批准设立的广西钦州保税港区建成并封关运营，北海出口加工区正加快拓展保税物流功能，沿海保税物流体系基本形成。其中，钦州保税港区在2009年12月获批成为我国第五个汽车整车进口口岸，2013年初获批筹建"全国进口酒类综合服务产业知名品牌创建示范区"，逐步成为广西乃至西南地区进出口酒类、矿石、机电产品的重要集散地。2012年四个海关特殊监管区贸易额达到645亿元，是2011年的2倍。

第二节　广西推进陆海统筹发展的重点举措

广西在实施陆海统筹发展过程中，结合自身的发展基础和条件，围绕规划制定、体制创新、港口资源整合以及对内外开放等方面，采取了一系列重要举措。这些举措不仅是广西陆海统筹发展的重要推动因素，而且对其他沿海地区具有借鉴价值。

一、将陆海统筹理念纳入各类规划

近年来，在国家相关规划的引领下，广西无论是在主体功能区划、社会经济发展规划，还是在涉海的各类专项规划、特定区域规划中，都将陆海统筹提升到指导思想、基本原则层次，并在具体的产业布局、交通基础设施建设、生态环境保护、资源开发利用、城镇空间布局等方面得到体现。规划既起到引领作用，又具备预防功能。日益完善的规划体系，特别是国家和自治区层面的一些综合性规划中关于陆海统筹思想的体现，为广西陆海统筹发展提供了强有力的战略指导和基础支撑。

表1　　　　　　　　广西壮族自治区各类规划中陆海统筹内容的体现

类别	规划名称	陆海统筹思想的体现
国家相关规划	《国务院关于进一步促进广西经济社会发展的若干意见》	1. 以沿海沿江率先发展来完善区域发展总体布局；2. 推进海陆工业、服务业布局；3. 统筹交通基础设施建设；4. 构筑海陆统筹的能源体系；5. 综合海陆生态环境建设
	《广西北部湾经济区发展规划》	坚持统筹开发，实现产业、港口、交通、城镇、保税物流等一体化，实现海陆联动、经济社会联动，最终实现区域统筹和谐发展
	《中国－东盟交通合作战略规划》	在对外合作领域，以交通环节为先导，体现陆海统筹的思想，首次将海洋通道建设和陆域交通结合进行规划
广西综合性规划	《广西壮族自治区主体功能区规划》	坚持陆海统筹原则，陆地国土空间开发与海洋国土空间开发相协调。统一谋划陆海综合交通运输网络、生态屏障和产业发展
	《广西国民经济和社会发展"十二五"规划纲要》	1. 统筹陆地与涉海产业（如船舶修造、海洋油气、海洋化工等）的布局；2. 统筹涉海渔民的就业安置；3. 推进海运、公路、铁路和管道等多式联运的集疏运系统建设

续表

类别	规划名称	陆海统筹思想的体现
广西涉海重要专项规划	《广西海洋事业发展规划纲要（2011～2015年）》	以坚持陆海统筹为首要原则，正确处理沿海地区经济社会发展与海洋资源利用、海洋生态环境保护的关系，以陆域为依托，以海洋为拓展空间，以海洋资源合理利用为重点，陆海结合，实现海洋综合开发和陆海统筹协调发展
	《广西壮族自治区海洋经济发展"十二五"规划》	以坚持陆海统筹为首要原则，结合海洋资源、产业基础、交通条件、陆域和海外腹地（东盟等）以及资源环境承载力，对海洋经济进行综合定位
	《广西海洋产业发展规划》	在指导思想中，明确以陆域为支撑、以港口为依托来发展海洋产业；在基本原则中明确坚持海陆互动发展
	《广西壮族自治区海洋环境保护规划》	1. 以陆源污染物的控制为核心来治理海洋污染；2. 统筹协调不同产业及资源环境承载下的海岸带资源开采利用
近期颁布/正在编制的涉海规划、法律文件	《广西壮族自治区海域使用管理办法》、《广西壮族自治区海域使用权收回补偿办法》、《广西壮族自治区海岸保护与利用规划》、《广西壮族自治区海岛保护规划（2010～2020年）》、《广西壮族自治区海洋局工程建设项目用海预审内部审查制度》、《广西壮族自治区海洋灾害区划》、《广西壮族自治区海水利用专项规划》	

二、创新海陆联动的综合管理体制

以北部湾建设为突破口，加强陆地与海洋的统筹协调，是近年来广西综合管理体制创新的重要方向。为此，广西成立了北部湾（广西）经济区规划建设管理委员会，并下设正厅级常设办事机构——管委会办公室。管委会及其办公室的主要职责是对北部湾发展中的重大问题进行统筹管理，如统一规划、统一组织建设和管理经济区内的港、路、水、电等重大基础设施、重大产业布局、重要资源整合等。北部湾内北海、防城港、钦州三市，对管委会及其办公室所制定的规划和决策分别具体组织实施，在陆港资源利用、园区产业发展中所获得的税收均按属地化原则进行处理。随着北部湾建设的不断推进，企业建设项目资源环境保护意识弱化和岸线利用多部门审批、程序复杂低效等问题开始显现。针对这一问题，北部湾办公室又成立了由自治区发展改革委、国土资源厅（海洋局）、住房和城乡建设厅、交通运输厅、环境保护厅、旅游局和广西海事局等单位共同组成的沿海岸线使用联合审核组，负责对沿海三市使用岸线的项目进行联合审核并出具审核意见。联合审核组每月集中审议一次，如遇特殊情况的按特事特办、急事急办原则办理。北部湾管委会及其办公室的成立使得在规划产业布局、建设基础设施、保护生态环境方面，兼顾了海洋与陆地这两类不同载体、不同城市的经济社会和资源环境保护等内容，沿海岸线使用联合审核组的设立又进一步提高了岸线利用的科学性和效率，从而为陆海统筹发展提供了体制保障。

三、整合北部湾地区的港口运营

针对目前沿海地区普遍出现的港口无序竞争、腹地市场分割、利润低微、资源浪费、环境破坏等问题，早在 2007 年，广西就决定将防城港、钦州港和北海港三港以及沿海铁路资源统一整合，成立广西北部湾国际港务集团有限公司，有序协调三港建设。通过实现港名、规划、经营三方面整合，提升广西港口整体竞争力。广西北部湾国际港务集团有限公司是由广西壮族自治区政府出资、授权自治区国资委履行出资人职责的国有独资企业。该公司以防城港务集团有限公司、钦州市港口（集团）有限责任公司、北海市北海港股份有限公司和广西沿海铁路股份有限公司的国有产权重组整合设立，公司主要经营范围是港口建设和经营管理、铁路运输、道路运输等。广西北部湾国际港务集团有限公司的成立，打破了沿海三港及铁路各自为政、各成体系、分散经营的格局，充分发挥了港口一体化和港铁一体化的整体规模经营优势，提升了广西沿海港口、铁路整体核心竞争力。

四、全面深化对内外合作

从沿海、沿边的区位来看，广西是与东盟国家最具合作潜力的临海省份之一，也是大西南地区最近的"出海口"，同时具有与中部的湖北、湖南、江西等省份开展合作和承接广东、福建等沿海省份产业转移的条件及潜力。近年来，广西不断深化对内外合作，对陆海统筹发展起到了积极的推动作用。从对外来看，目前广西以对东盟开放为重点，积极服务国家周边外交战略，大力推动"引进来"和"走出去"相结合的国际经济交流，形成了全方位、多层次、宽领域的内外开放新格局。截至目前，广西已成功举办 7 届泛北部湾经济合作论坛，共签署港口、金融、旅游等合作协议

23 个，备忘录 1 个，并连年成功承办中国—东盟博览会和商务与投资峰会等重大活动，积极参与和推进泛北部湾经济区、大湄公河次区域、中越"两廊一圈"合作和南宁—新加坡经济走廊建设，大力推动中越跨境经济合作区、中国·印度尼西亚经贸合作区、中国马来西亚产业园区、中泰（崇左）产业园等建设。中马钦州产业园区正式开园，成为全国第三个中外两国政府合作园区。2004～2011 年，广西与东盟贸易额年均增长超过30%，其中 2011 年贸易额 95.6 亿美元，增长 46.6%，东盟已连续 12 年成为广西最大贸易伙伴和重要投资来源，东盟五国已在南宁设立总领事馆。从对内合作来看，广西不断深化与内地的联系，已经与珠三角、大西南、港澳台等区域展开合作，与广东、湖南、重庆、云南、贵州、四川、海南等 10 个兄弟省市、30 多个央企签署了合作文件，湖南、四川、云南在广西建立的临海产业园也正在加快推进前期工作。

第三节　广西陆海统筹发展中的主要问题

广西陆海统筹发展也存在一些突出的问题，这些问题既具有经济欠发达、海洋开发滞后省区的独特性，也在我国沿海地区具有一定的代表性，亟待在未来发展予以解决。

一、沿海港口建设超前于内陆腹地拓展

广西北部湾地区有适宜深水港的岸线条件，近年来港口发展迅速，万吨级泊位数量从 2007 年的 23 个增加到 2012 年的 52 个，吞吐能力提高了130.4%，而同期实际的货物吞吐量则只增长了 51.3%，实际吞吐量不足吞吐能力的 70%。根据规划，未来仅北海市还将建设 5 万～15 万吨级大型深水及中型泊位 60～85 个。港口供给远大于港口需求，呈现出过度超前的现象，这主要是由于港口集疏运体系滞后、腹地拓展缓慢导致的。从北部湾港货物来源地和目的地看，总体上以广西本地特别是北部湾地区为主，约 60% 来自北海、钦州、防城港三市，30% 来自广西壮族自治区内其他地区，15% 来自周边滇黔地区，5% 来自国内其他地区。在调查中了解到，从北海、钦州经南宁至贵阳的铁路，需要绕道柳州，贵阳的货物经北部湾港出海仅比经珠三角运距节约 100 公里左右，但由于

运能（列车时刻）、货物组织、通关效率等差异，经北部湾港出海在成本上反而要高于经珠三角。同时，由于南宁—北海段铁路为单线，来自昆明的货物至南宁后如果从北部湾出海，则可能出现积压，而从珠三角出海，则不存在陆上运力问题，因此来自云南的货物也较少经由北部湾港。可以看出，在市场经济条件下，由于集疏运体系、通道建设、物流管理能力等的不足，导致腹地拓展缓慢，港口建设过度超前，形成港口能力上的冗余，也加剧了北部湾港与周边湛江、茂名等地港口的竞争，降低了港口的运营效益。

二、临港产业发展游离于本地生产网络

当前，北部湾地区的产业结构正在从传统海洋产业为主导向临港产业为主导转变。以北海市为例，当前临港产业占到所有产业产值的71.2%，由于这些临港产业多为以央企为主导的钢铁、石化、电力等行业，具有显著的自上而下发展特征，与本地生产网络衔接不够，并引发了突出的矛盾和问题。一方面，临港产业多属于占地面积大、吸纳就业少、集聚人口能力低的行业，人口规模尚难以达到商业、服务业布局门槛，仅靠市场力量难以形成完整便捷的生活服务体系，服务业不足也使得创造新就业岗位的能力较弱，进一步降低了人口集聚能力，导致产、城发展的相互脱节，这种现象在全国沿海地区较为普遍。如北海石化占地10平方公里，年处理能力500万吨，年产值281亿元，但企业员工仅650名。又如北海市铁山港工业园目前仅有北海炼化等几家大型企业，总就业人口约2000人，难以诱发相关服务业的发展，企业员工不仅需要在园区与母城之间长距离通勤，一些基本的生活服务也需要到8公里之外的两个镇区实现，生活非常不便，产城融合任重道远。另一方面，临港产业投资大、见效快，成为沿海城市发展的一条捷径，但"嵌入式"的临港产业发展不仅对地方原有特色优势产业的带动作用有限，而且其所享受的土地、财税、资金配套等政策倾斜，挤压了原有产业的发展空间，也制约了海洋产业与陆域产业的互动发展。北海铁山港工业区2009～2012年，规模以上工业产值从9.8亿元提高到428亿元，税收从1.2亿元提高到42亿元，在土地、融资等方面都受到市里的倾力支持，但也在一定程度上使其他产业在土地、融资等方面的难度增加，发展也相对缓慢。

三、陆源污染压力逼近于海洋环境容量

在北海的调研发现，地方政府对海洋的认知还停留在"公地"层面上，对待海洋上仍然是"只取不予"或"多取少予"的思路，海洋环境保护投入滞后于经济发展，加剧了经济发展与环境保护间的矛盾。2007～2012年，全市GDP增长了158%，而环境保护投入仅增长了43.2%。人口增长、旅游业发展、房地产开发等所导致的污染和岸线破坏，使近岸海域的环境质量不断下降。一大批燃煤工业大户进驻北海，二氧化硫、氮氧化物等排放总量不断增长，城市生产污水和生活污水处理仍显滞后，部分市政排污口因管网问题无法实现污水截流，大量未达标污水随南流江等河流入海，给近岸生态环境造成很大冲击。水产和畜禽业污染占全市污染物的比重还比较大，超标排放现象普遍，近岸海域水质已呈现富营养化的趋势。溢油、危险化学品等污染风险仍然存在，廉州湾总体环境容量有所下降。2012年北海市接待国内外游客1109.79万人次，旅游业发展和游客数量增加使得银滩、涠洲岛等景区环境压力也不断加大，滨海地区大量房地产开发项目的推进，侵蚀了部分生态岸线。

四、项目围填海造地脱节于陆域土地规划与管理

沿海城市将围海造地作为破解土地资源瓶颈的重要途径。在调研中了解到，北海市围填海的规模和占比比较大，2002年《海域法》颁布以来，实施围填海工程面积共计1241公顷，占到同期北海市新增建设用地规模的18.28%；围填海以生产用途为主，临海工业填海149公顷，仓储堆场用海568公顷，港口码头用海267公顷，旅游基础设施用海78公顷，城镇建设用海110公顷，交通道路用海69公顷。生产性围填海占84.85%，生活性围填海占15.15%。但是，目前北海市的围海造地并且没有纳入土地利用总体规划统一管理，海洋功能区划与土地利用总体规划、围填海计划与土地利用计划、海域使用权证书与土地使用权证书、海域使用金与土地出让金等在管理上衔接不畅，围填海用地在规划、计划、项目审查、供地方式、调查登记等方面与陆域管理体系脱节，给国土部门的土地利用管理带来很大困难。随着围海造地占城市新增建设用地比重的越来越大，这种"重变化审批、轻利用管理"的思路将越发难以适应现实需求，是未

来迫切需要解决的问题。

第四节　现阶段陆海问题产生的主要动因分析

调研发现，导致陆海不协调的原因很多，有一个根本原因不容忽视，即临港产业的过快、过剩发展，无论是港口建设超前，还是项目用海管理不当、产城发展不协调等问题，都可以从临港产业的过快、过剩发展中找到原因。此外，流域内各行政区之间在污染防治上未能形成合力，以及陆海管理体制上的分割也是陆海矛盾产生的重要原因。

一、临港产业过快、过剩发展是陆海矛盾的主要原因

一方面，临港产业过快、过剩发展导致了围填海的过度、无序发展。由于我国沿海许多地区土地资源紧缺，适宜建设的平整土地较少，而临港产业对土地和岸线的需求较大，如果占用陆域土地则涉及征地拆迁等诸多问题，成本相对较高，因此多数沿海城市试图通过围填海来满足这些产业发展需求。据统计，当前我国沿海地区的钢铁、化工基地的建设用地，60%以上的靠围填海提供。在北海市，铁山港工业园的55%的土地为围填海造地，其中80%为石化产业用地。另一方面，钢铁、石化、电力等临港产业以大宗原材料和产品的大进大出为主要特征，需要以港口为支撑，企业往往建有自备码头，而这些码头没有纳入北部湾港的总体组织，导致港口的"企业内部化"。生产企业和港口企业的重复建港，是港口建设过度超前和空间布局无序的主要原因。在北海的调研中了解到，尽管北部湾的港口已经进行了整合，但是石化、钢铁、电力等大型临港企业的自备港口并没有纳入整合范畴，在北海市港口吞吐能力已经超前的情况下，中石化北海炼化仍然投资8亿元建设了两个5000吨的成品油泊位，该码头建设涉及到围填海面积约20公顷、岸线约2公里，而这些码头基本上没有集疏运体系相配套，因此也只承担为本企业服务的功能，利用不充分，作用未充分发挥。值得注意的是，近年来临海石化、钢铁、电力等企业纷纷圈海圈地自建港口的现象仍在持续升温。

二、央企与地方政府的"合谋"刺激了临港产业发展

在我国现阶段，临港产业以钢铁石化等为主、以国有企业为主，政府

意志在行业进入、项目审批等方面具有很强的主导作用，央企和地方政府的共同作用刺激了临港产业的过快、过剩发展。在我国围填海审批程序中，需要围填海的各类项目首先要取得项目用海许可证，中央直属的国有企业以其先天的社会关系网络和行政资源优势，往往更容易获得该许可证；地方政府也争相希望通过与容易获得许可证的央企合作来快速提升本地 GDP，进而取得更漂亮的"成绩单"，因此在地方层面的审批上一路绿灯，"吻增长"正是这个现象的真实写照。这种央企与地方政府的"合谋"，已经成为我国沿海地区的一个普遍现象。北海市 2010 年提出了三年跨越发展工程，将石油化工等临港产业作为支柱产业，并在行业审批和用地管理上实施倾斜，促成了相关项目的超常规快速建设。如北海炼化异地改造工程仅用时 18 个月就建成投产，诚德镍业项目一期工程只用了 13 个月就建成投产，都创造了国内同行业同规模项目的最快速度，此外还有投资 188 亿元的广西（北海）LNG 项目已上报国家发改委待批、投资 500亿元的神华国华广投北海能源基地即将启动。实际上，北海市既无资源优势、也无市场优势，石化的发展条件不如广东茂名、湛江等地，钢铁行业的发展条件也不如防城港、钦州等地，发展这些行业必然加剧整个区域沿海开发与保护、陆域与海域之间的矛盾。而事实上，在行业规模的调控和产业布局的引导方面，恰恰是政府层面可以有所作为的，在中央政府层面，临港产业的规模和布局优化是"牵一发而动全身"的抓手，对于优化港口布局、控制产能过剩、促进产城协调、加强岸线保护等具有重要意义。

三、流域内各行政区之间在污染联防联控上缺少合力

陆源污染是海洋污染的主要来源。调研发现，流域污染防治虽已引起重视，但流域内各行政区之间的对话与协调机制不足，防治资金缺少来源，尚未形成有效合力和长效机制。北海市域有南流江、武利江两条主要河流，均流入北部湾。其中南流江发源于广西北流市大容山，流经玉州、博白、合浦、浦北等县，在合浦县注入北部湾，全长 287 公里，流域面积9704 平方公里，对北海市的发展尤为重要。2012 年，南流江二断面中超Ⅱ类达Ⅲ类的指标均为总磷，年均值达到 0.14 毫克/升，主要来源于沿岸农村的面源。调研中了解到，南流江流域的污染防治还没有建立相应的机

制。由于上游污染给北海市近岸海域污染治理带来较大的压力，但北海市的财政能力又不足以支持上游的治污设施建设、面源污染防治，更没有能力推动上游工业的结构性调整，而上游地区均为欠发达地区，污染防治投入能力不足，发展的任务还很繁重，需要一些工业项目的支撑，造成上下游地方政府在污染防控上的矛盾难以调和。这些问题须在自治区层面加强流域内各行政区之间的协调，明确各行政区的责权关系，在投入上形成长效机制，在考核上建立差异化的考评体系。

四、陆海管理体制的分割制约了陆海矛盾的化解能力

调研发现，当前北海市正处在经济发展的加速期，海洋油气、沿海石化、林浆纸、钢铁、重型机械等一批大型工业项目开始投产或进入前期阶段，陆海协调的任务日趋繁重，但管理体制的陆海分割对已形成的陆海矛盾缺少化解能力，对新出现的陆海问题缺少应对能力，这在海洋资源开发、环境保护、产业发展等方面都表现得十分明显。尽管在国家层面海洋局属国土资源部的二级局，并成立了海洋委员会、增强了国家海洋局的行政长官配置，但在北海市地方层面，海洋局与国土资源局仍是相对独立的两个部门，导致在工作业务上的衔接与沟通存在着一些薄弱环节。调研中深刻感受到，目前在管理机制上最突出的问题已不再是"重陆轻海"，单靠强化海洋部门地位未必能取得预期效果，反而可能会加剧陆海管理脱节，而从空间开发、控制和综合管理等方面的整合，加快推动空间规划、产业准入、生态环保、基础数据、动态监测等领域的多部门统筹和联动，可能是今后的改进方向。

第五节　现阶段推进陆海统筹发展的若干建议

在对广西壮族自治区及北海市调研中了解到的情况，在一定程度上代表了当前我国陆海统筹的现状和问题，从这些问题出发，以点带面，提出以下政策建议。

一、填用分离，改进围填海管理

当前围填海用地指标实行单列，未纳入城市年度土地供应计划，再加

上围填海不涉及房屋补偿和人员安置等问题，所以相对于征地拆迁成本较低，因此"向海要地"成为潮流。未来要改变这一状况，须将围填海造地新增土地切实纳入土地管理相关法规政策调整范围，统筹规划、合理利用。应将围填海用地指标纳入城市年度供应计划，并实施填用分离，由当地政府的土地储备中心或城投公司通过市场机制运作实施围填海项目，并且在基础设施配套之后，以熟地的方式根据城市总体规划确定的用地性质进行供应，属于经营性用地的必须实行招拍挂出让。据此，可以适当降低围填海用地的使用门槛，让一些技术含量高、成长性好的小微企业，甚至是服务业企业也具有使用围海造地的机会，真正让围海造地为城市发展所用，从而从土地供应上减少临港产业的发展空间，避免围海造地大多用来搞钢铁、石化等临港产业的现象。

二、港陆联动，增强港口带动力

当前许多地方港口在规划建设时，按照理论上的腹地区域测算吞吐能力，但在实际运行中，只是承当了地方服务功能甚至仅仅是企业服务功能，特别是对腹地区域的重叠计算导致了许多港口建设超前、吞吐能力过剩、竞争日趋激烈。未来在港口的规划建设上，应坚持港陆联动原则，突出港口的外部性特征，发挥港口在资金、技术、信息等方面的辐射和传递作用，促进港口腹地区域市场与国际市场的联系交流，有序推动腹地区域开放和发展，避免港口属性的地方化、内部化。在港口发展上，应补强软件短板，增强货物组织、贸易服务和航运管理能力，缩短运输周期，降低运输成本，同时应以集疏运体系建设为抓手，积极拓展港口腹地，特别是要增强港口与中心城市、临近省会城市、主要工业城市的铁路联系能力。以北部湾港为例，就是要增强港区与自治区首府南宁市的铁路货运能力，增强与邻近省会昆明、贵阳的铁路联系，同时增强与珠三角广州、深圳等城市的铁路联系。按照市场机制，通过港口的整合与兼并重组，增强区域内港口之间的分工与协作，共同拓展航线、共同开拓市场、共同享受收益，避免无序竞争，提高整体竞争力。

三、优化布局，规范临港产业发展

必须看到临港产业发展对我国沿海地区陆海统筹发展的负面影响，应尽快加以规范。在中央政府层面，应该统筹规划沿海地区临港产业发展，确定全国临港主要产业的规模、布局和发展时序，并通过"地根"、"银根"等要素调节和改进围填海政策、行业政策等加以刺激和引导。可考虑采取税收上移等措施，将沿海地区的石化、钢铁等产业税收上缴中央财政，中央财政再根据沿海各地综合发展需求进行返还和转移支付，进而从根本上削弱和抑制地方政府发展临港低端产业的动力。在地方政府层面，应正视低端临港产业的负面影响，以培育临港新兴产业为抓手，实施差别化的财税、用水用电、投资、土地政策，因地制宜积极发展海洋科技、海洋生物医药等产业，提升临港产业层次。在规划制定上，应统筹考虑港口、临港园区、母城之间的关系，完善临港园区配套服务能力，减少临港园区就业人员的钟摆通勤，促进职住平衡和产城协调发展。在土地供应上，应坚持市场化方向，并强化政府的主导地位，避免被央企"挟持"。

四、统筹协调，衔接陆海管理体系

针对海洋规划管理与陆域规划管理衔接困难的问题，建议从以下两个方面加以统筹协调。一是加强海域有关规划与陆域有关规划的衔接，在土地利用总体规划中，应将海洋国土纳入沿海城市的市域土地利用总体规划范围，通过经纬度在海域上设置固定的规划外边界，并设置"围填海土地"、"海域"等相应的地类（或子类），从而实现沿海地区国土（含海域）面积总量稳定，解决当前由于围填海造成的市域总面积动态扩大、总量无法平衡、图数难以一致等管理困难。在主体功能区规划中，应将海洋国土纳入沿海地区主体功能区规划的规划范围，实现海陆"一张图"。二是加强海洋部门与其他部门的会商与衔接，建议沿海各市成立海洋委，并下设环境保护、国土开发、规划建设、产业发展等专项委员会，全面增强沿海地区海洋部门与其他管理部门的衔接和配合，通盘考虑海域渔业、能源、矿产、旅游资源与陆域土地、产业、人力资源开发。以流域为抓手加强陆源污染防治和环境管理，将海洋环境承载力和陆海污染排放总量作为经济、产业布局的重要依据和硬性约束条件。

五、扩大开放，强化海洋开发合作

应从根本上摒弃海洋的边缘思维，从认识上重视海洋和沿海地区作为对外开放前沿的特殊区位，加强与周边国家的海洋合作，带动和促进我国与周边国家的经贸往来。未来广西应将北部湾地区作为西江经济带、长江上游经济带对外开放的重要支点，着力推动中国—东盟（北部湾）海洋开发合作：一是推进海上互联互通，完善我国与东盟国家的海上航线，加强港口合作，努力将北部湾港建设成中国—东盟国际航运中心；二是推进海洋资源开发和产业合作，加快推动海域油气资源的合作开发，建设广西远洋渔业基地，共同构建泛北部湾区域旅游大市场，积极推进装备制造、海洋生物制药、海水综合利用等海洋新兴产业合作；三是加强海洋环境合作，共同开展海洋环境监测，实施重点流域水污染防治计划，推进海洋生态保护区和沿海防护林建设，建立海洋生态环境及重大灾害动态监测数据资料共享机制，开展海洋防灾减灾与救助合作；四是在投资和服务贸易开放方面先行先试，在中国—东盟自由贸易区构架内，消除限制投资和贸易的壁垒，加快口岸通关、检验检疫、交通运输、相互认证、金融开放和贸易结算等方面的制度创新与合作。